新装復刊

パリティブックス　パリティ編集委員会 編（大槻義彦責任編集）

いまさら流体力学？

木田重雄 著

丸善出版

本書は，1994年に発行したものを，新装復刊したものです．

目　次

1　流れを表す

ダ・ヴィンチの渦

水や空気の流れはわれわれの日常生活とのかかわりが深く、その運動の仕組みは古くから人類の興味の対象であった。ルネッサンス時代の巨匠、レオナルド・ダ・ヴィンチも流れに魅かれた一人で、渦に関するスケッチを数多く残している（図1）。

流れの科学的研究の歴史は古く、前世紀前半にはすでに流れを記述する基礎方程式が確立されている。以来、多くの理論家実験家の努力によって、いろいろな種類の流れの構造が調べられ明らかにされてきた。しかしながら、天気予報がまだまだ難しいものであることからも推察されるよう

▲図１　水面にできた複雑な渦構造を観察するレオナルド

に、流れに関して知られていない現象もたくさん残っている。とくに、乱流とよばれる複雑な流れの力学構造の解明は現代物理学の未解決の難問のひとつとして科学者の前に立ちはだかっている。

本書では、さまざまなタイプの流体運動の中から身近に見られる流れをいくつか選んで、その運動の仕組みをじっくり考察することにより流体力学の一端を紹介したい。流体力学では流れの状態を数式で表し議論するのが普通である。数式は流れを簡潔明快に表現し、複雑な現象の理解におおいに役立つものである。しかし、数式を使って議論するには記号や用語の（退屈な）説明などの準備をするのに相当紙面を費やしそうなので、ここでは数式の使

▲図2　千変万化の墨模様

用は最小限にとどめることにする。いきおい、流れ構造の詳細に立ち入ることはあきらめなければならない。ここではむしろ現象の本質を的確につかむことを主眼とし、流体の運動に関するいろいろな保存法則を軸に話を進めていく。複雑な流体運動のからくりを知ることによって、「流れ」に少しでも興味をもっていただければ幸いである。

墨流し

水を張ったバケツの中に墨を落し少しかき混ぜる。水面に和紙を浮かべ静かにもち上げると図2のようなきれいな模様が現れる。墨流しである。墨の落し方やかき混ぜ方のわずかの違いでまったく異なった模様が得られる。この気まぐれ墨模様は二度と同じ形になることはない。千変万化のこの墨模様の形成は、複雑な水の運動の織り成す技である。では、その水の運動はどのように記述されるのであろうか。

ミクロ

墨は水の中全体に広がっているのでその模様を記述するた

めには墨全体の動きを知る必要がある。墨が水によって流されていることを思い起こすと、バケツの中にある水全体の運動を知る必要があることがわかる。

水は分子から成り立っており、一立方センチメートルあたりおおよそ十の二二乗個もの分子が存在する。(空気の場合は、十の十九乗個程度である。)もし水の運動を記述するためにこんな途方もない数の分子の運動状態を逐一知る必要があるとしたら、それこそお手上げというものであろう。ところが幸いなことに、分子の数があまりにも多いために分子の運動の詳細は知る必要がないのである。

ぬりつぶして見る

墨模様を形づくる水の運動をどの程度まで詳しく知る必要があるだろうか。それはわれわれが流れの構造をどの程度詳しく知りたいかによる。例えば、仮に「〇・〇〇一ミリメートルより細かい構造は見ない」ことに決めたとする。一辺〇・〇〇一ミリメートルの立方体内には水の分子が十の十乗個程度入っている。このぐらい分子の数が多いと、個々の分子の運動を記述することは不可能である。しかし、逆に開きなおってそれらの平均量のみを考えて十分であることが次の考察からわかる。

確率論の「大数の法則」の教えによれば、平均値からのずれ(相対誤差)は平均をとるときに用いたサンプル数の平方根に逆比例する。サンプル数がきわめて多くなると平均値からのずれは事実上無視できるほどに小さくなる。たとえば、サンプル数が十の十乗個の場合、平均値からのずれは十

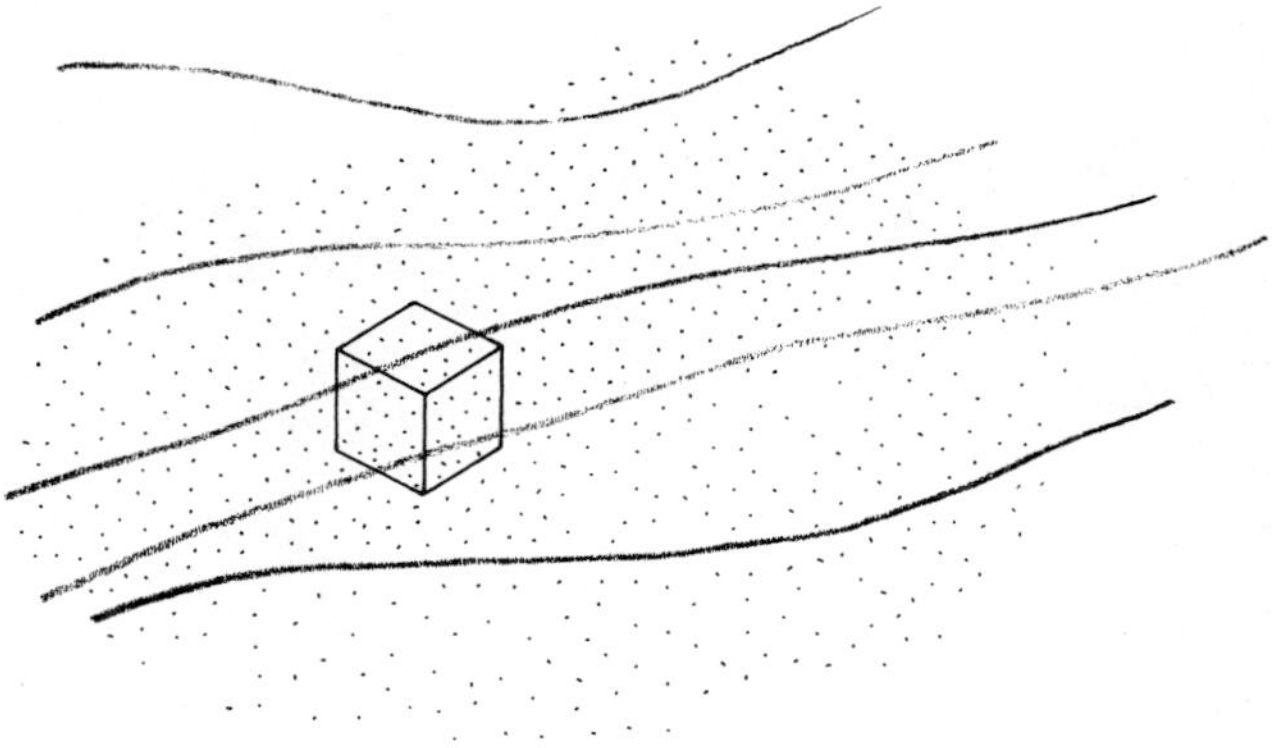

▲図３　流れ場の変化するスケールに比べて十分小さいが，水や空気の分子を十分たくさん含んでいる領域にわたって分子の質量，運動量，エネルギーなどを平均することによって流体の密度，速度，温度などの状態量を定義する．

のマイナス五乗程度の小さなものである。

水の分子の質量や運動量やエネルギーなどをある有限の大きさの領域にわたって平均して水の密度や速度や温度などの状態量を定義し、これらを用いて水の運動を記述することを考えよう。この平均をとる領域が考える流れのスケールより十分小さければ、これらの平均量が空間的に連続的に分布しているものとして取り扱うことができる。一方、この領域を分子構造が見えない位大きくとることができれば、分子運動の詳細には立ち入らなくてすむ。上に述べた一辺〇・〇〇一ミリメートルの立方体はそのような平均をとる領域の例である（図３）。

こうして、水や空気を密度や速度などの状態量が連続的に分布し空間を隙間なく埋め尽くした自由に変形する仮想的な物質（「流体」という）とみなして取り扱うことが可能になる。「流体力学」はこのような流体の運動を研究する学問である。

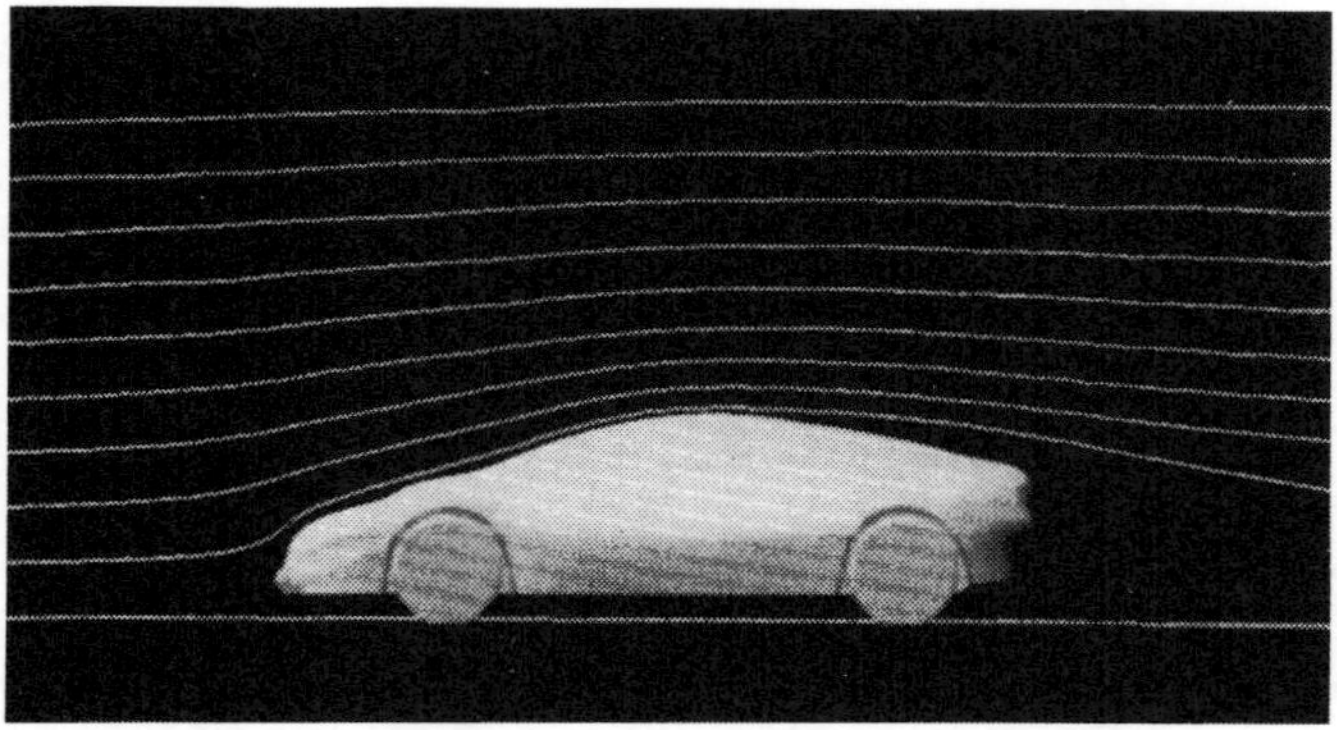

▲図４　自動車の中央垂直面上の流線．

流体の中に微小な体積要素をとり、その運動を考えることがしばしばある。これを「流体要素」という。

速度場

流体の運動状態は空間のすべての点での速度を指定することによって表される。速度は大きさと方向をもったベクトルである。一般に、速度は時間とともに変動するが、ある特定の時間に空間のあらゆる点でその方向が速度ベクトルに平行である曲線を「流線」という。図４は自動車の中央垂直面上の風の流れを表す流線である。車のまわりの空気の流れの様子がよくわかる。

縮まない流れ

水や空気は圧力を上げると体積が多少縮むが、われわれの身のまわりの通常の運動では体積変化は無視できるほど小さい。正確にいうと、速度変動が音速（水では秒速約一五〇〇メートル、空気では秒速約三四〇メートル）に比べて十分小さければ縮まない流体としての取り扱いが許される。

質量保存の法則によれば、流れ場の中に任意に選んだ領域を出入りする流体の質量は領域内の総質量の増減に等しい（図5）。とくに、縮まない流体では流体の総質量は体積に比例するから、それは流体の体積の流出入量に等しい。したがって固定された領域を出入りする正味の流量は常にゼロになる。このような性質を備えたベクトル場を「ソレノイダル」場という。縮まない流体の速度場はソレノイダルである。

側面が流線からできている管状領域を「流管」という（図6）。速度場がソレノイダルであるから、一つの流管に注目すれば、どの断面でも流量は一定である。

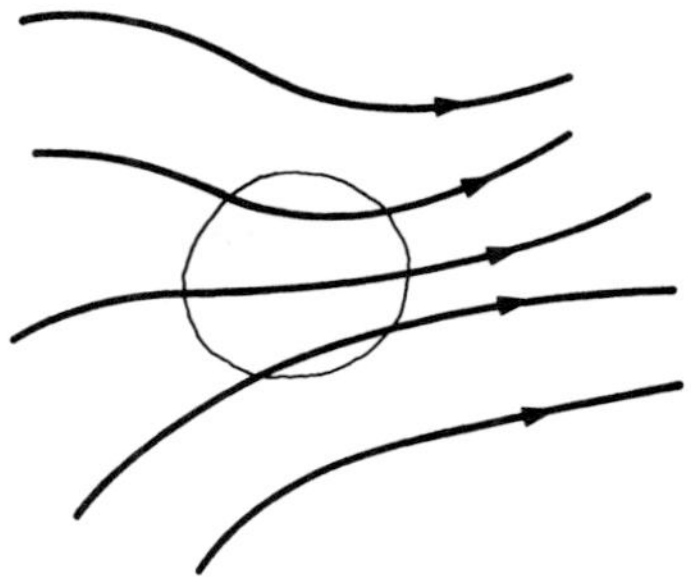

▲図5　縮まない流体では流れ場に任意に選んだ領域に入って来る流体の体積と出て行く体積は等しい.

流れの可視化

流れの構造を表す方法は、流線による以外にもいろいろ考えられる。すぐ思いつくのは、流れに乗って運ばれる小さな物体の運動の軌跡を追うことである。この軌跡は「流跡線」とよばれている。小川や池に浮かんだ木の葉の動きは水の表面の運動の様子をよく表している。実際、海に浮かべたブイや、空に上げたバルーンの動きを追跡することによって海流や大気の流れの様子が調べられている。

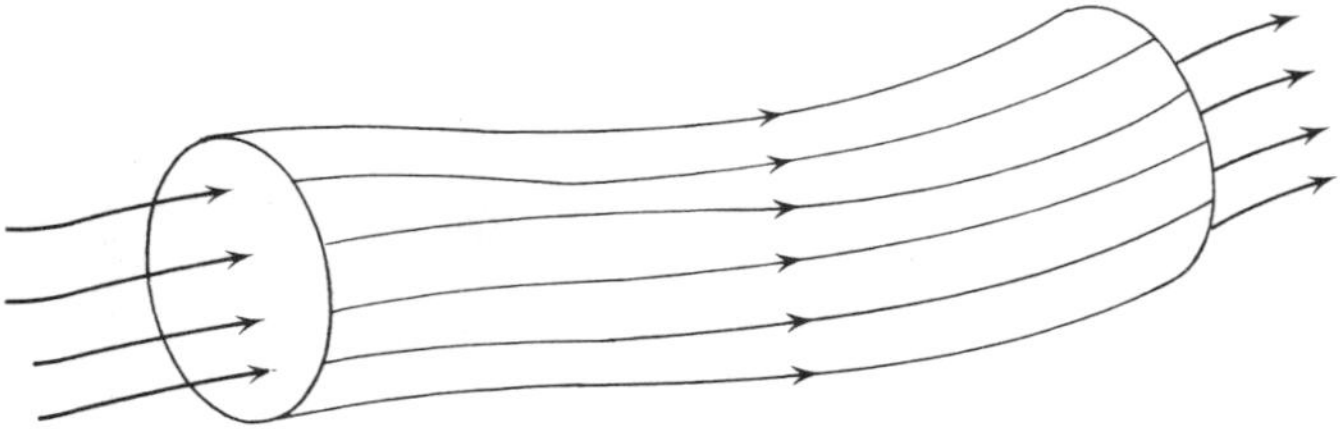

▲図 6　流管
側面は流線からできている．１つの流管を通る流量はどの断面でも同じである．

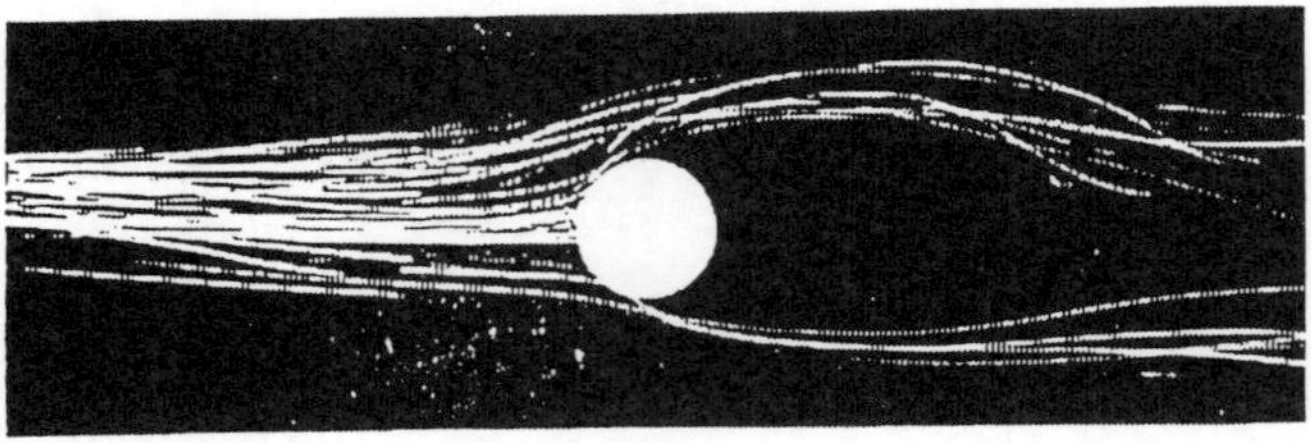

▲図 7　円柱を過ぎる流れの流跡線[(1)]
Re＝1700（Re はレイノルズ数，第 4，5 章参照.）（写真は小林清志氏のものを転載）

▲図 8　円柱を過ぎる流れの流脈線[(2)]
Re＝195（写真は中山泰喜氏提供）

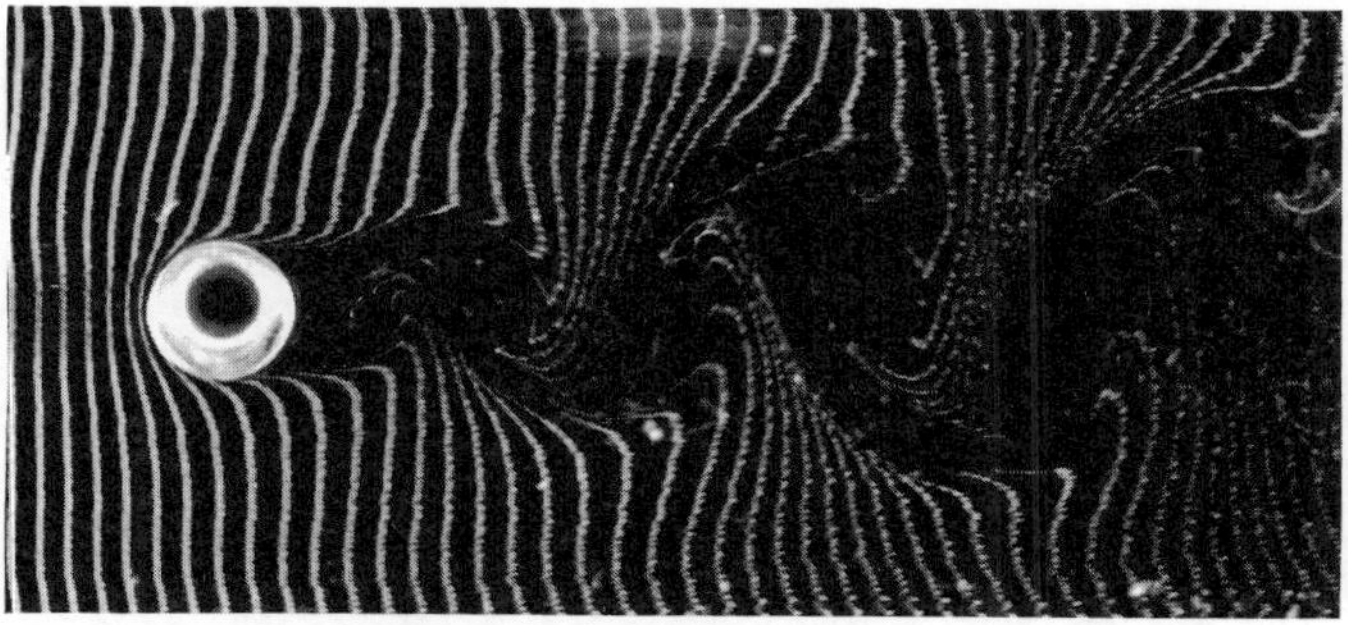

▲図9　円柱を過ぎる流れのタイムライン[2]
Re＝195（写真は中山泰喜氏提供）

煙突の煙の形もまた流れ構造を反映している。流れの中のある固定された点から連続的に放出され流されてできた浮遊物質が形づくる線状パターンは「流脈線」とよばれ、流れ構造の別の表現を与える。

図7と図8はそれぞれ円柱を過ぎる流れの流跡線と流脈線の例である。言うまでもないことであるが、流線、流跡線、流脈線の三種類の線は流れが定常であれば一致するが、非定常流れに対しては一般に異なる。

もう少し凝った流れの可視化法として、流れを横切る方向に細い電線を張り、水中なら電気分解で水素気泡を、空気中なら電線に塗ったパラフィンの白い煙を一斉に放出し、それらが流されてつくる曲線（「タイムライン」）を追う方法がある。図9は円柱まわりのタイムラインである。

渦？

台風や竜巻、鳴門の渦潮など流体がある軸のまわりにぐるぐる旋回しているとき、「渦」があるという。しかし、よく考えてみるとこの言い方には曖昧なところがある。それは、ある人には流体がぐるぐると閉じた軌道を回っているように見えても、別の人には必ずしもそのようには見えないからである。

これを説明するために、「スチュアートの渦列」とよばれる一列に並んだ渦の列を図10に示した。図10(a)は渦度（後述）の等高線、図10(b)〜(d)は流線である。ただし、(b)は渦列とともに動く系から見た流線、(c)と(d)は渦列と相対的に運動している系から見た流線である。相対速度は(d)の方が(c)より大きい。これらの図を比較すると流線の形が見る系によって異なっていることがわかる。図(b)と(c)では閉じた流線が見られ、そこでは流体は反時計回りに旋回している。これに対して図(d)では、流線は波打つだけで閉じた流線は存在しない。

ある基準の座標系に対して一定速度で移動している座標系を「慣性系」という。ニュートン力学に従う流体の運動法則はどのような慣性系でも同一である（「ガリレイ変換不変」）が、流線あるいは速度場の模様は慣性系ごとに異なって見える。つまり、流線が閉じているかいないかによって渦のあるなしを判断するのは適当ではないというわけである。

渦度場

流体の速度が空間の各点で異なると、流体要素は変形したり回転したりする。流体要素の自転角速度の二倍を「渦度」という。渦度はどのような慣性系で見ても同じ、すなわち、ガリレイ変換不変である。例えば、図10(a)に示した渦度分布はどのような慣性系で見ても変わらない。

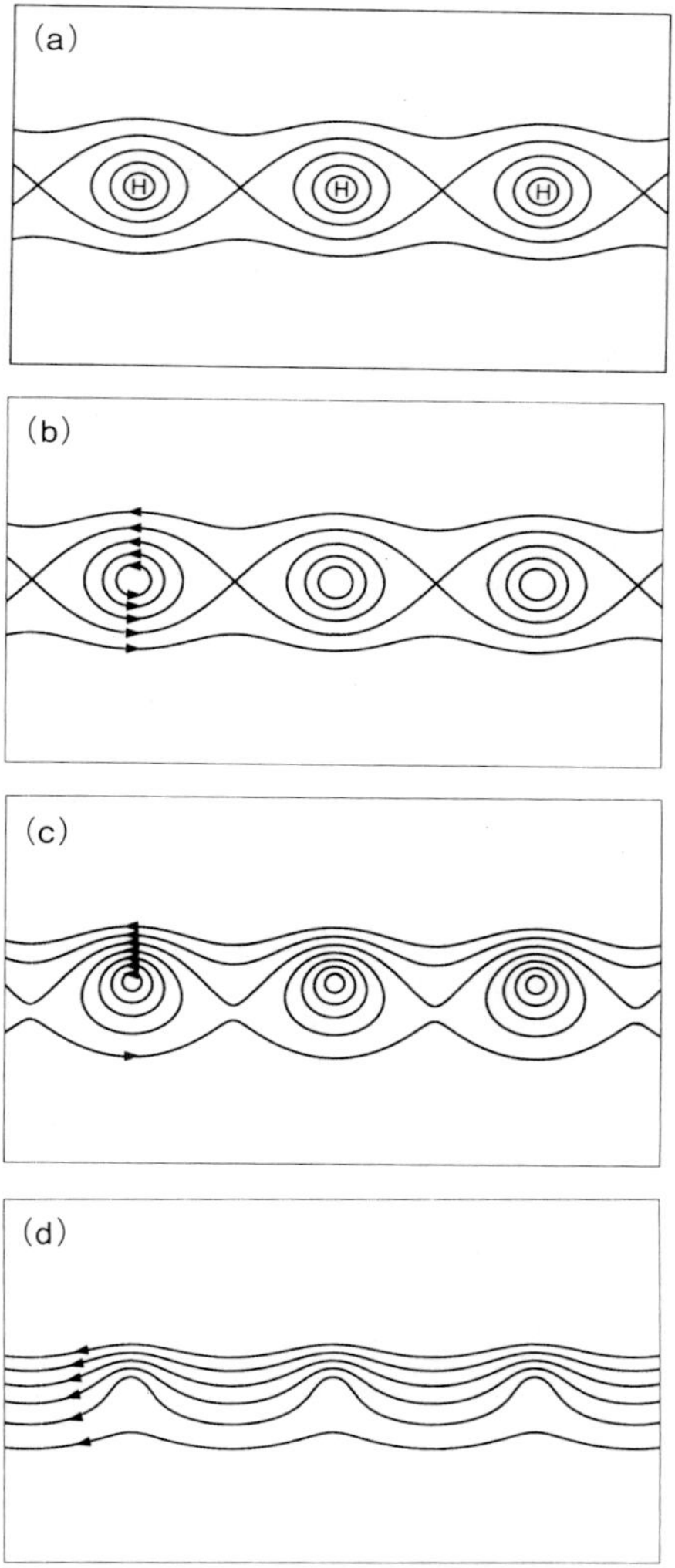

◀図10　スチュアート(Stuart) の渦列[3]
(a)渦度の等高線．渦度の大きな領域が一直線上に周期的に並んでいる．渦度は正の値をもち流体要素は反時計回りに自転している．渦度分布はどの慣性系で見ても変わらない．(b)渦列とともに動く座標系で見た流線．矢印は流れの方向を表す．閉じた流線の列が見られる．流体は渦列の上方では左向き，下方では右向きに流れている．渦列からずっと離れたところでのこれらの速度の大きさをそれぞれ $-U, U$ とする．(c)渦列に相対的に速度 (1/2) U で右に動く系から見た流線．閉じた流線の列が見られるがその形は(b)とは異なっている．(d)渦列に相対的に速度 $2U$ で右に動く座標系から見た流線．流線は波打っているが，閉じた流線はどこにも見当たらない．

二種類の回転運動

いたるところ同一の角速度で回転（すなわち「剛体回転」）している流体の渦度は空間のすべての点で同一の値をとる。図11は全領域で剛体回転している流体の流れの様子、図12には原点を中心とするある半径の円内でのみ剛体回転しており、円の外側では流体要素が自転していない流れ（「ポテンシャル流」という）の様子を表している。剛体回転では流速は原点からの距離に比例して大きくなる（図11(a)）。一方、ポテンシャル流では流速は距離に逆比例して小さくなる（図12(a)）。ところが、流線はどちらも原点を中心とする同心円であるので（図11(b)、図12(b)）、どちらも「渦」とよんでもよさそうである。しかし、流体要素の運動は両者の間で非常に異なっていることに注意してほしい。剛体回転では、流体は原点のまわりに旋回しながら同時に同じ角速度で自転しており、流体要素は変形しない（図11(c)～(e)）。これに対して、ポテンシャル流では流体は原点のまわりを旋回するのみで自転はしていない。また、任意に切り取った流体要素は大きく変形を受ける（図12(c)～(e)）。

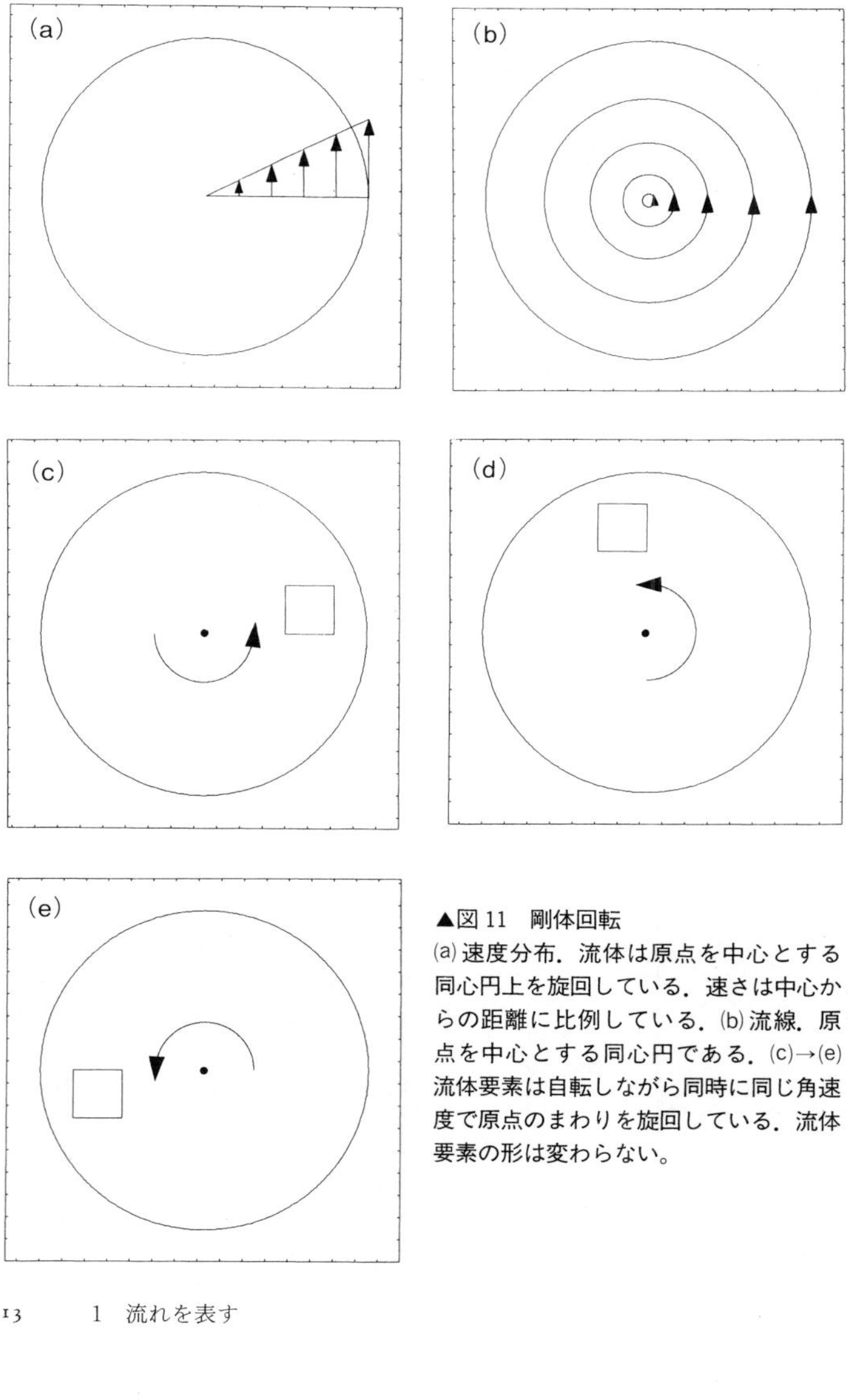

▲図 11　剛体回転
(a) 速度分布．流体は原点を中心とする同心円上を旋回している．速さは中心からの距離に比例している．(b) 流線．原点を中心とする同心円である．(c)→(e) 流体要素は自転しながら同時に同じ角速度で原点のまわりを旋回している．流体要素の形は変わらない。

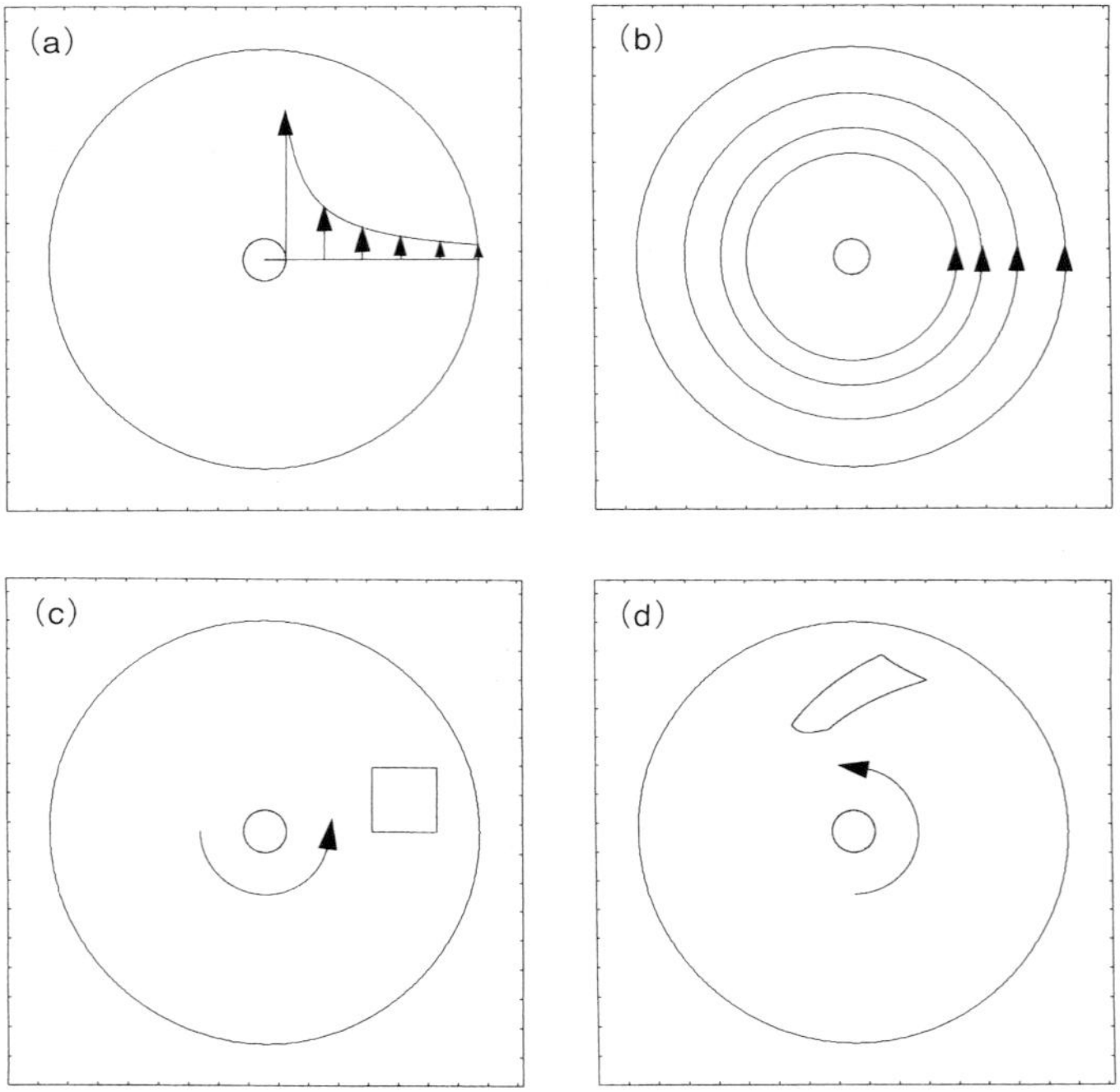

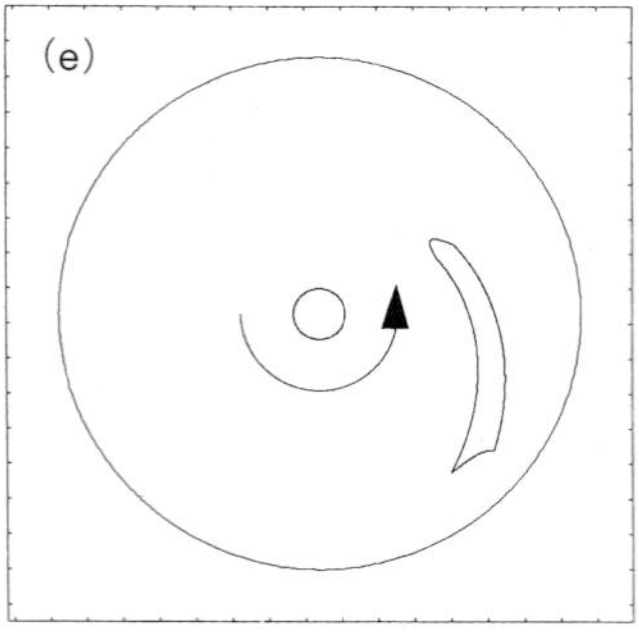

▲図 12　ポテンシャル流
(a) 速度分布．流体は原点にある小さな円内で剛体回転している．円外の流体要素は原点まわりを旋回しているが自転はしていない．速さは原点からの距離に反比例している．(b) 流線．剛体回転と同じく原点を中心とする同心円である．(c)→(e) 内側の流体が外側の流体より速く回転するので，流体要素はどんどん引き伸ばされる．これは流れにずれ運動があることを示している．

参考文献

（1） 浅沼強編：流れの可視化ハンドブック、二〇八ページ、朝倉書店（一九七九）。
（2） 日本機械学会編：写真集　流れ、丸善（一九八九）。
（3） J. T. Stuart: J. Fluid Mech. **29**, 417 (1967).

2　渦は長生き

いろいろな渦

お風呂につかって水面を手の平で切ってみると小さな渦ができる。水面のへこみの大きさが一センチメートル位の小さな渦であるがこれが案外長もちして数秒間回っている。二つ三つ同時につくるとお互いに影響しあって寄り添ったり離れたり複雑な運動をするからなかなか面白い（図1(a)）。渦と言えば、毎年夏にやって来て方々に被害をもたらす台風や、時折り局地的な突風によってつくられる竜巻、また強い潮の満干によって引き起こされる鳴門の渦潮など自然のつくる壮大な渦巻を思い起こされる方も多いであろう（図1(b)〜(d)）。本章では、波と並んで流体の最も基本的で重

(a)

(b)

(c)

(d)
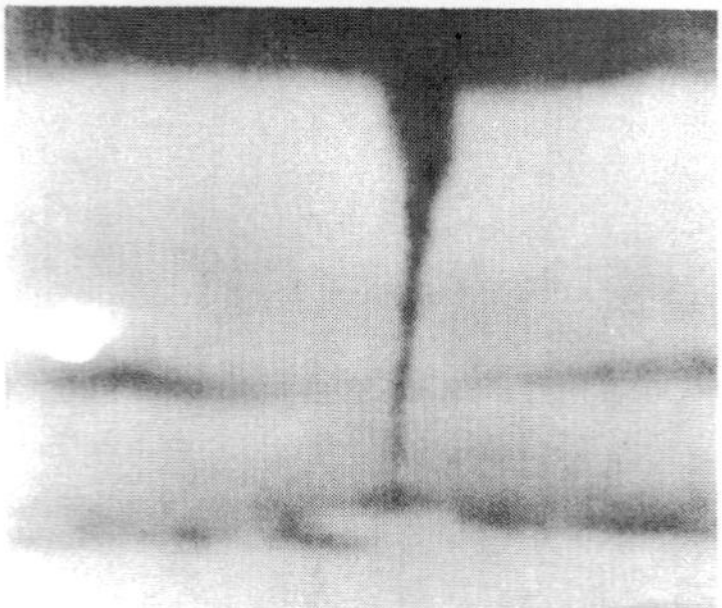

▲図1　いろいろな渦
(a) お風呂の渦，(b) 台風（写真は1991年の台風19号，気象庁提供），(c) 鳴門の渦（鳴門市商工観光課提供），(d) 竜巻（毎日新聞社提供）

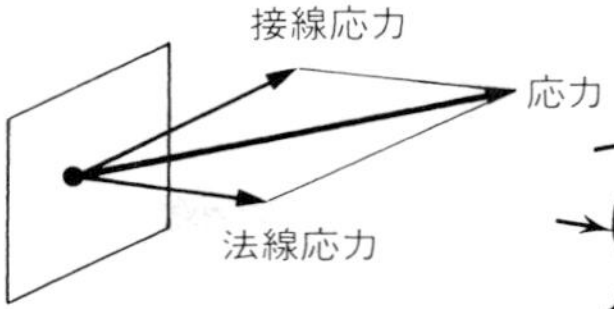

▲図3　応力の分解

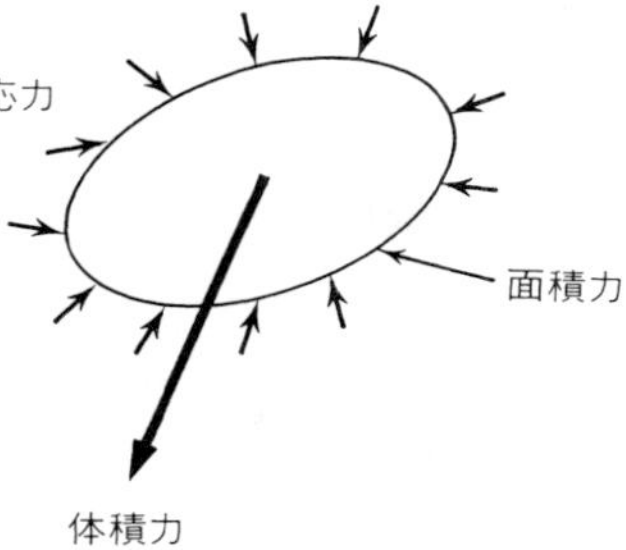

▲図2　体積力と面積力

要な運動形態である渦運動について考えよう。

縮まない完全流体

第1章で述べたように、われわれの身のまわりの通常の水や空気の運動では体積の変化は小さく無視できる。正確には、流れの速度変動が音速に比べて十分小さければ縮まない流体として取り扱ってもよい。

流体の中に任意に小さな部分を想定し、その運動を考える。このような微小部分は「流体要素」とよばれる。流体要素の運動は、重力や電磁力などのように流体の質量あるいは体積に比例する「体積力」と、流体要素の表面を通してまわりの流体から圧力や摩擦力として作用する面積に比例する「面積力」によって引き起こされる（図2）。流体内に仮想的にとった面を通してその一方の側の流体が他方の側の流体に及ぼす単位面積あたりの力を「応力」という。応力の面に垂直な成分を「法線応力」、面に平行な成分を「接線応力」という（図3）。静止している流体では法線応力（圧力）のみがはたらき接線応力はゼロであるが、流体が運動すると一般に接線応力が現れる。しかし、現実の水や空気の運動では接線応力は小さく無視しても差し支えない場合が多い。そこで、接線応力が常にゼロである仮想的な流体を現実の流体のモデルとして考え、これを「完全流体」という。

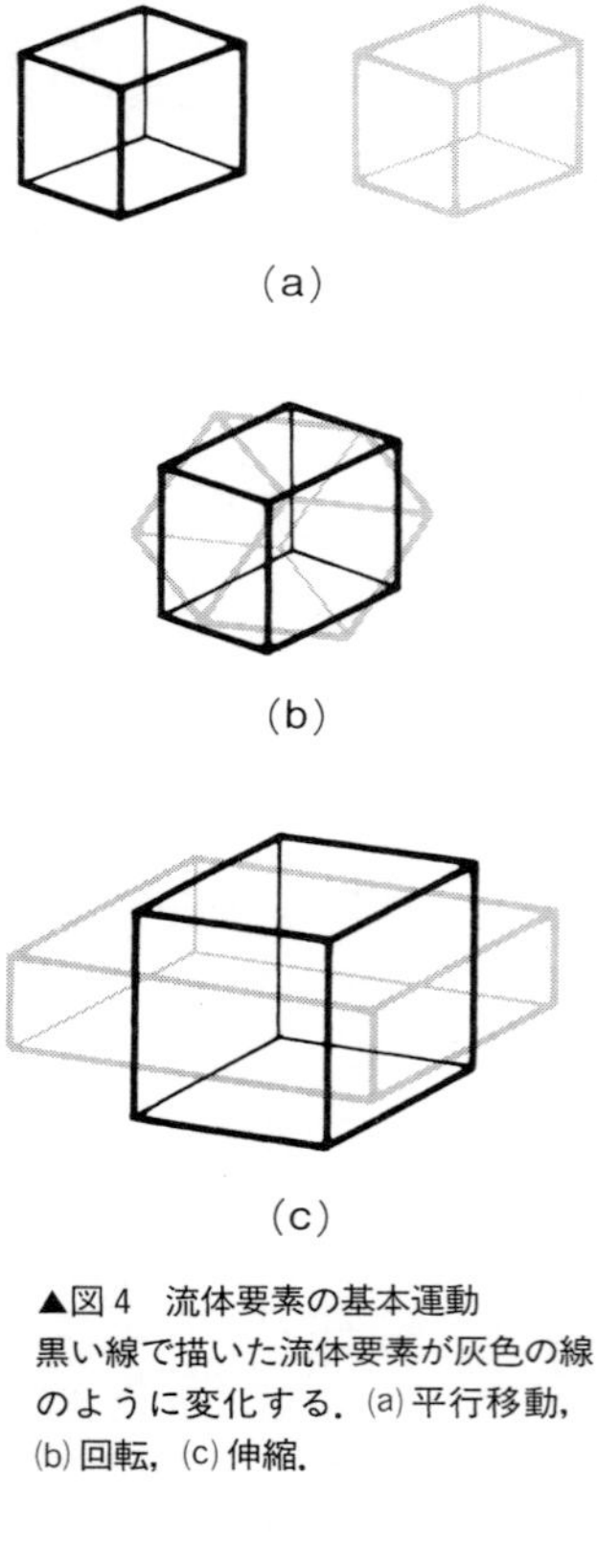

▲図４　流体要素の基本運動
黒い線で描いた流体要素が灰色の線のように変化する．(a) 平行移動，(b) 回転，(c) 伸縮．

流体要素の変形

流体要素は流れによって運ばれその位置を変える。流れの速度が不均一である場合には、その向きや形も変わる。どのような速度場に対しても流体要素の運動は、「平行移動」、「回転」および「伸縮」の三つの基本運動の重ね合わせで表される。図４にはこれら三つの基本運動を立方体の流体要素を用いて示してある。ここでは縮まない流体運動を考えているから、伸縮変形で流体要素の

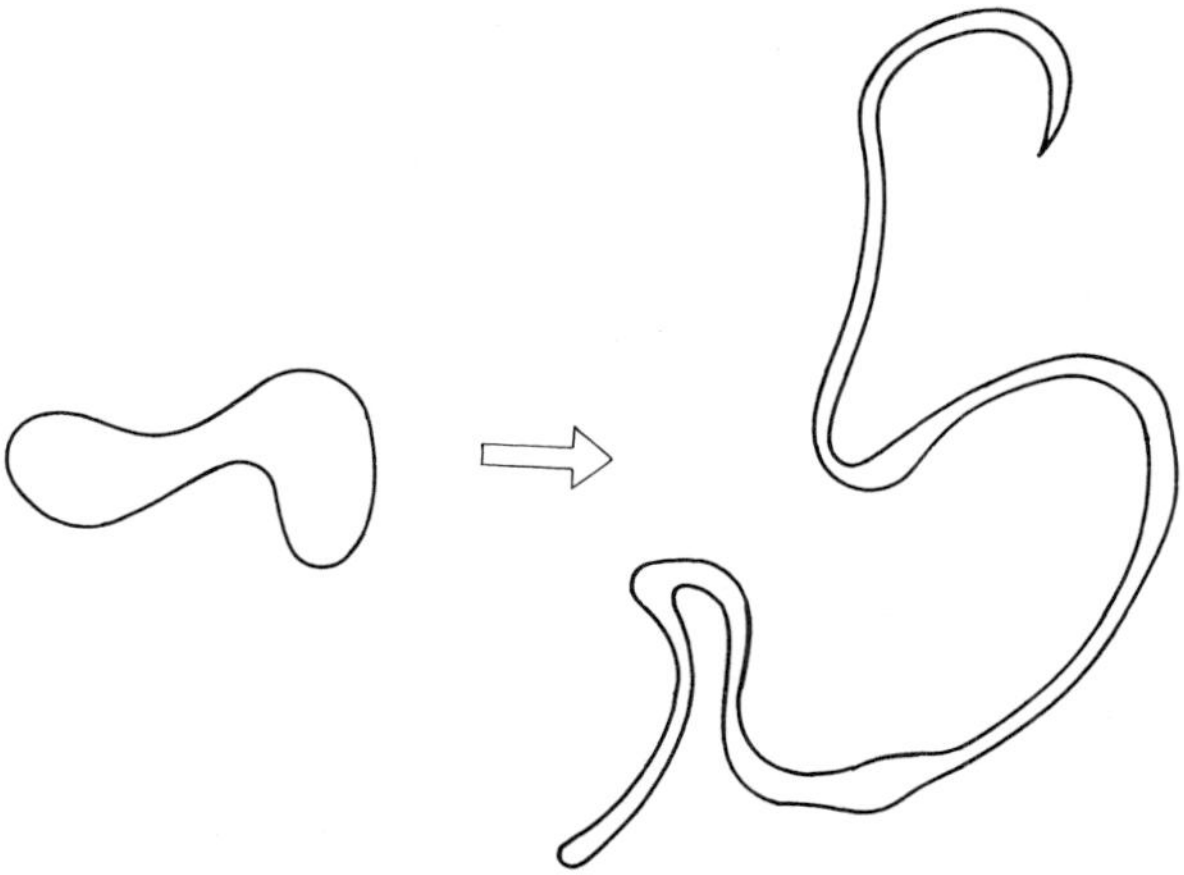

▲図５　縮まない流体の運動
任意に選んだ流体部分は変形してもその体積は変わらない．

体積は不変である。平行移動と回転運動が体積を保存することは言うまでもない。すなわち、任意に選んだ流体部分が流体運動によって流され、どのような複雑な変形を受けても、その流体部分の体積はいつまでも変わらない（図５）。

渦は不生不滅

重力のように流体にはたらく体積力が回転運動を引き起こさない場合の完全流体の運動を考える。完全流体では接線応力がゼロであるから球形の流体要素には回転力ははたらかない（図６）。したがって、球形流体要素の中心のまわりの角運動量は時間的に不変である。ある時刻の流れ場に渦度がまったくない（すなわちどの流体要素も自転していない）とすれば、後の時刻に流体要素が自転をすることはない（すなわち渦度は絶対生じない）。

反対に、ある時刻に渦度場が完全にゼロではないとすれば自転している流体要素が存在するはずであり、流体要素についての角運動量保存則から、後の時刻に渦度が消滅してしまうことはないことが結論される。完全流体におけるこの渦度の不生不滅性は「ラグランジュの渦定理」として知られている。お風呂の渦などが長生きするのはこの定理の現れである。

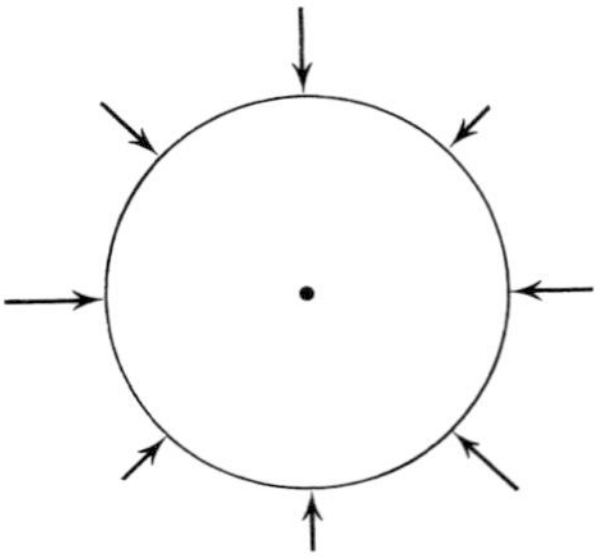

▲図6　完全流体の球形流体要素には回転力ははたらかない.

渦線

流体要素が自転している場合、その自転角速度の二倍を大きさとし自転軸の方向（右ねじを自転の向きに回したときに進む方向を正にとる）を向いたベクトルを「渦度」という。流れ場の自転構造は渦度の空間分布（渦度場）で表される。渦度場の重要な性質の一つはソレノイダル（第1章参照）であることである。すなわち、どのような渦度場に対してもそれと同じ構造をもつ縮まない流体の速度場が存在する。

さて、接線が渦度ベクトルの方向と一致する曲線を流れ場の中に考え、これを「渦線」とよぶ（図7）。渦線に方向を与え、渦度の向きを正とする。一本の渦線上にある流体要素は同じ向きに自転している。渦度がゼロにならない限り渦線は流れの内部では決して切れることもわかれることもない。

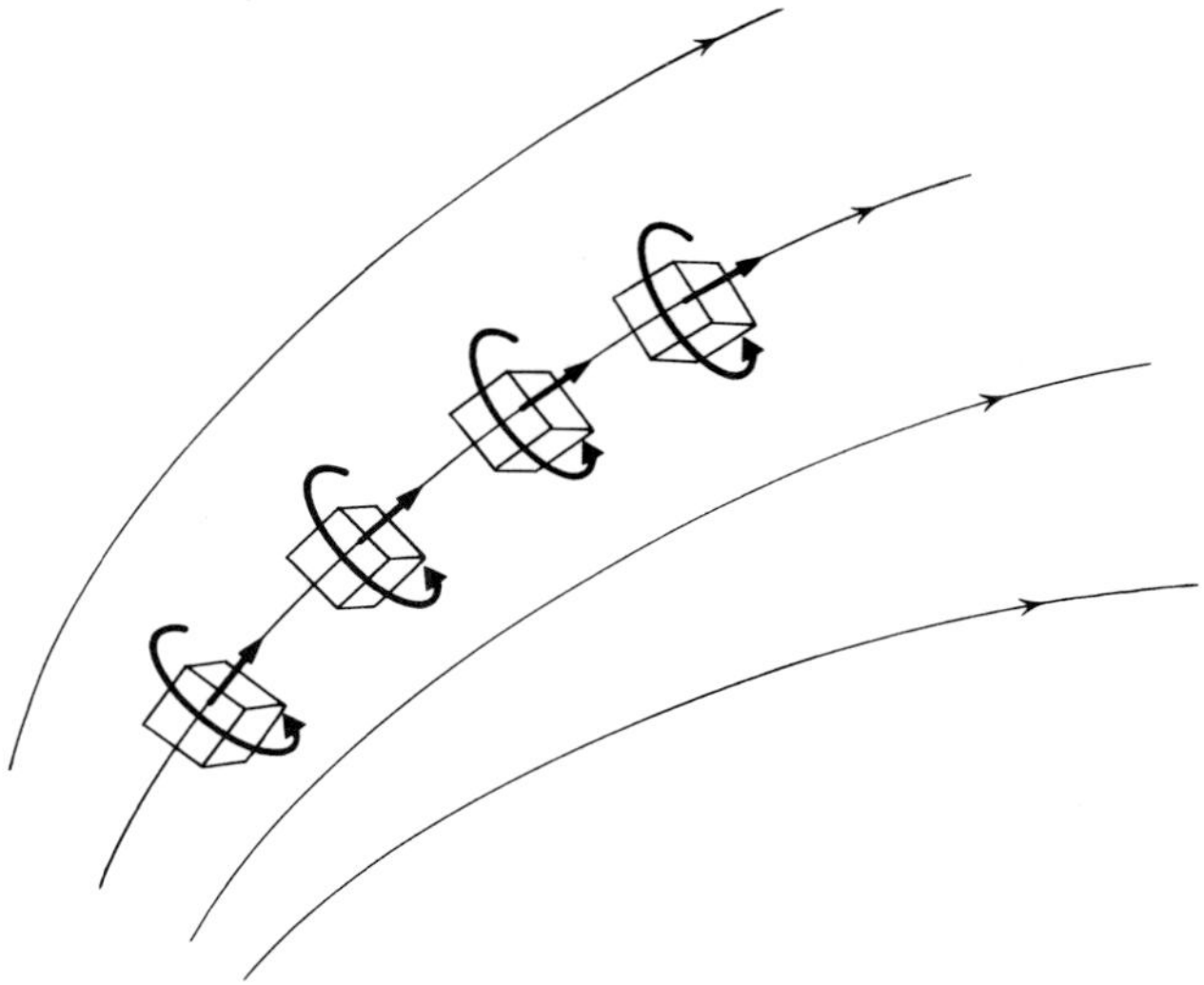

▲図７　渦線
流体要素（立方体）の回転軸（渦度ベクトル↗）をつないだ線を渦線という．曲がった矢印は流体要素の回転の方向を表す．

渦管

渦線は仮想的なものであり何本でも引くことができる。図8に示すように、流れ場の中に任意に閉曲線Aをとり、それを通る無数の渦線によって囲まれる管状の領域を「渦管」という。渦管の周囲で渦度がゼロにならなければ、管の内部の渦線は決して管の外へは出ていかない。

一つの渦管では、その断面を通過する渦度の総和（「循環」という）は断面の位置によらず一定である。これは渦度場がソレノイダルであることの結果であり、渦管内部を流れる縮まない流体の流量が流管の断面の位置によらず一定であることと同じである（第1章参照）。図8の閉曲線Aの内部を通過する渦度の総量

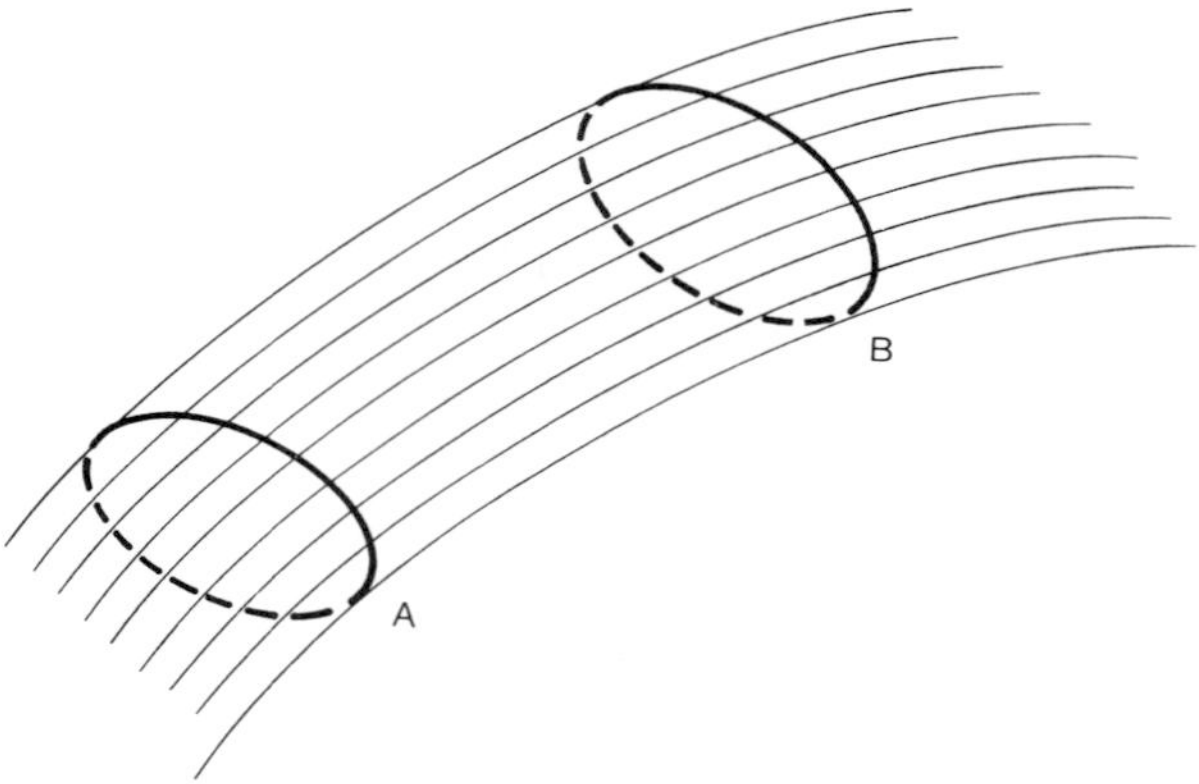

▲図8　渦管と循環
渦線でつながっている閉曲線AとBの内部を通過する渦度の総量（循環）は相等しい．

と閉曲線Bの内部を通過する渦度の総量は相等しいのである。

凍結運動

渦度は流体要素の自転を表し、渦線は自転軸を連ねた線と一致する。渦線に沿った流体要素は流されて変形してもいつも渦線に沿ったままであることが知られている（図9）。これは、渦線があたかも流体に凍りついたかのように運動すると考えてよいことを意味する。

渦管の伸張と渦度強化

完全流体では渦線は流体に凍結して運動するから渦管を構成している流体要素はいつも同じである。したがって、流体要素を追跡すれば渦管の運動がわかる。ところで、一つの渦管を追いかけていくと、その渦管内部の渦度の総量は時間がたっても変わらないことが知られている（図10）。こ

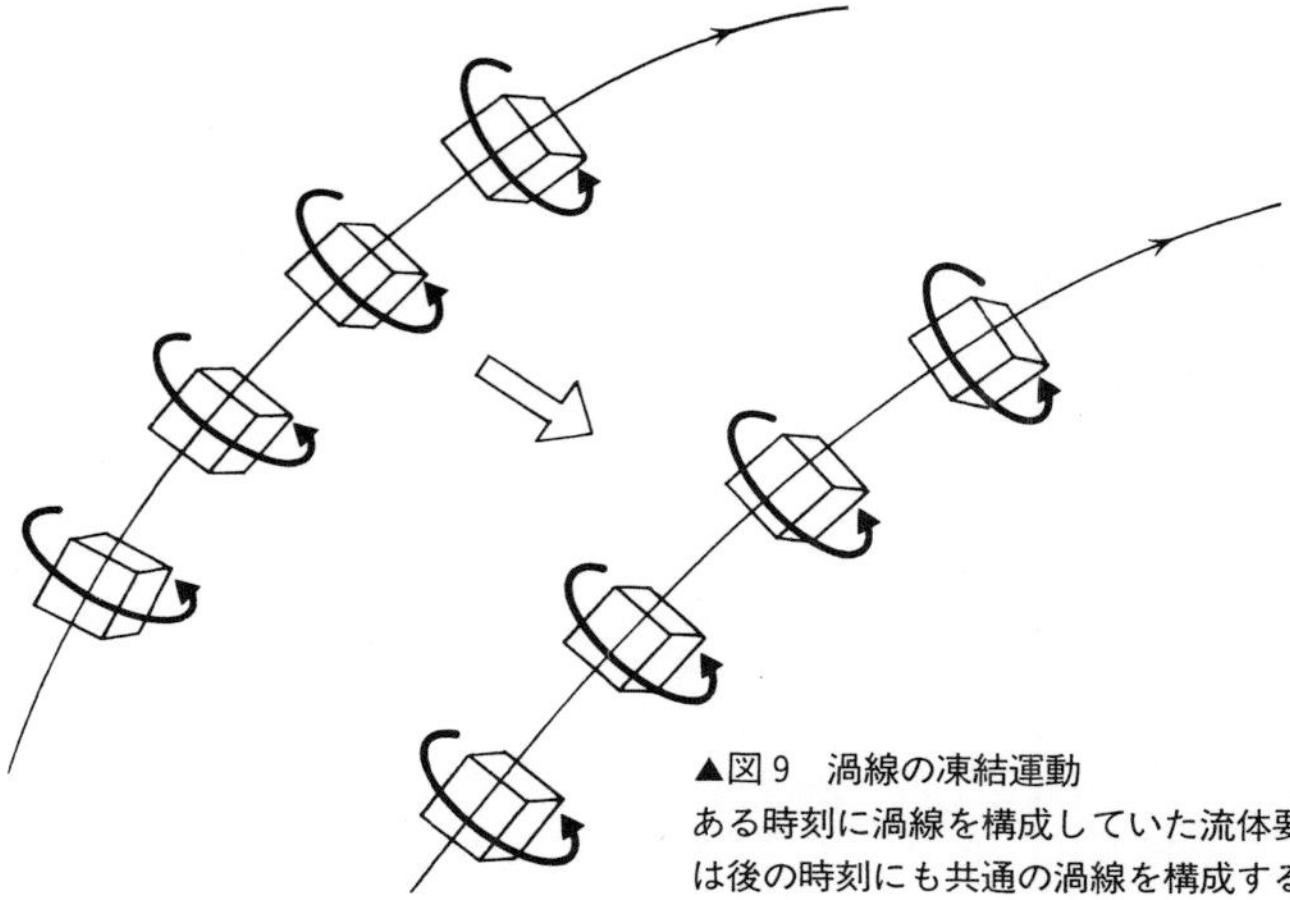

▲図 9　渦線の凍結運動
ある時刻に渦線を構成していた流体要素は後の時刻にも共通の渦線を構成する.

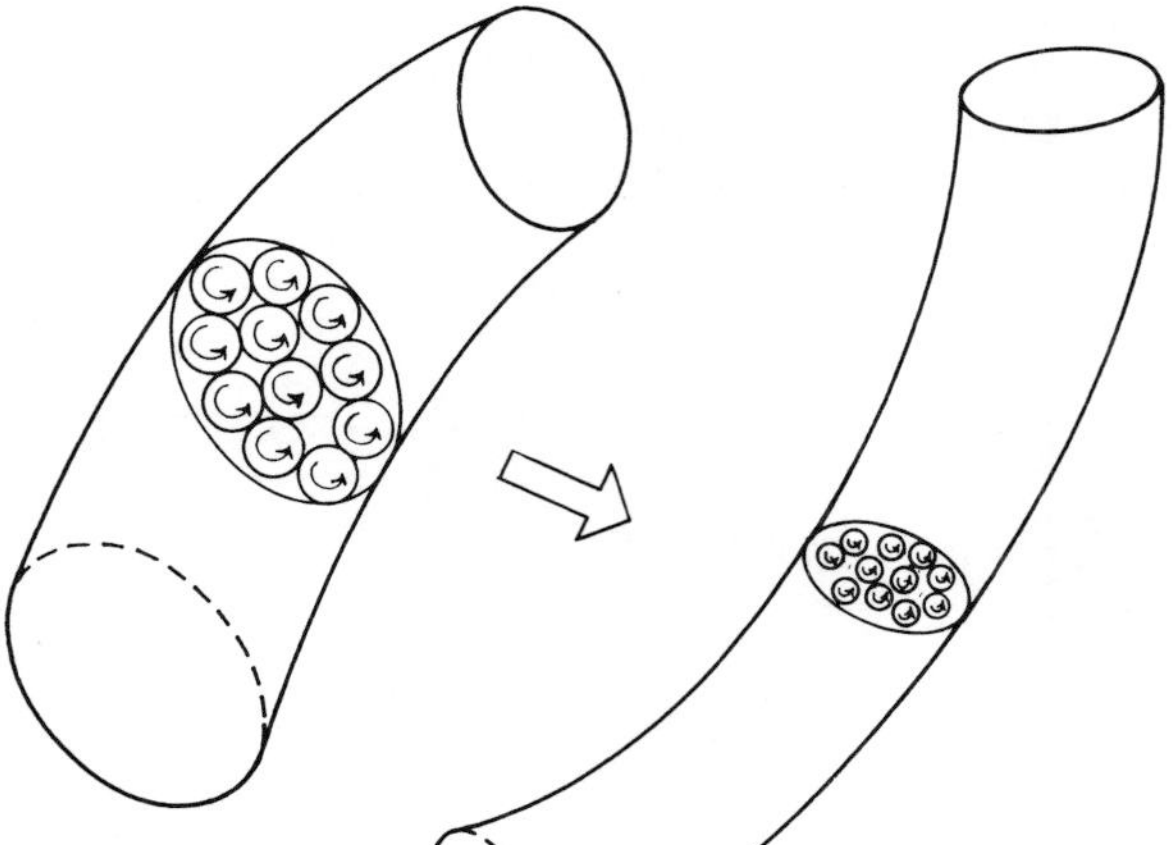

▲図 10　循環の保存
渦管が変形しても渦管内部の渦度の総和（循環）は変わらない.

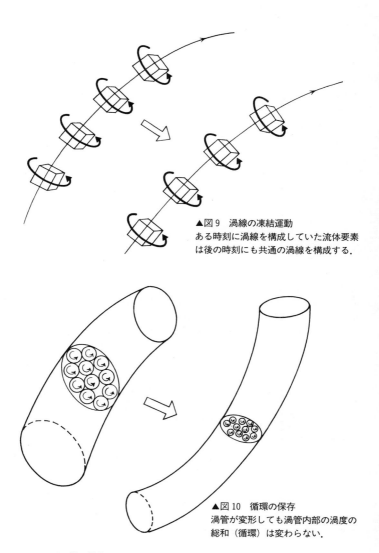

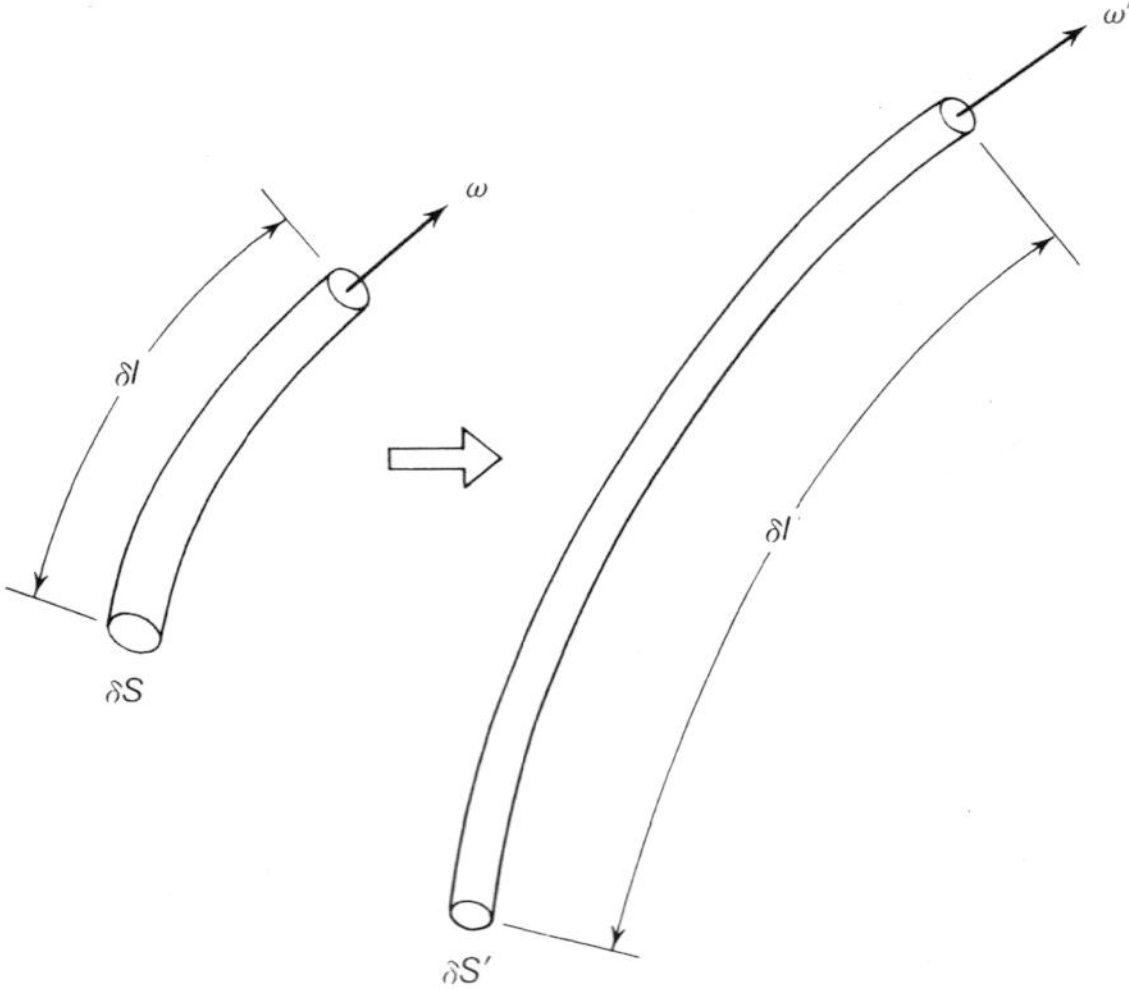

▲図 11　渦管の伸長
断面積が δS, 長さが δl, 渦度の大きさが ω である微小渦管が変形してそれぞれが $\delta S'$, $\delta l'$, ω' の渦管になったとする．渦管の体積保存（$\delta l \delta S = \delta l' \delta S'$）と循環の保存（$\omega \delta S = \omega' \delta S'$）から渦度と渦管の長さとの比例関係（$\omega / \delta l = \omega' / \delta l'$）が結論される．

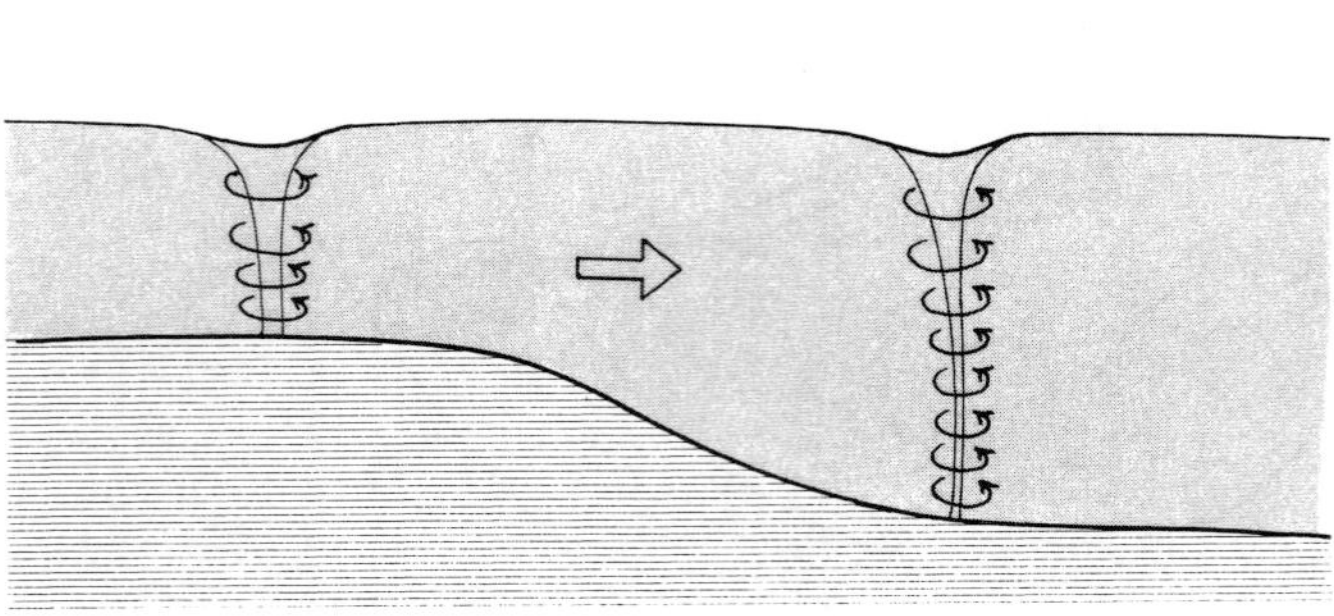

▲図 12　渦管の伸長と渦度強化
渦管が引き伸ばされると回転速度は増す．

れは渦管を構成する各流体要素の角運動量保存則の現れで、「ヘルムホルツの渦定理」とよばれている。

いま、断面積 δS が非常に小さな細い渦管をとり、渦度を ω とする（図11）。ヘルムホルツの渦定理により、渦管のどの切り口でも同じ値をとる渦管内部の渦度の総量 $\omega\delta S$ は時間的に不変である。ところで、渦管の微小長さ δl の部分の体積 $\delta l\delta S$ は縮まない流体では時間的に変わらないことを思い起こすと、$\omega\propto\delta l$ すなわち渦管の伸び縮みに比例して渦度の大きさが増減することがわかる。

図12に示すように、川の水面から底まで届く渦管が水深のより深いところへ流されると渦管はより細くなり渦の回転速度は増す。

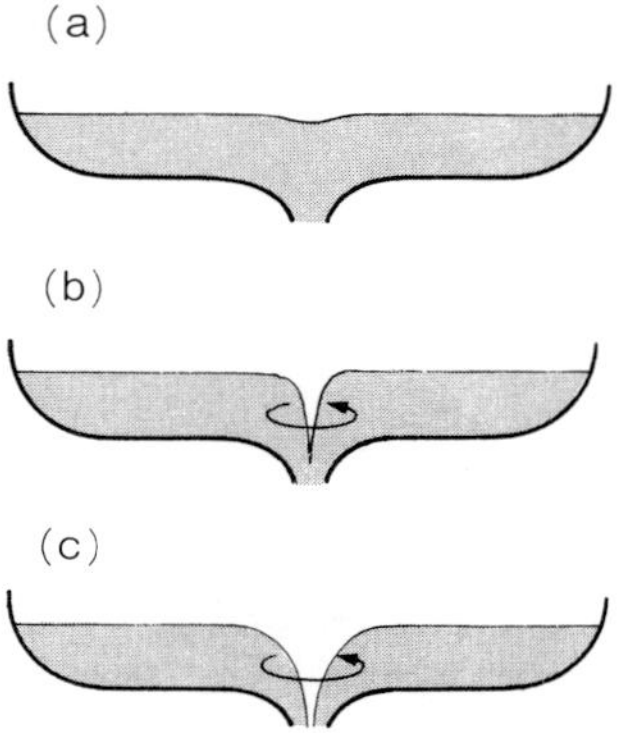

▲図13　吸い込み渦
時間の経過は(a)→(c)の順である．矢印は流れの向きを表す．

吸い込み渦

洗面台や浴槽の栓を抜くと、排出口のまわりに渦ができることがある（図13）。はじめ、排出口の上の水面が少しくぼむ。そのくぼみは水面の低下とともにますます深くなり、ついには排出口まで達する。渦の回転の向きは、栓の抜き方や容器の形状あるいは栓を抜くさいに存在した水のわずかな運動などに敏感に依存する。また、渦ができる前に水が全部出て行ってしまうこともある。

このような排出口のまわりの強い渦の形成は、角運動量保存則を用いて説明される。話を簡単にするために、流れは二次元軸対称とし、流体は原点にある排出口に吸い込まれていくとする（図14）。原点から遠く離れたところにきわめて小さな（原点まわりの）角運動量をもっている流体要素を考える。いま、流れ場には排出口まわりの回転モーメントを与えるような力は何もないとする。

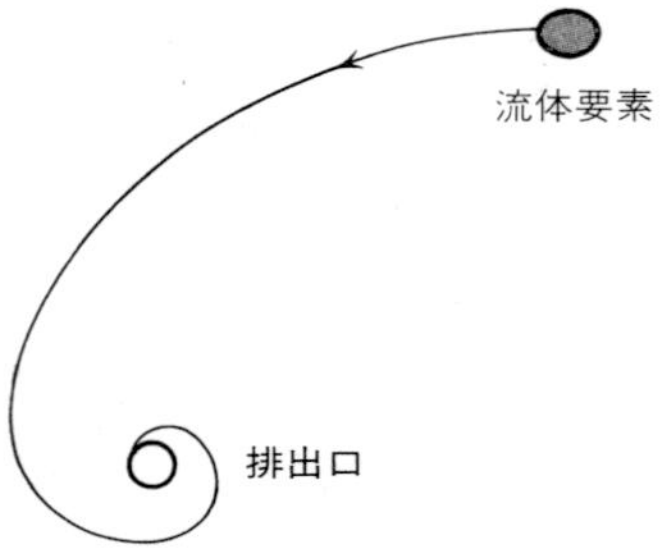

▲図 14　角運動量保存則
角運動量保存則により，流体要素の排出口まわりの角速度は排出口に近づくにしたがって大きくなる．

この流体要素は角運動量を一定に保ったまま排出口の方へ移動していく。流体要素の原点からの距離をr、原点まわりの角速度をΩとすれば、角運動量は$r^2\Omega$に比例する。角運動量保存則から、Ωは距離の二乗に反比例して急速に増大することがわかる。

排出口まわりに空気柱をともなう吸い込み渦が生じると、排出効率が著しく低下し、また水面に立つ波の旋回運動が水槽の振動やそれにともなう騒音の発生など好ましくない結果をもたらす。しかし、空気柱をともなう渦も使い方によっては役に立つ場合がある。図15に示すように、水がいっぱい入ったびんをただひっくり返しただけでは外の空気がびんの中に入りにくく水を排出するのに時間がかかる。そこで、びんを振り回して中の水を回転させ空気柱をともなった渦をつくってやれば、空気柱を通して外の空気が中に入りやすくなり、水を効率よく排出することができるというわけである。

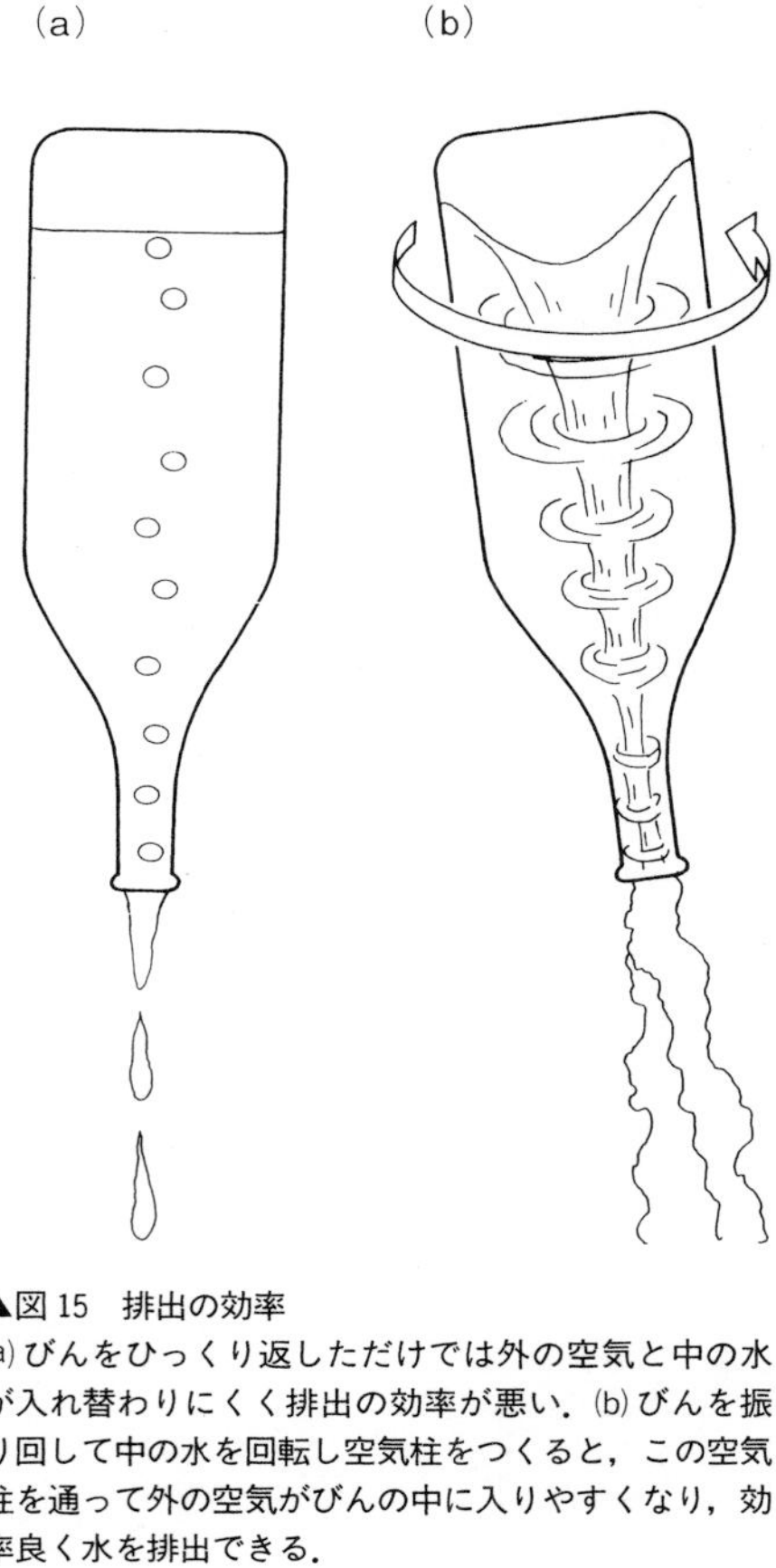

▲図 15　排出の効率
(a) びんをひっくり返しただけでは外の空気と中の水が入れ替わりにくく排出の効率が悪い．(b) びんを振り回して中の水を回転し空気柱をつくると，この空気柱を通って外の空気がびんの中に入りやすくなり，効率良く水を排出できる．

3　浴槽に水を張る

水を張る問題

数年前のある中学校の入試問題である。図１に示す浴槽は給水蛇口から一定の割合で水を入れると二時間で満杯になる大きさである。また、排水口は満杯の浴槽をからにするのに三時間かかる。ある日、浴槽に水を張ろうとしてうっかり排水栓を閉じるのを忘れてしまった。浴槽は蛇口を開いてから何時間後に一杯になるでしょう？

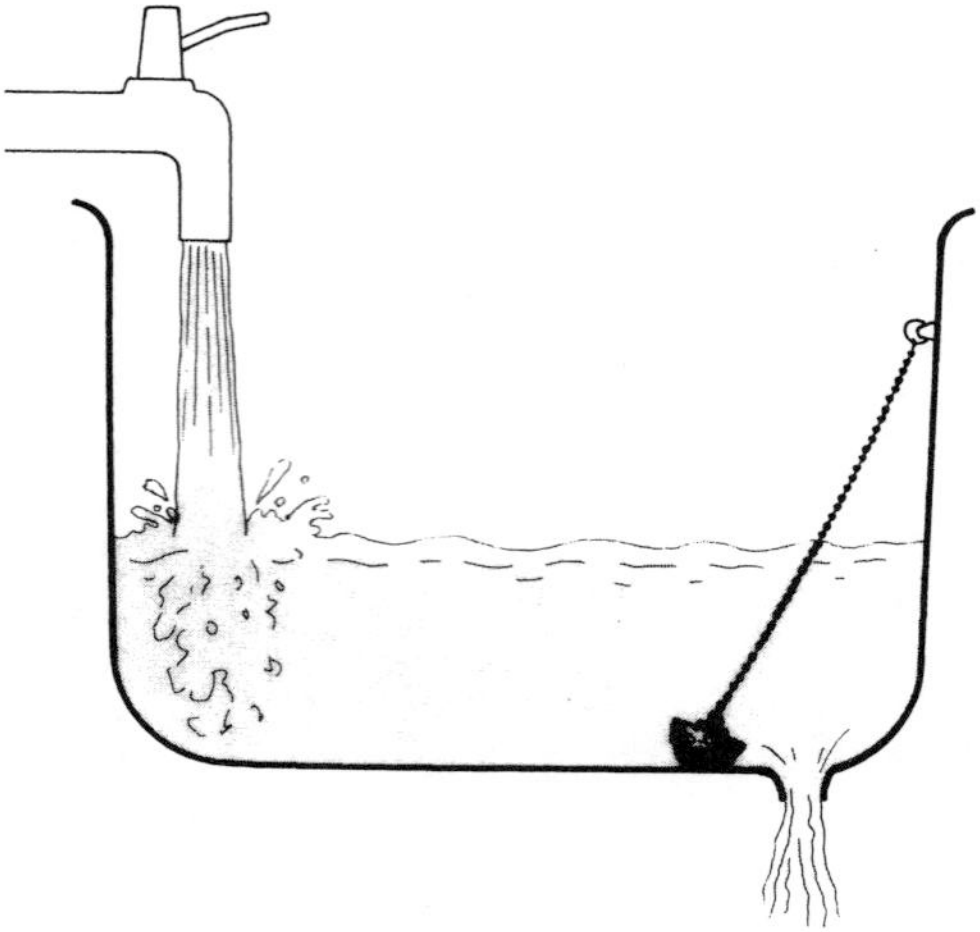

▲図1　給水
浴槽に水を張るのに排水栓を閉じるのを忘れてしまった．さて，….

正解？

この問題の出題者はおそらく次のような解答を期待していたであろう。

この蛇口からは一時間に浴槽全体の二分の一の水が入る。一方、排水口からは一時間につき浴槽の三分の一の水が出ていく。したがって、蛇口と排水栓の両方を開くと一時間に浴槽の 1/2—1/3＝1/6 の水がたまっていくから、浴槽は六時間で満杯になる。答、六時間。

一見これで良さそうに思われるが、この問題はそう単純ではなかった。実はこの場合、浴槽はいつまでたっても一杯にはならないのである。正解は後で述べることにして、まず流体力学の重要な基本法則の一つ、流体運動におけるエネルギー保存則を紹介しよう。

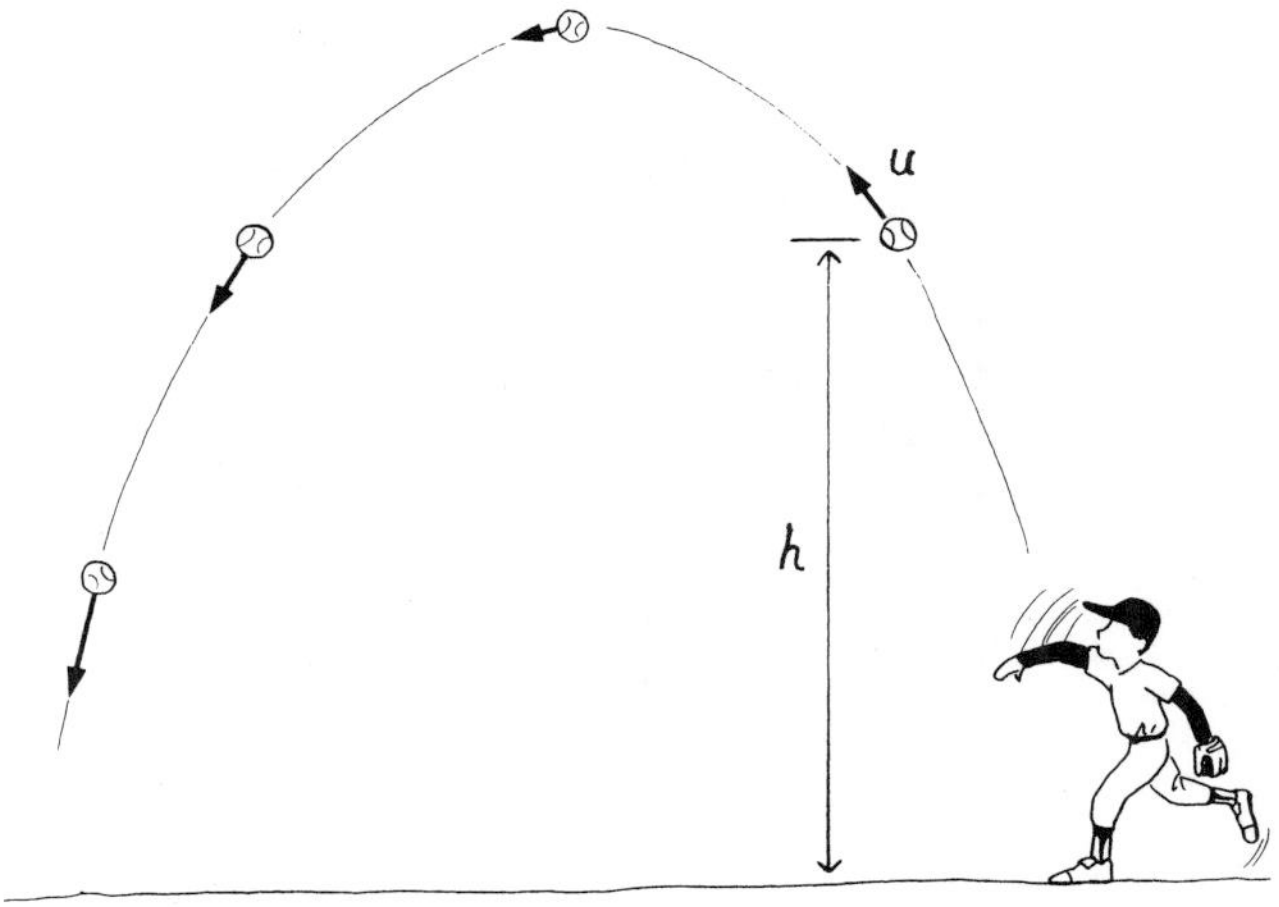

▲図2　エネルギー保存則

エネルギー保存則

ボールを斜めに放り上げるとボールは放物線の軌道を描く（図2）。（実際は、空気の抵抗（第6章参照）などで放物線から少しずれるが、ここではまわりの空気の運動は無視できるとし、ボールには重力のみが作用していると考えている。）ボールの速さはボールが高く上がるにつれて小さくなり放物線のてっぺんで最小になる。その後、地上に向かい徐々に速さを増し、肩の高さまで落ちてきて投げたときの速さにまで回復する。ボールの速さと地上からの高さは以下に述べる「力学的エネルギー保存則」によって関係づけられている。

いま、ボールの質量をm、速さをu、地上からの高さをh、また重力加速度をgとすると、ボールの運動エネルギーは$(1/2)\,mu^2$で、また位置エネルギーはmghと表される。この運動エネルギーと位置エネルギーはどちらもボール

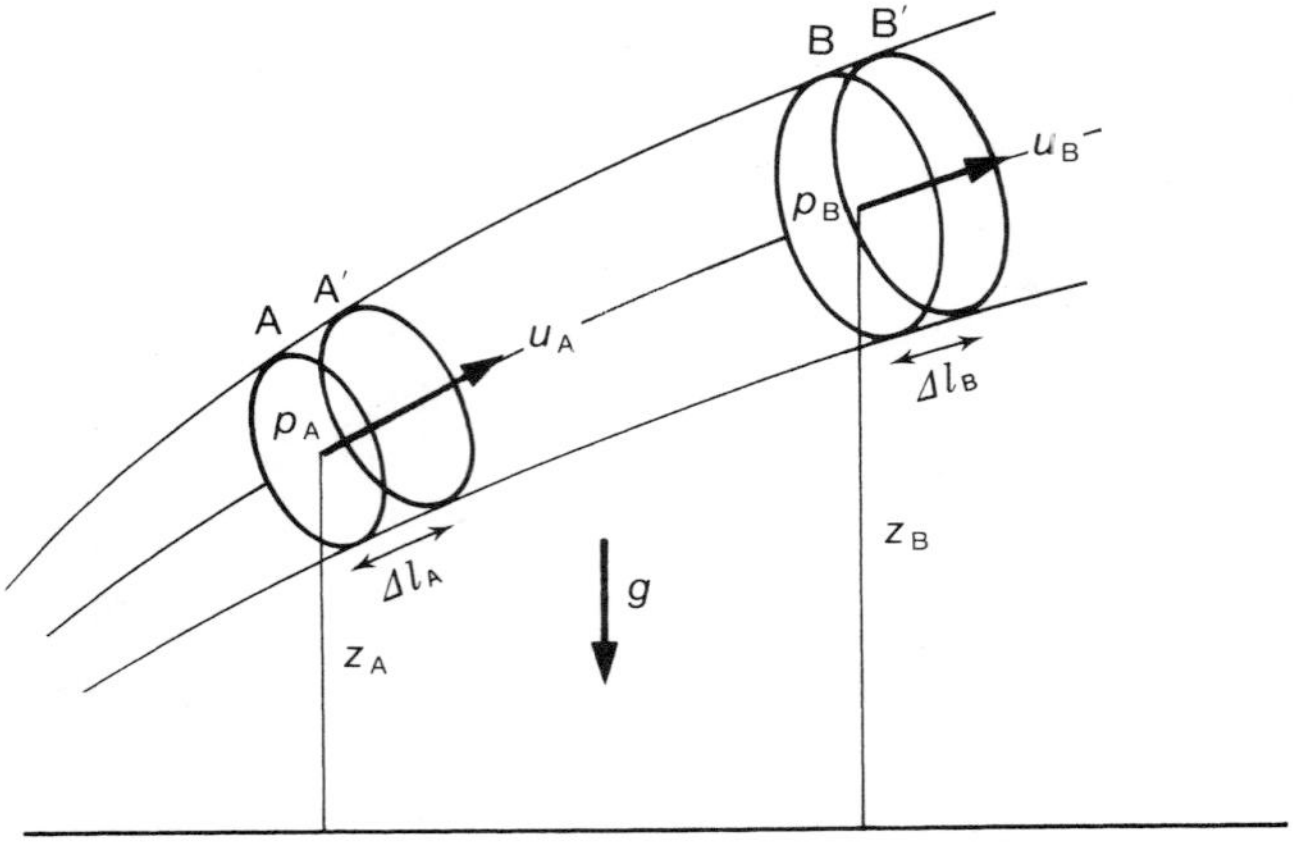

▲図3　ベルヌーイの定理

の運動にともなって増減するが、両者の和（力学的エネルギー）は不変、すなわち

$$\frac{1}{2}mu^2+mgh=一定 \qquad (1)$$

が成り立っている。したがって、hが大きいところではuは小さく、反対にhが小さいところではuは大きくなる。遊園地のジェットコースターが高いところでは比較的ゆっくり動いているが、低いところにくるとスピードを増すのも同じ理屈である。

力学的エネルギー保存則(1)は、ニュートンの運動方程式の第一積分として導かれるもので、ボールに限らず運動する物体すべてに適用され、質点力学系の大域的なふるまいを議論するのに重要な役割を演じている。それでは、流体運動においてはエネルギー保存則はどのような形をとるであろうか。

ベルヌーイの定理

話を簡単にするために、ここでは重力場の中で運動する縮まない完全流体の定常流れを考える。流れ場の中に流線によって囲まれた細い管状領域（流管、第1章参照）を選び、二つの断面AとBで切り取る（図3）。重力は鉛直下方（マイナスz方向）を向いているとし、重力加速度をgで表す。流体の密度をρ、面Aの中心のz座標、面上の流速、圧力をそれぞれz_A、u_A、p_A、また面Bのそれらをそれぞれz_B、u_B、p_Bとする。このとき、AとBにおける流体の単位体積あたりの運動エネルギーと重力の位置エネルギーの和はそれぞれ$(1/2)\rho u_A^2+\rho g z_A$と$(1/2)\rho u_B^2+\rho g z_B$である。さて、微小時間$\Delta t$後に面AとBがそれぞれ$\Delta l_A$と$\Delta l_B$だけ動いて面A′とB′に来たとしよう。この間の流管AB内の運動エネルギーと位置エネルギーの和の増加分は、BB′間のエネルギーとAA′間のエネルギーの差

$$\left(\frac{1}{2}\rho u_B^2+\rho g z_B\right)S_B\Delta l_B-\left(\frac{1}{2}\rho u_A^2+\rho g z_A\right)S_A\Delta l_A$$

となり、これはまた圧力によってなされた仕事　$p_A S_A \Delta l_A - p_B S_B \Delta l_B$　に等しい。流体は縮まないから、$S_A\Delta l_A = S_B\Delta l_B$ が成り立ち、

$$\frac{1}{2}\rho u_A^2+\rho g z_A+p_A=\frac{1}{2}\rho u_B^2+\rho g z_B+p_B$$

すなわち、

$$\frac{1}{2}\rho u^2+\rho g z+p=一定 \qquad (2)$$

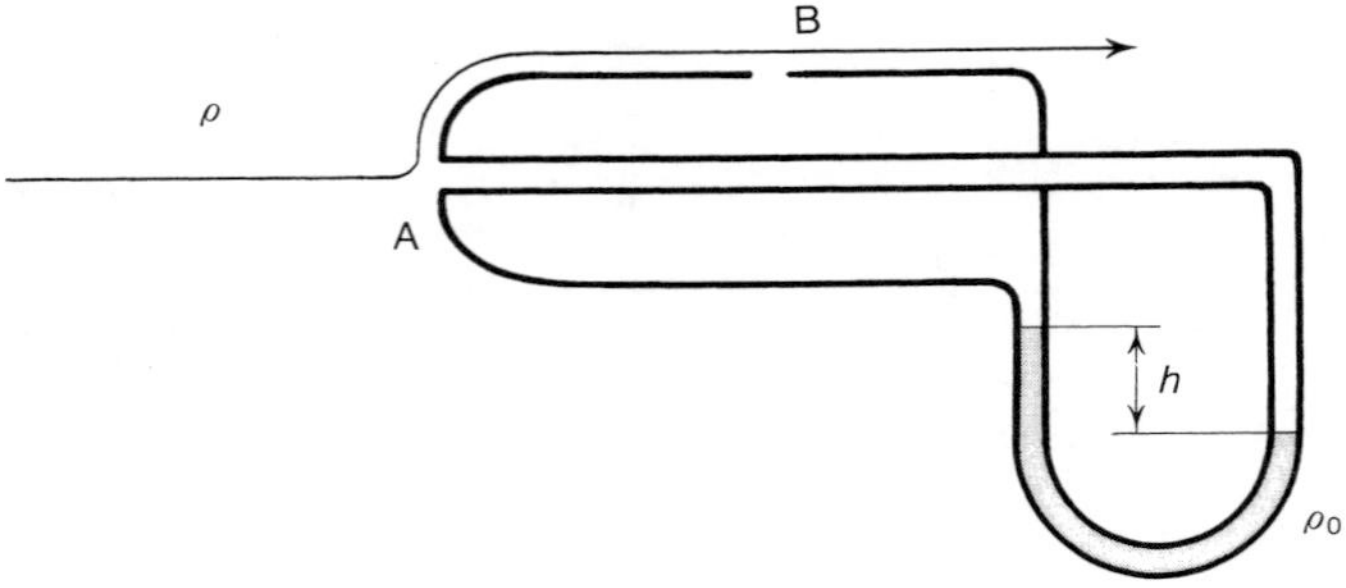

▲図4　ピトー管

を得る。式(2)の各項はそれぞれ単位体積あたりの運動エネルギー、位置エネルギーおよび圧力エネルギーを表す。質点力学系における力学的エネルギー保存則(1)に圧力エネルギーの項が付け加わっていることに注意されたい。式(2)はこれら3種類のエネルギーの和が一つの流線に沿って一定であることを述べている。これが流体運動のエネルギー保存則を表す「ベルヌーイの定理」である。

ピトー管

ベルヌーイの定理をうまく利用すると圧力の測定から流速を知ることができる。図4は「ピトー管」とよばれる流速測定装置の概念図である。密度ρの完全流体の非圧縮定常流れの中にピトー管を置く。二点AとBにおける圧力をそれぞれp_A、p_Bとし、その差を密度ρ_0の液体を用いたU字型の圧力計で計り、高度差をhとする。点Aにおける流速はゼロであることを考慮すれば、点Bにおける流速u_Bがベルヌーイの式(2)を用いて

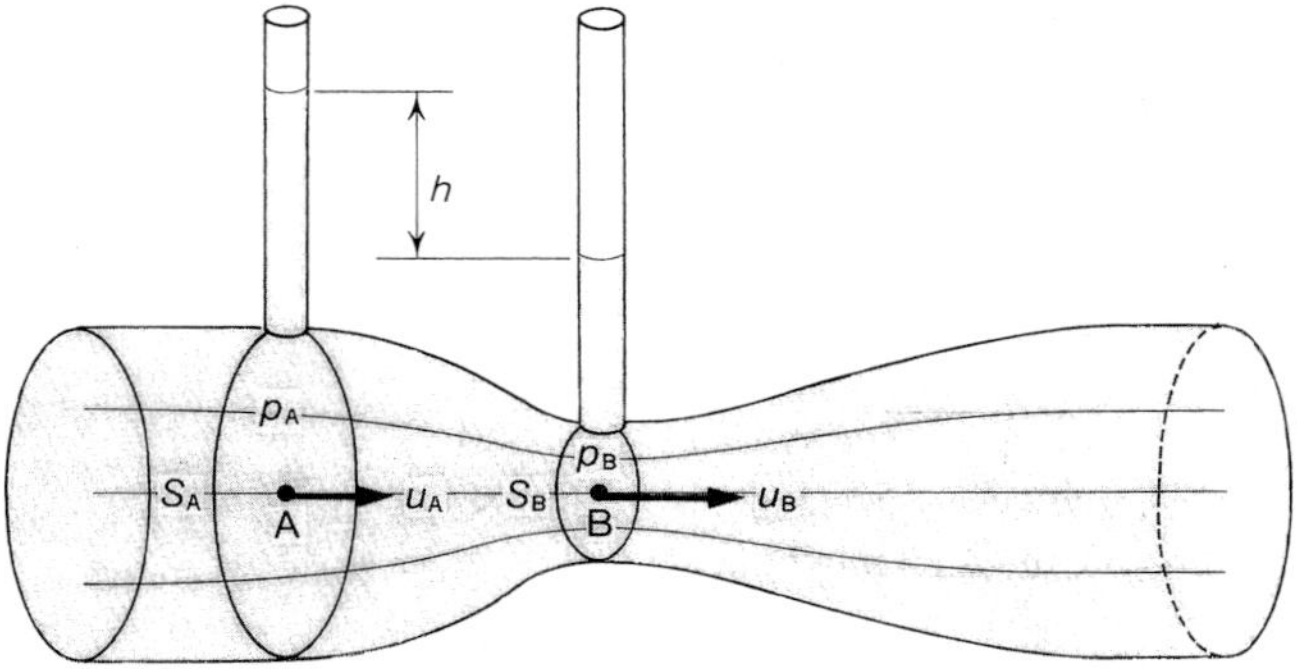

▲図5　ベンチュリー管

$$u_B^2 = 2\frac{p_A - p_B}{\rho} = 2\frac{\rho_0 g h}{\rho} \qquad (3)$$

と求まる。

ベンチュリー管

断面が一様ではない管を流れる非圧縮定常流を考えよう（図5）。中心線ABは水平に置かれているとし、点AとBにおける管の断面積、流速および圧力をそれぞれS_A、u_A、p_AおよびS_B、u_B、p_Bとする。このとき、ベルヌーイの式(2)から$p_A - p_B = (1/2)\rho(u_B^2 - u_A^2) = \rho g h$を得る。ここに、$h$は二点AとBにおける水柱の高度差である。また、管を流れる流量の保存則から$S_A u_A = S_B u_B$が成り立つ。この二式を連立して解くとA点における流速が

$$u_A^2 = \frac{2gh}{S_A^2/S_B^2 - 1} \qquad (4)$$

のように得られ、管の断面積と水柱の高度差から流速を計算することができる。このような流速測定装置を「べ

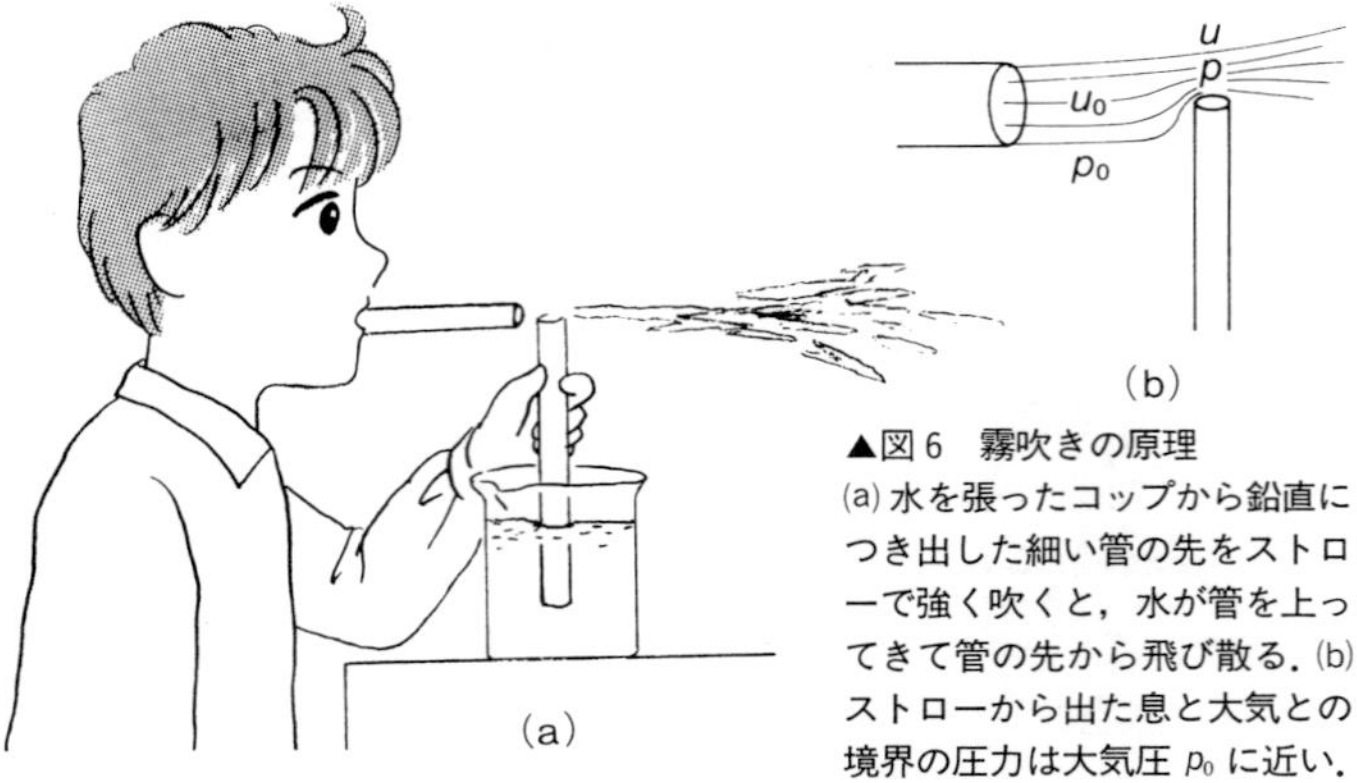

▲図6　霧吹きの原理
(a) 水を張ったコップから鉛直につき出した細い管の先をストローで強く吹くと，水が管を上ってきて管の先から飛び散る．(b) ストローから出た息と大気との境界の圧力は大気圧 p_0 に近い．息が鉛直の管の上に回り込むと速さが増し（$u > u_0$），圧力が下がる（$p < p_0$）．

ンチュリー管」という。

霧吹き

ベルヌーイの定理を確かめる簡単な実験を紹介しよう。コップに水を張り細い管を図6(a)のように立てる。（ボールペンの芯などのように毛細管現象で水が上がってこない程度の太さがよい。）ストローでその管の先をねらって勢いよく息を吹きかけると水が管を上ってきて管の先から飛び散る。これが霧吹きの原理である。

ストローから出た息と大気との境界の圧力は大気圧になっているが、鉛直に立った管のすぐ上では息の進む速さは出口での速さより速くなり、ベルヌーイの定理(2)から管の先での気圧が下がることがわかる（図6(b)）。その結果、コップの水が吸い上げられるのである。[(1)*1]

トリチェリの定理

水槽の下部にあいた小さな排出口から流れ出る水の速さを求めよう（図7）。水槽に比べて排出口が十分小さ

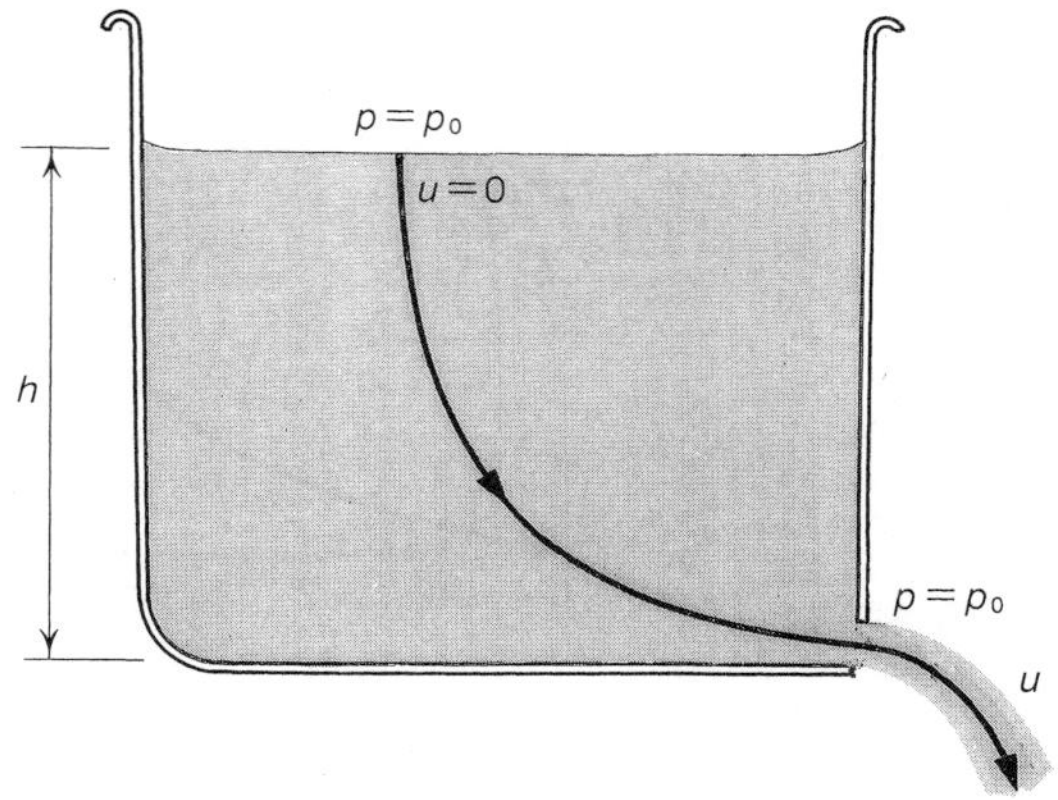

▲図7　トリチェリの定理

ければ、流れはほとんど定常であると考えられ、ベルヌーイの定理が適用できる。排出口から測った水面の高さをhとしよう。水面での流速はほとんどゼロである。また圧力は水面でも排出口でもともに大気圧p_0に等しい。排出口における水の速さをuとすればベルヌーイの式(2)より

$$u = \sqrt{2gh} \tag{5}$$

を得る。つまり、流出速度は水深の平方根に比例する。これは重力場gの中で高さhから落とされた物体の得る速度と同じで、「トリチェリの定理」として知られている。

水はあふれなかった

冒頭に紹介した問題を振り返ってみよう。浴槽の容積をV、排出口を閉じたとき、給水蛇口からの水で満杯になる時間をT_{in}とすると、単位時間あたりの給水量は

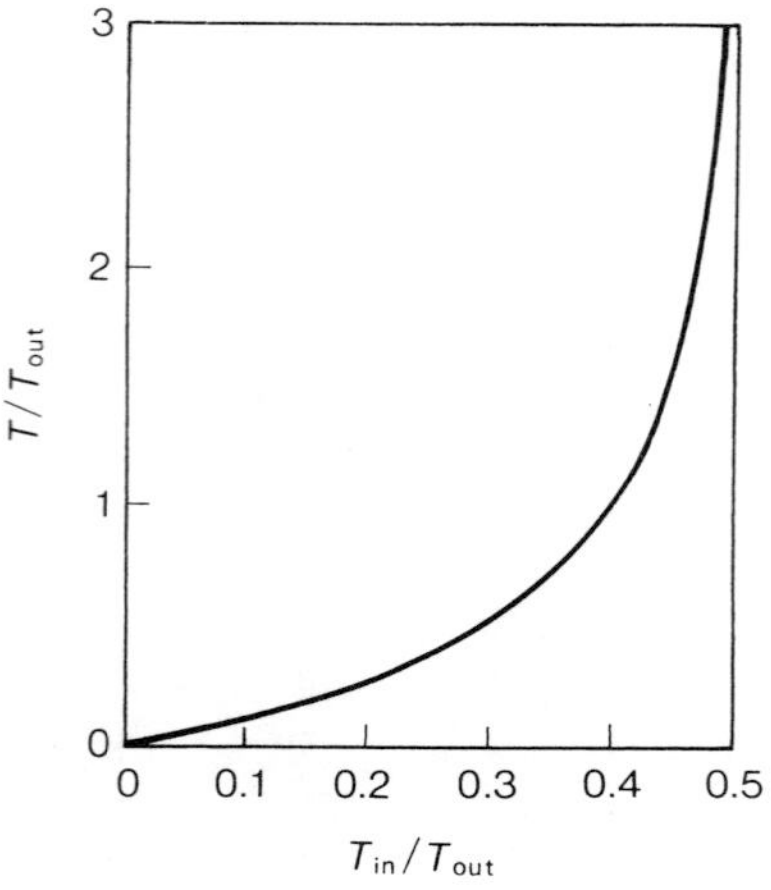

▲図 8　蛇口と排出口を同時に開いたとき，浴槽が満杯になる時間（T）
T_{in} は排出口を閉じたとき，浴槽を満杯にするのにかかる時間，T_{out} は蛇口を閉じたとき，満杯の水をからにするのに要する時間である．

$Q_{in}=V/T_{in}$ で、これは時間的に一定である。一方、トリチェリの定理によれば排出口から流出する水流の速度は水深の平方根に比例して変化し、流出量は時間の経過とともに減少する。実は、流出量の時間変動を考慮することがこの問題を解くカギだったのである。

さて、蛇口を閉じたとき、満杯の水を全部排出するのにかかる時間をT_{out}とすると、単位時間あたりの流出水量は浴槽にたまっている水量vを用いて$Q_{out}=2\sqrt{vV}/T_{out}$ と表されることが簡単な計算からわかる。（$Q_{out}=\alpha\sqrt{v}$（αは定数）とおいて、$\mathrm{d}v=-Q_{out}\mathrm{d}t$ を積分し、tがゼロのときvがVで、tがT_{out}のときvがゼロとすればよい。）

さて、微小時間$\mathrm{d}t$に増加する水量を$\mathrm{d}v$とすると、$(Q_{in}-Q_{out})\mathrm{d}t=\mathrm{d}v$ なる関係がある。これを積分すると、給水蛇口と排水口とを同時に開いたとき満杯になるのにかかる時間Tが

$$\frac{T}{T_{out}} = -\frac{T_{out}}{2T_{in}}\log\left(1-\frac{2T_{in}}{T_{out}}\right)-1 \qquad (6)$$

のように求められる。

これを図示すると図8のようになるが、$T_{in}/T_{out} \geqq 1/2$ ではいつまでたっても満杯にはならないことがわかる。このときは、$Q_{in}=Q_{out}$ となるところ、すなわち $v=(T_{out}/2T_{in})^2V$ までしかたまらない。いまの問題では、$T_{in}/T_{out}=2/3>1/2$ であるのでいつまでたっても浴槽は満杯にならないのである。

マリオットの器

浴槽の水の排出速度は水深によって変化した。確かに、水の入った容器の底の方に穴をあけておくと、初めは勢いよく水が飛び出すがだんだん勢いがなくなってくるものである（図9）。では、水深が変化しても常に一定速度で水が流出する容器は考えられないだろうか。

実は、そのような不思議な容器は密閉した樽とストローで簡単につくることができる（図10）。ストローの下端と同一水平面内にある水の圧力は大気圧になっており、それはまた樽の口での圧力に等

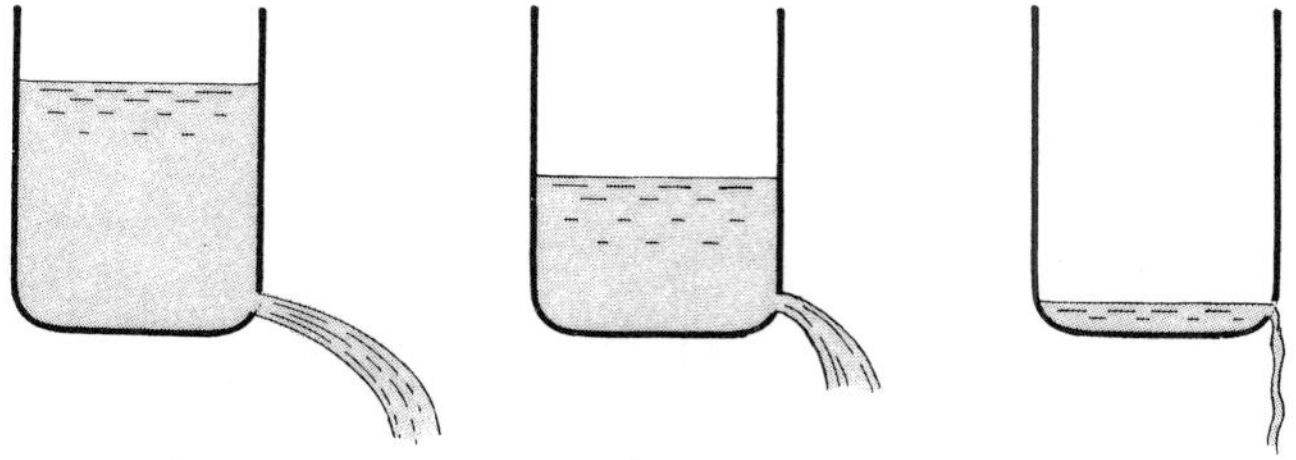

▲図9　水槽から出る水の勢いは水深が浅くなるに従い弱くなる

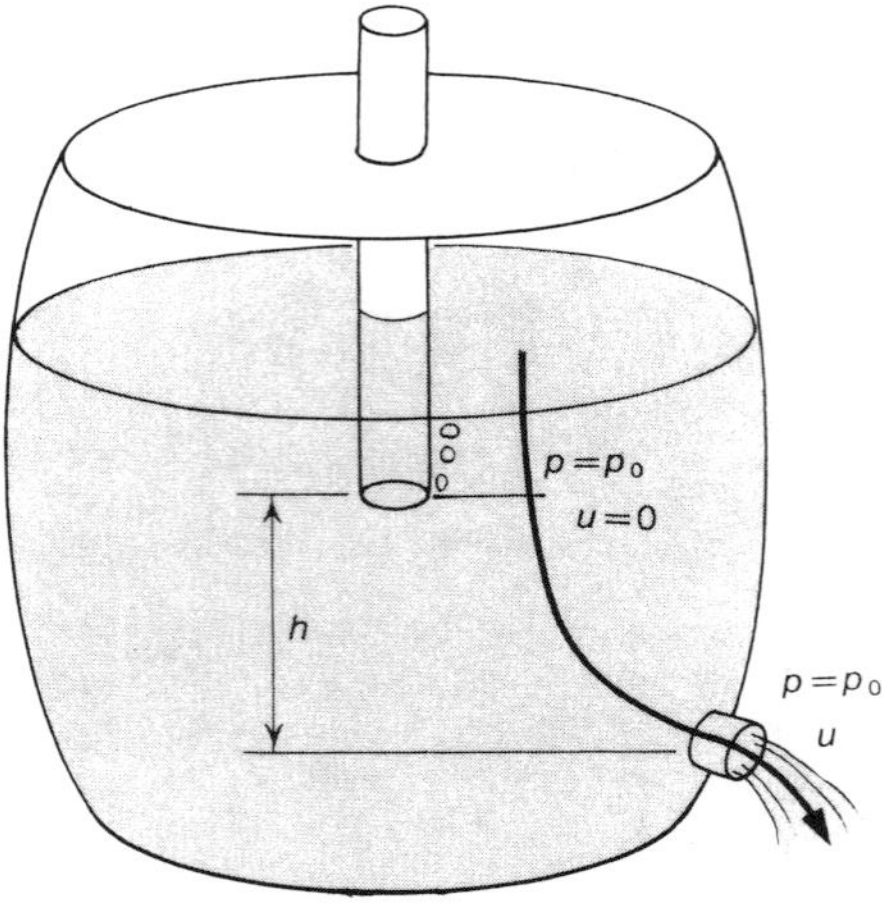

▲図 10　マリオットの器

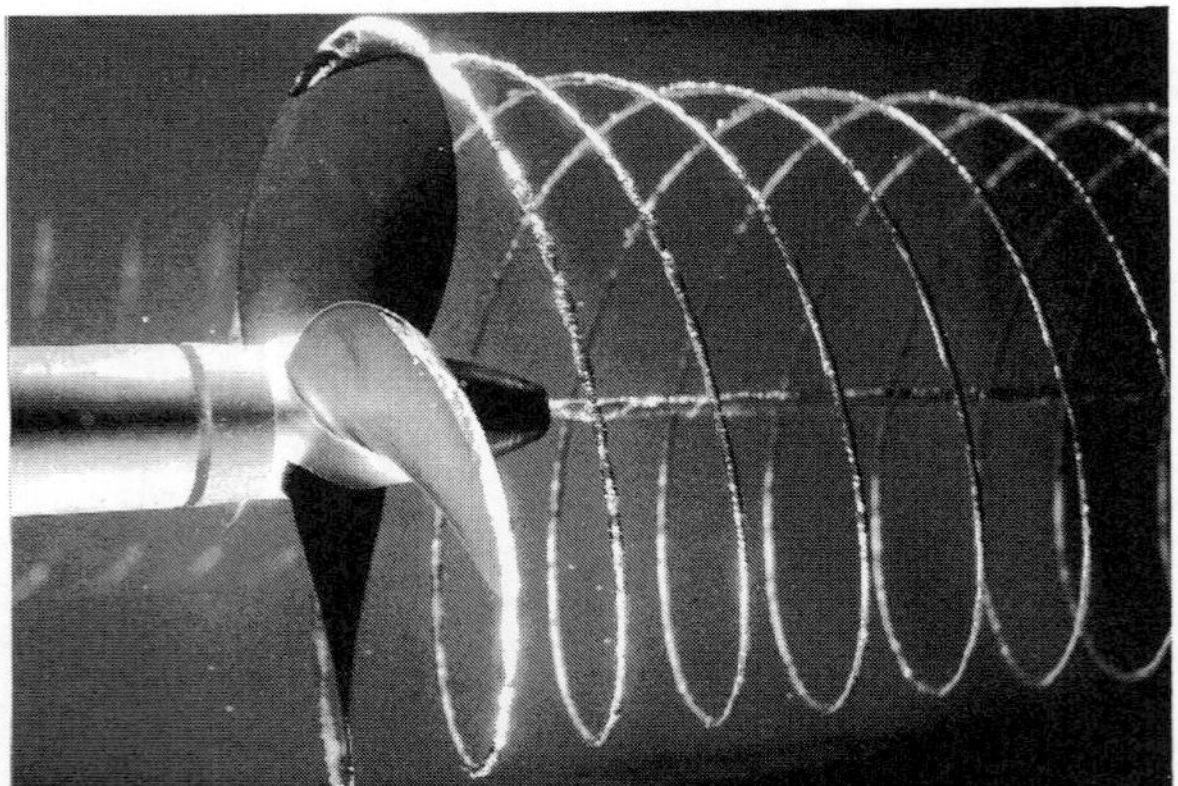

▲図 11　スクリューがつくるらせん形の水蒸気泡[3]（石川島播磨重工業(株)技術研究所船舶海洋開発部提供）

しい。ストローの下端と樽の口との高さの差をhとすると、ベルヌーイの式(2)より、水は$v=\sqrt{2gh}$なる速度で流出することがわかる。hは水面がストローの下端より上にあるうちは変化しないので流出速度は一定に保たれる。流出速度の変わらないこのような容器の仕組みはフランスの物理学者マリオットによって考案されたものである[2]。

キャビテーション

ベルヌーイの定理は、流速が大きくなると圧力が低下することを述べている。圧力が液体の飽和蒸気圧以下に下がると液体が沸騰して気泡を発生する。これを「キャビテーション」という。たとえば、温度が摂氏二〇度の水の飽和蒸気圧は約〇・〇二気圧である。図11は、スクリューから発生したらせん形の水蒸気泡である。圧力の低い所で発生した気泡は圧力の高い所へ流されていくと壊れる。このとき、異常な高圧を発生し、金属を侵食したり振動や騒音をひき起こす。水力タービンやスクリュー、翼などでキャビテーションが生じると、推進効率が低下するばかりでなく、器械自体の寿命を縮めるなどさまざまな弊害が現れる。

参考文献

(1) ロゲルギスト：続物理の散歩道、一五三ページ、岩波書店（一九六七）。
(2) ペレリマン、藤川健治訳：続おもしろい物理学、一四二ページ、現代教養文庫（一九七〇）。

(3) 流れの可視化学会編：流れのファンタジー、五〇ページ、講談社（一九八二）。

補注

*1 ストローから出た息は乱れており、ベルヌーイの定理を使うのは適当ではなかろうという指摘があった（宗田清氏からの私信）が、最終的な結論を出す前にこの流れの詳細な解析が必要であると思われる。

4 カルマンの渦

互い違いの渦

雲や煙は目に見えない大気の流れの様子を知るのに好都合である（第1章参照）。図1(a)は、冬のある日、静止気象衛星『ひまわり』から撮影された九州西方海上の雲の写真である[1]。東シナ海から立ち上った暖かい水蒸気がシベリアからやって来る冷たくて強い北西の季節風によって冷やされ、このようなはっきりした雲の模様ができたのである。左上のまるく囲った部分は済州島で、右端には九州が見える。

さて、済州島の右下に三対のハの字型の雲が並んでいるのに気づかれたであろうか。これは反対

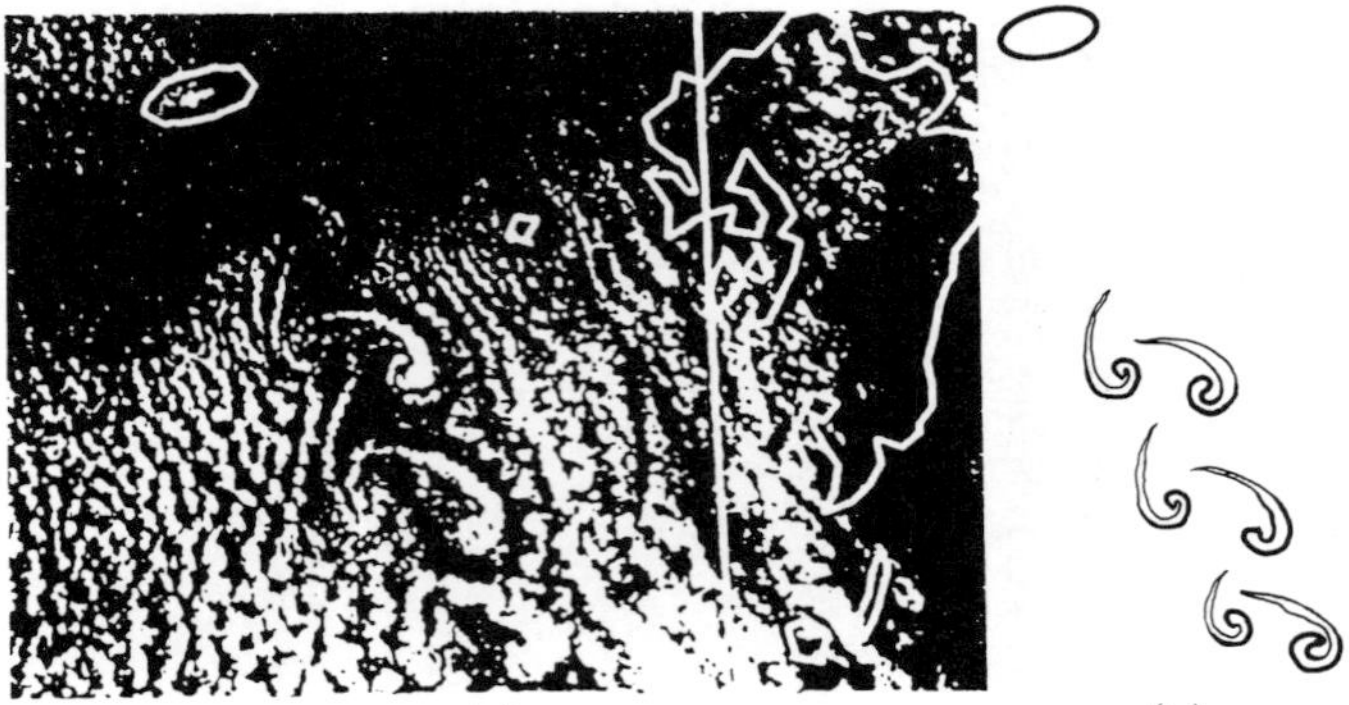

(a)　　　　　　(b)

▲図1　済州島付近のカルマン渦列
(a) 静止気象衛星『ひまわり』から見た九州西方海上の雲の分布．1983年12月4日．丸く囲った島(済州島)の右下に3対のハの字型の雲が見える．(b) 反対向きに回転している渦が互い違いに並んでいる．

向きに回転する渦が互い違いに規則正しく並んでいることを示している（図1(b)）。この互い違いに並んだ渦の列は「カルマン渦列」の名で知られている。このハの字型の雲は済州島の中央にそびえるハンナ山（海抜一九五〇メートル）の中腹程度の高さにある逆転層[*1]でつくられたものである。

話は変わるが、筆者の子供の頃はちゃんばらごっこがはやっていた。その頃、京の町中には、お寺さん所属の雑木林（残念ながらいまは駐車場や住宅団地に変わってしまっている）があちこちにあって、折れた木の枝を見つけるのに苦労はなかった。適当な大きさで丈夫そうな、しかも少しそりがあって格好のよい枝を探すのである。それを力いっぱい振り回すとブンブン音がするのが面白くて何度も何度も飽きずに繰り返していた（図2）。細い枝は高い音を出すし、また太すぎると音が出ない。これはたぶん、振り回すスピードによるんだなと思ったが、そのときは音の出る仕組みはとうとうわからずじまいだった。また、木の枝や竹ざおを水の中で引きずってみると変わった動きをするのも面白かった（図3）。棒は引きずる方向に垂直に横ゆれを起こし、振動しながら進む。いくら力を入れて

▲図2　小枝の出す音
小枝を強く振るとブンと鳴る．

▲図3　横ゆれ
水の中で棒を引きずると棒は必ず横ゆれする．いくら力を入れてもまっすぐ引くことはできない．

まっすぐに引きずろうとしても振動をなくすことはできない。これも、どうしてこうなるのかよくわからなかった現象のひとつである。このような音の発生や横ゆれはカルマンの渦のしわざであることを教えてくれたのは他ならぬ流体力学であった。

円柱のまわりの流れ

自然の中の流れは一般に複雑過ぎて、流体運動の本質をえぐり出すのには不向きである。流れの基本的性質は、できるだけ簡単な状況を設定して調べるのが望ましい。以下の例もそうであるが、単純な条件のもとでもたいていの場合、わけのわからないくらい複雑な流れが実現するのである。

簡単な流れをつくるため、一様な流れの中に流れに垂直に円柱を置いてみよう（図4）。ゆっくり流れる川に丸い杭が突き刺さっているときの杭のまわりの流れを想像されるとよい。

さて、この場合、流体は円柱のまわりをどのように流れるであろうか。ちょっと考えると、図4に示したように、流体は下流に向かって左右対称に流れると想像されよう。これは自然な予測で、流速が小さいときはたしかにそのように流れる。しかし、流速が大きくなると流

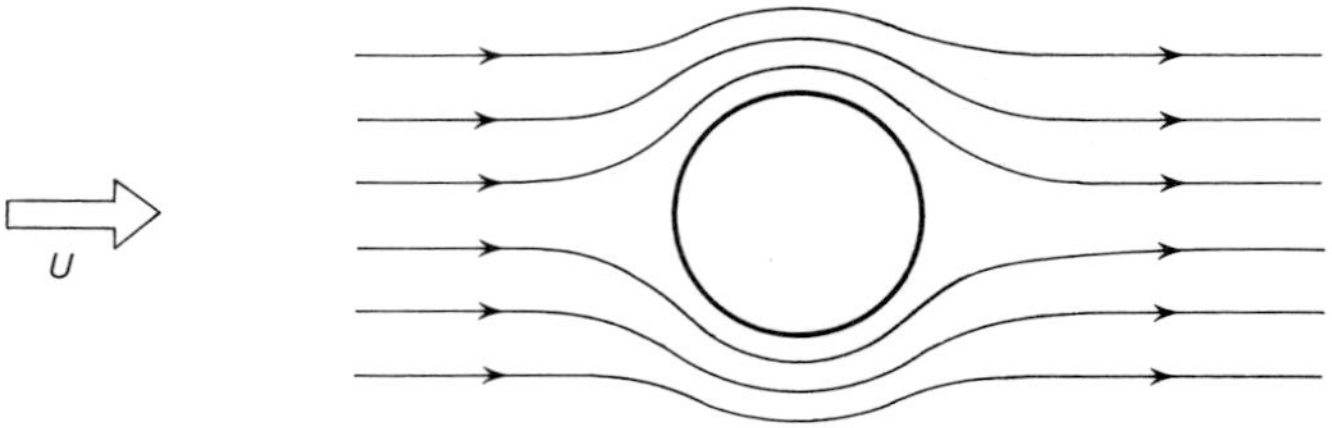

▲図4　円柱を過ぎる流れ

れの様子が一変するのである。正確に言えば、一様流速U、円柱の直径d、流体の密度ρ、粘性係数μ（流体の粘っこさを表す量、第5章参照）を用いてつくった無次元数

$$Re=\frac{\rho Ud}{\mu} \tag{1}$$

の大小によって流れのパターンが異なるのである。この無次元数は「レイノルズ数」とよばれている。

図5はレイノルズ数の大小による円柱のまわりの流れ模様の変化を示したものである。レイノルズ数が小さい間は流体は円柱に沿うように流れ、流線は下流に向かって前後左右対称である（図5(a)）。レイノルズ数が〇・一の程度になると前後対称性がくずれ出し、五の程度を越えると流れが剝離（後述）して、下流側に反対方向に回転する一対の渦ができる（図5(b)）。この双子渦はレイノルズ数の増加とともに下流側に伸びる。流れはまだ左右対称性を保持し、時間的にも変化しない。レイノルズ数がさらに大きくなり四〇の程度になると、渦が円柱の左右から交互に剝がれ、反対方向に回転する渦が互い違いに二列に並んだ渦列ができる（図5(c)）。このカルマン渦列はレイノルズ数が一六〇程度のところまで見られるが、レイノルズ数がこれより大きくなると渦列の規則性は乱され始める。さらに、レイノルズ数が一〇〇〇程度になると、流れは激しく乱れ非常に複雑になる（図5(d)）。しかし、流れが時々刻々複雑に変動しても、集団平均をとると不思議にも、速度分布にカルマン渦列に似たジグザグ型渦列の構造が再現される。[2]

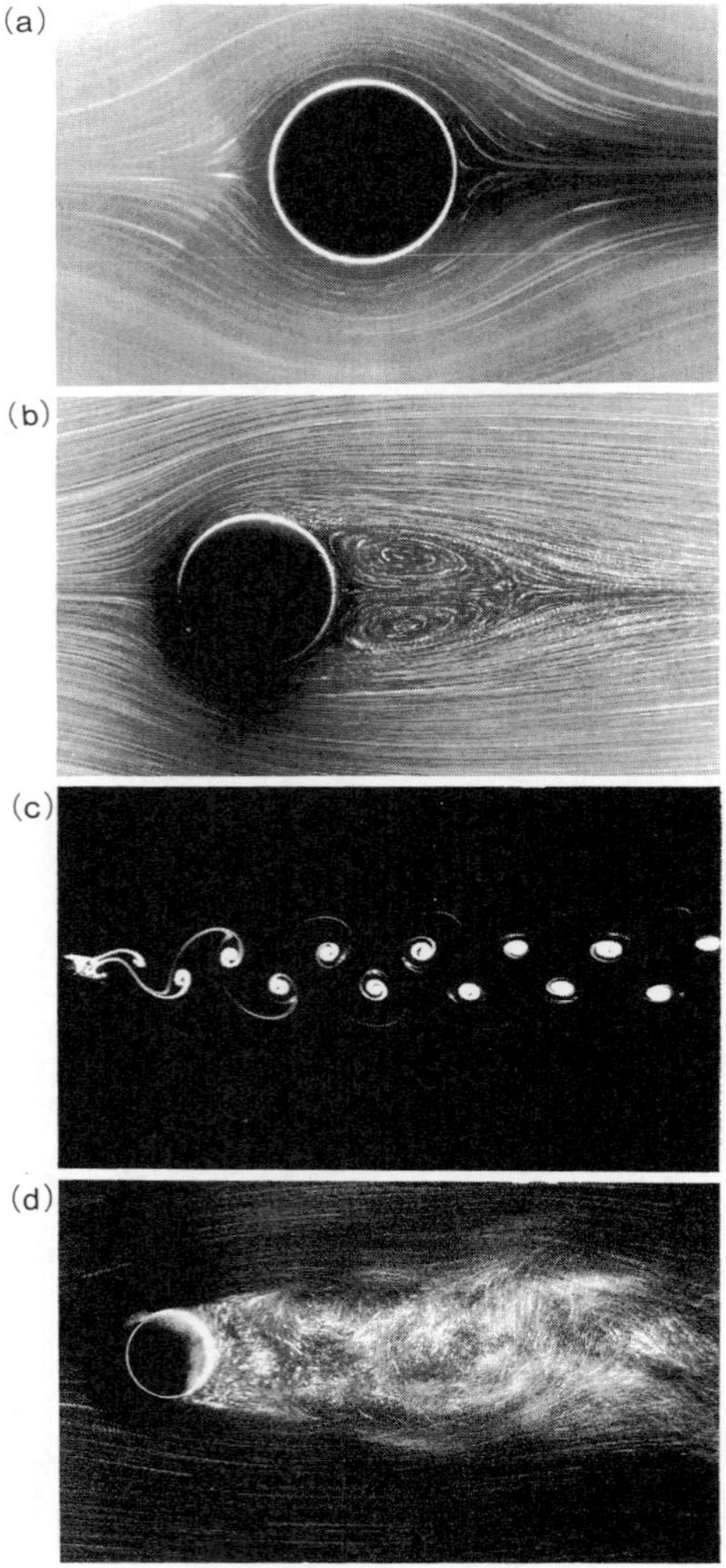

▶図5　レイノルズ数による流れ模様の変化　円柱に左から一様流が当たっている．(a) $Re=0.038$，流線は一様流に対して前後左右対称である．(b) $Re=26$，円柱の下流側に双子渦ができている．流れは定常で左右対称である．(c) $Re=105$，規則正しく並んだカルマン渦列ができている．(d) $Re=1400$，円柱下流の流れは複雑に乱れている．
(写真は種子田定俊氏提供)

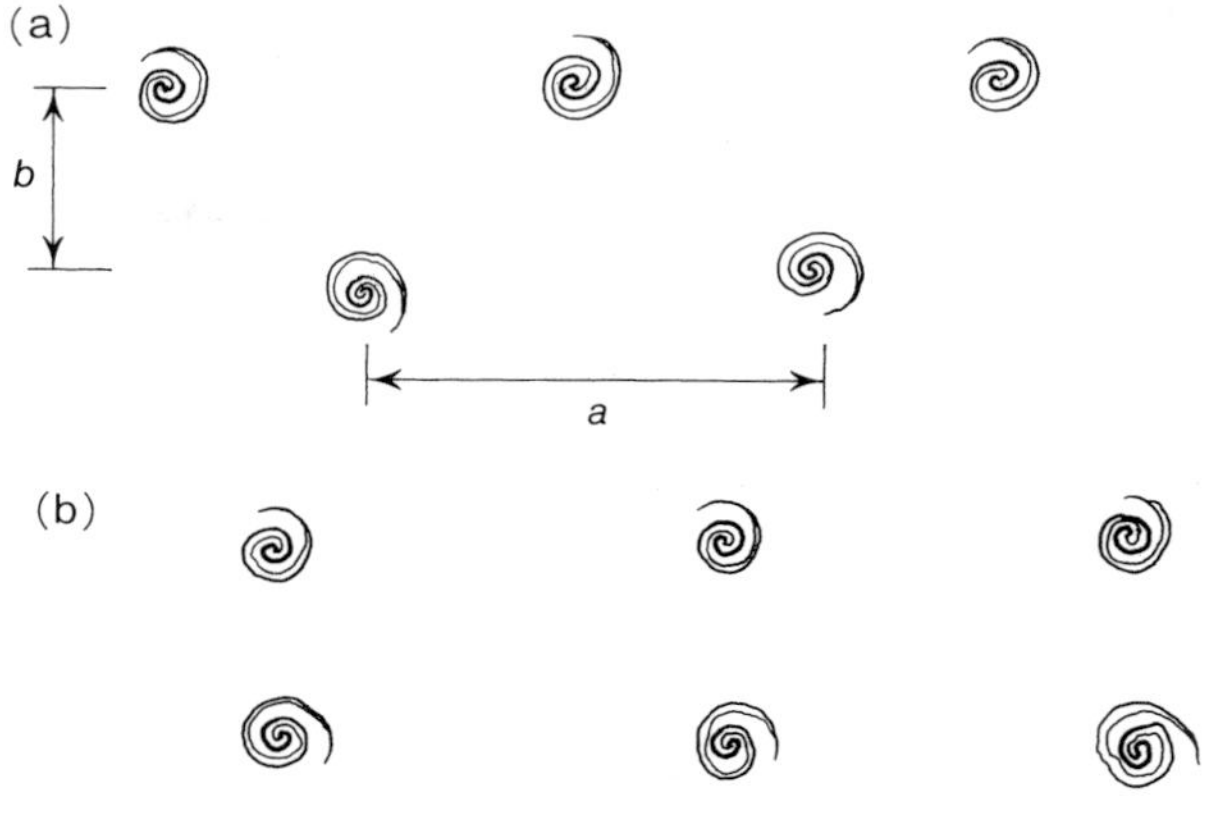

▲図6　整然と並んだ2つの直線渦列
(a)ジグザグ型渦列 (b)2列縦隊の渦列

渦列の安定性

カルマン渦列の各渦塊は、円柱の左右から交互に剝がれ、図6(a)のように互い違いに並び、決して、図6(b)のように二列縦隊に並ぶことはない。いったい、なぜ渦列は二列縦隊ではなく互い違いに並ぶのであろうか。これを説明するために、カルマンは各渦塊を渦点に置き換えてその運動を調べた[3]。

それぞれの渦点は自分のまわりに距離に逆比例する回転速度を誘導する（第1章参照）。各渦点は、他のすべての渦点によって誘導される速度で移動する。まず、強さが同じで向きが反対の渦点からなる二つの直線渦列で、相対位置を変えないで移動する配列は図6の(a)と(b)しかないことを示すことができる。

現実の流れには多かれ少なかれ必ず攪乱が入るから、これら二つの配列のうちで実際に現れるのは少々乱されても壊れないものだけである。カルマンは、渦点の位置を少しだけずらしてみて壊れないのはどのような配列であるかを詳しく調べ、(a)のジグザグ型配列で縦横の間隔比が $b/a \approx 0.281$ 以外はすべて小さな変動を加えると壊れてしまうことを見出した。ここに、a は引き続く渦塊の流れ方向の間隔、b は二つの渦列間の距離である。[*2] なお、渦塊を点ではなく広がった有限の領域におき換えても結果はあまり変わらない。

その後、流れの中に置かれた円柱の背後にできる渦列の構造の精密な観察測定が多くの研究者によってなされてきた。どの実験においても、互い違いに並んだ反対回転の渦塊の列が実現することが確かめられた。しかし、渦塊の縦横の間隔比 b/a は必ずしも一定ではなく円柱近くの約〇・一五の値から下流に向かって単調に増加し、〇・五くらいにまで大きくなることがわかった。[(5)] このように、現実の渦列の構造が、カルマンの理論と一致しない主な原因は渦列が平行ではなく下流に向かって広がっていく（図5(c)）からだと考えられる。

渦がつくる音

円柱を過ぎるカルマン渦列では、渦対の一秒間の発生個数は

$$f = St\frac{U}{d}, \quad St \approx 0.2 \qquad (2)$$

であることが実験的に知られている。ここに、St は「ストローハル数」とよばれている。不思議なことに、この関係は、規則的なカルマン渦列の発生するレイノルズ数帯 $40 \lesssim Re \lesssim 160$ を越えて、$40 \lesssim Re \lesssim 10^5$ の範囲で成立する。これは、流れが不規則に乱れて瞬間的にはカルマン渦列がはっき

り見えなくなっても、平均的にはカルマン渦列の構造をした流れになっているからだと考えられる[2]。

先に見たように、レイノルズ数が四〇以下では流れは左右対称(図5(a)、(b))であるから、円柱が流体から受ける力は一様流の方向を向いている(この力を「抗力」という)。しかし、レイノルズ数が四〇を越えてカルマン渦列ができると、流れは非対称になり一様流に垂直な力の成分(「揚力」)が現れる。渦塊が左右交互に剝がれるのに同期して揚力の向きも周期的に変化する(図7(a)～(c))。これが、冒頭で述べた水中で動かした棒の横ゆれの原因である。

カルマン渦による横ゆれ運動はまた音の発生の源ともなる。冬の冷たい木枯しの中で電線や木の枝が激しく振動して空気をゆすり、ヒューヒューと音を立てるのはこの互い違い渦のしわざである。

音の高さを式(2)を用いて計算してみよう。太さ五ミリメートルの木の枝や太い電線に風速一〇メートルの風が当たると音の振動数は約四〇〇ヘルツ(Hz)で、フーフーと聞こえる[*3]。風速三〇メートルの暴風ではヒューヒューとなる一二〇〇ヘルツの音になる。太さ二ミリメートルの電話線に風速五メートルの風が吹けば五〇〇ヘルツで、これはソプラノの音である。力いっぱいバットを振ると(スウィングの速さを時速一五〇キロメートル、バットの太さを六センチメートルとして)一四〇ヘルツの音が出てブンとうなる。ちなみに、ハ調のドの音は二六二ヘルツ、ハ調のソは三九二ヘルツである。人間の耳に聞こえる音は一六～二〇〇〇〇ヘルツである。

このカルマン渦列による振動は、実際、自動車、船、飛行機などの高速交通機関や流体運動を伴

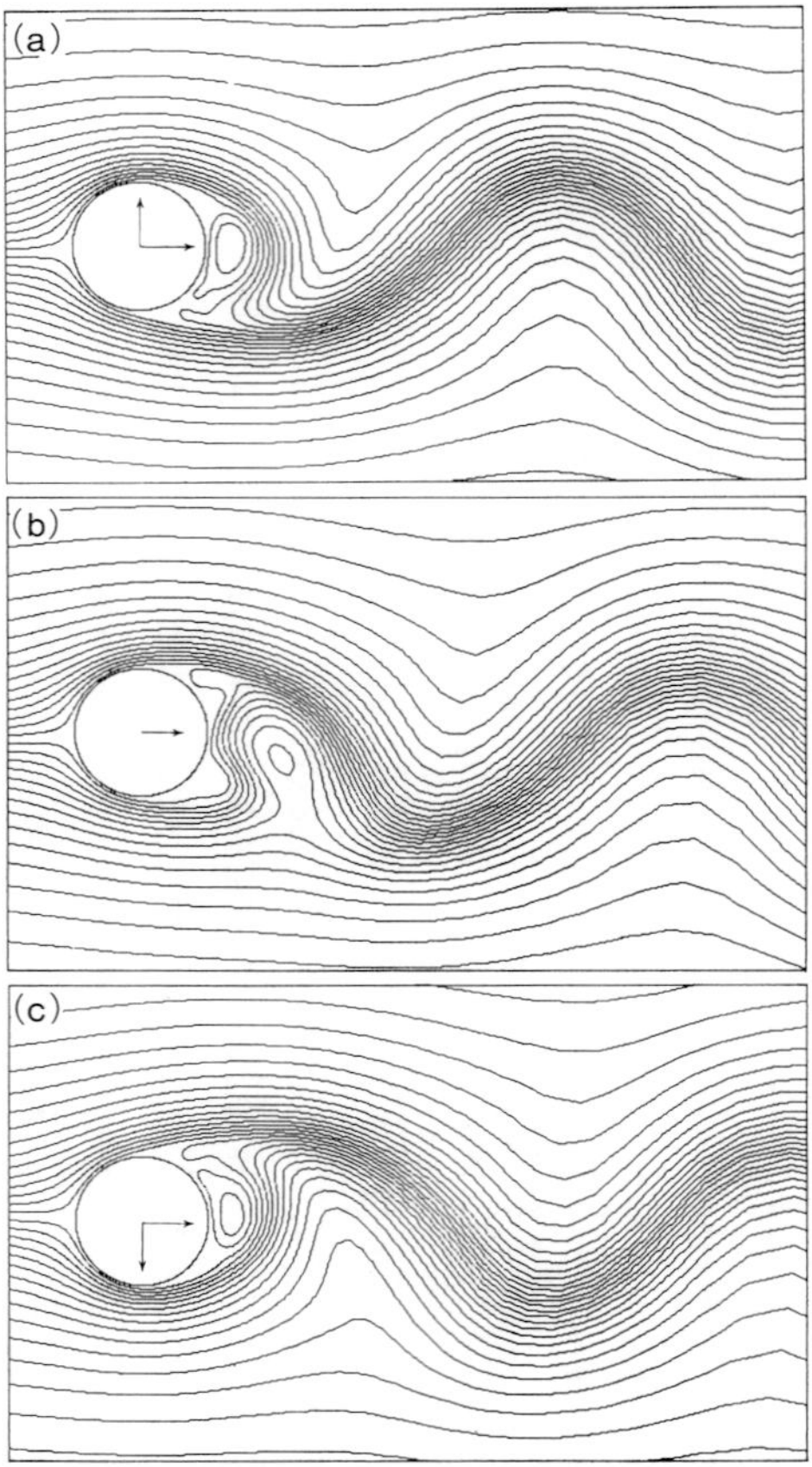

▲図７　カルマン渦と物体にはたらく力
円柱の左から定常一様流を当てたときの流れを流体の運動方程式を解いて求めると周期的に変動する非定常流れが得られた．時間は(a)→(c)の順である．曲線は流線，矢印は円柱にはたらく力（抗力と揚力）を表す．抗力は常に下流方向に作用しているが，揚力は流れの非対称性の変化に同期して向きを変える．（計算流体力学研究所提供）

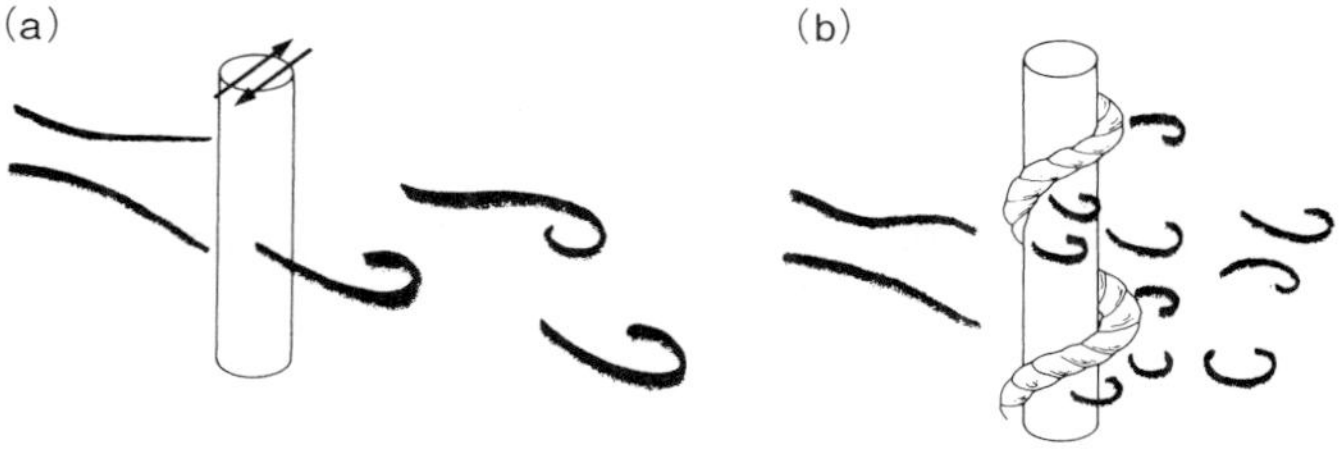

▲図8　振動を止める方法
(a) 流れの中に置かれた円柱状物体の背後にカルマン渦ができ，横振動が起こっている．(b) 円柱にロープを巻き付け規則的な渦列の発生を抑えると振動は止まる．

う各種動力機械に横ゆれの振動を引き起こし、騒音や金属疲労の原因になる。ときには、機器の固有振動と共振し重大な影響を及ぼすこともある。

カルマン渦列による振動を抑える簡単な方法のひとつは円柱にロープを巻きつけて規則的な渦列の発生を妨げることである(図8)[6]。

カルマン渦列と抵抗

カルマン渦列が発生している周期的な流れでは揚力は平均するとゼロになり、抗力だけが残る。この平均抗力の大きさはカルマン渦列を観察することによって見積もることができる。

いま、静止した流体中に一定速度Uで運動している物体を考え、その背後に規則的に並んだカルマン渦列ができているとする(図9(a))。渦列は物体に引きずられるが、その速さVは物体の速さUより小さい。したがって、物体のすぐ後で反対向きに回転する渦塊が対になって次々とつくられ、物体の後にとり残されていくことになる。

渦列とともに運動する座標系に乗って見れば、物体は速さ

$U-V$ で図の左方へ移動している（図9(b)）。この座標系では、静止流体は速さVで右へ進行しているように、また渦列は静止しているように見える。

さて、図9(b)に示すように、物体と渦列をとり囲む大きな長方形領域ＡＢＣＤをとり、この領域内の流体の運動量を考える。その時間変化は、「運動量保存則」によって

$$\begin{aligned}&(\text{領域内の流体の運動量の増加})\\&\quad=(\text{境界から流入する運動量})+(\text{円柱が流体運動に与えた力積})\end{aligned} \qquad (3)$$

と表される。したがって、この領域内の単位時間あたりの流体の運動量の増加と流入運動量から円柱が流体運動に及ぼす力が得られ、その反作用として流体が円柱に及ぼす力が計算できる。

この物体は長方形ＡＢＣＤ内を左の方へ移動しながら渦塊をつぎつぎと放出する。単位時間あたり $(U-V)/a$ 個の渦対が発生している。この新たに発生する渦対の運動量から式（３）の左辺が計算できる。また右辺第１項は渦列がつくる速度場から求まる。計算の詳細は専門書[7]に譲ることとし結果のみを記せば、物体にはたらく平均抗力は

$$D=2\rho aV\coth\frac{\pi b}{a}\left\{(U-2V)\frac{b}{a}+V\pi\coth\frac{\pi b}{a}\right\} \qquad (4)$$

となる。したがって、カルマン渦列の構造を表す量a、b、Vを測定すれば、この公式から抗力を求めることができるわけである。

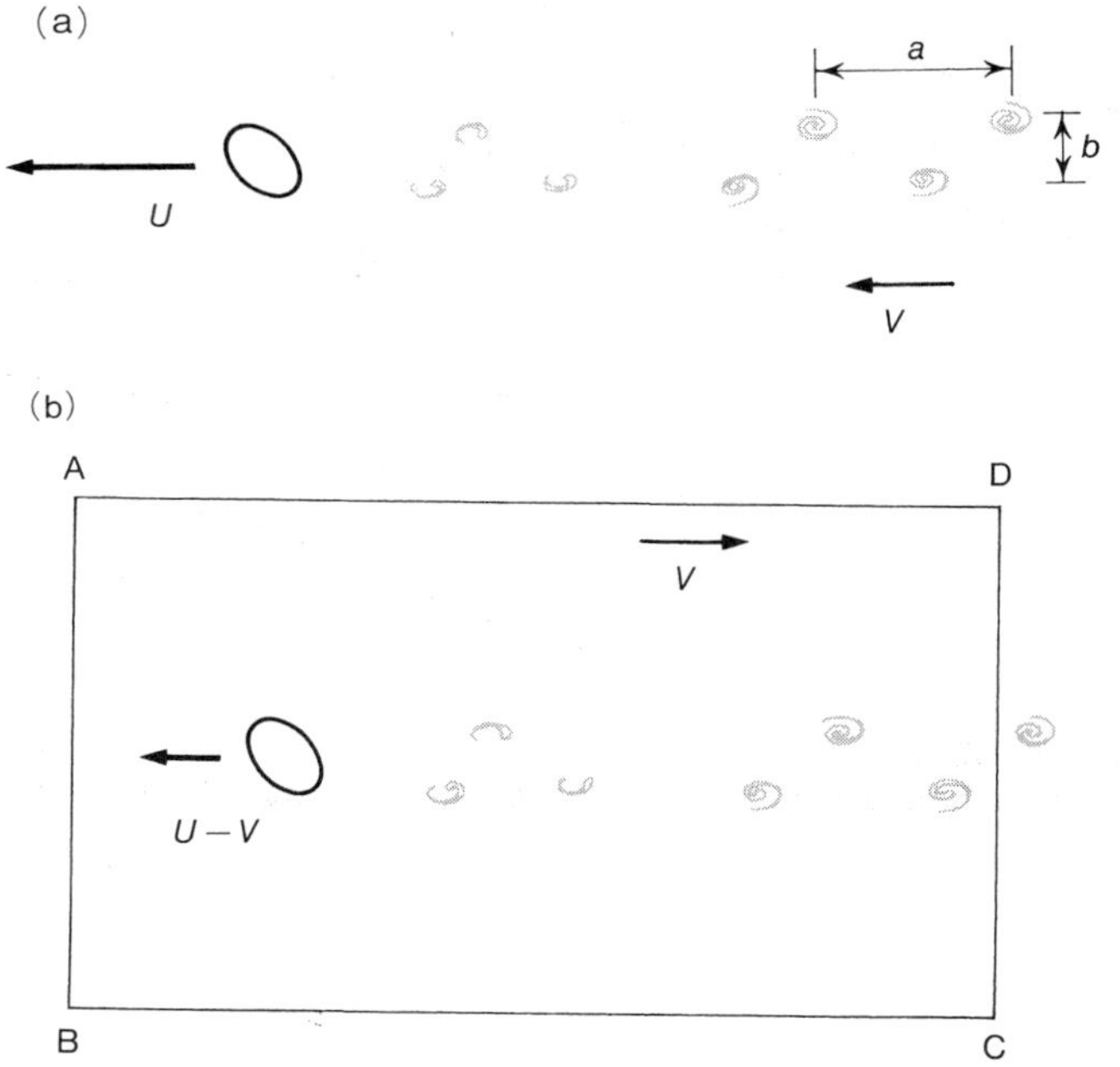

▲図 9　渦列と抵抗
(a) 静止流体中を一定速度 U で運動する物体とその背後にできたカルマン渦列．渦列は速度 $V(<U)$ で進行する．(b) 渦列とともに動く座標系では，物体は速度 $U-V$ で左方へ，また流体は速度 V で右方へ移動している．物体と渦列をとり囲む大きな長方形 ABCD での流体の運動量の出入りを考える．

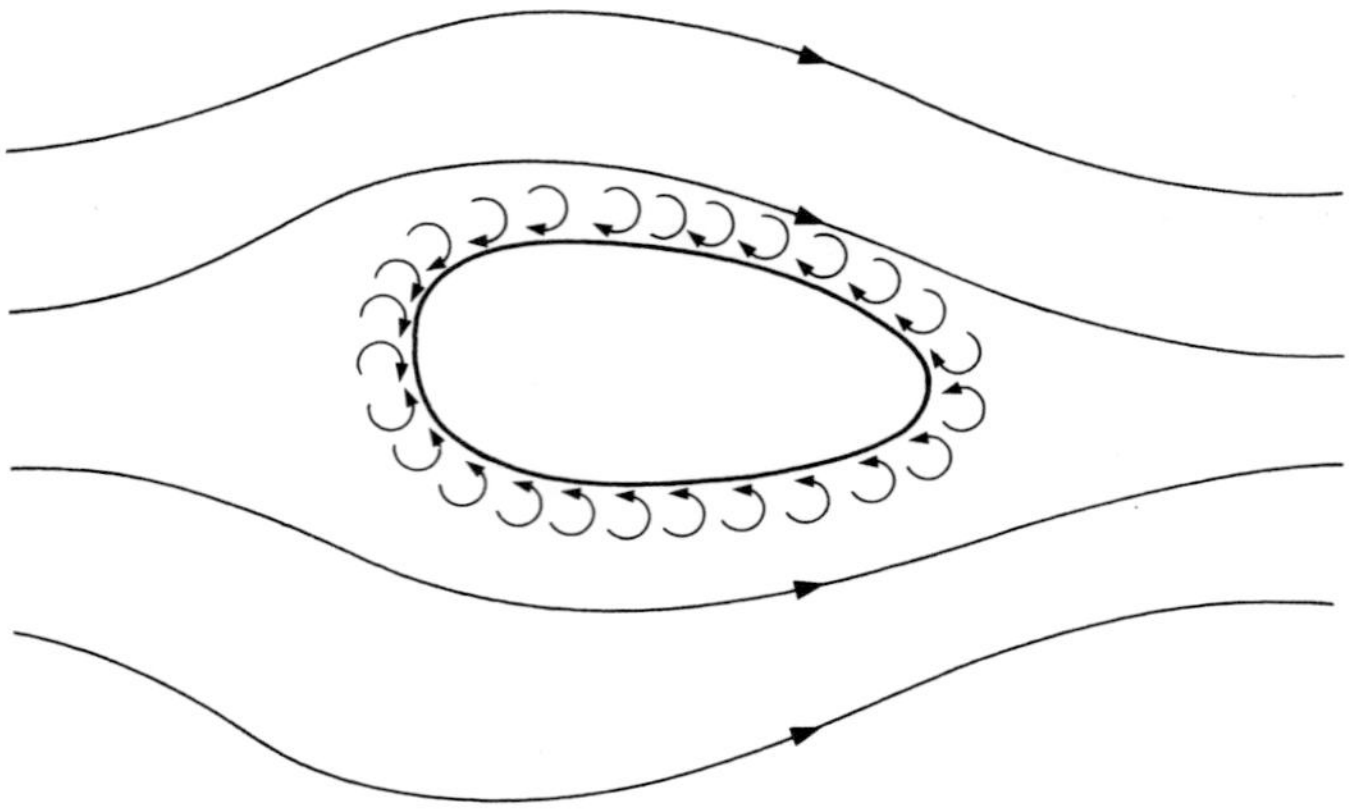

▲図 10　境界層
流れの中に置かれた物体の表面には大きな渦度をもった層（境界層という）ができる．

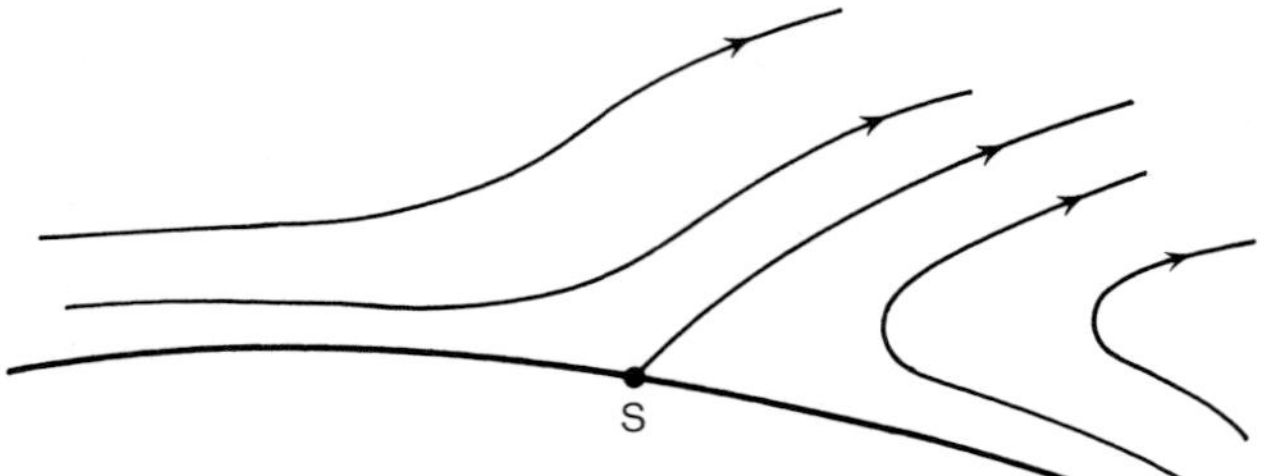

▲図 11　剝離点
物体の表面は流線のひとつである．表面から別の流線が分岐し，流速が物体から離れる方向に向かっているとき，分岐点 S を剝離点という．

剥離

ラグランジュの渦定理（第2章参照）によれば、完全流体中では渦は不生不滅である。では、渦度のない一様流中に置かれた円柱の背後のカルマンの渦塊の渦度はどこから発生したのであろうか。

これは、実在の流体は完全流体ではなく、流れの大部分の領域で小さく無視できた流体要素間の摩擦力（第2章参照）が物体表面の近くではむしろ大きく重要な働きを演ずることによっている（第5、8章参照）。この摩擦力のために、物体表面に接している流体は物体と運動をともにする。物体が静止しているとその表面速度はゼロになるので、表面近傍で流体要素は図10に示すように自転する、すなわち渦度が発生する。

渦度は流体要素と運動をともにするので（第2章参照）、物体表面（これはいつも流線になっている）から流線が分岐して出ると、そこから渦度が飛び出してくる（図11）。このような場所が物体表面上で孤立した点であるとき、それを「剥離点」という。また、それが物体表面に線状に現れるとき、それを「剥離線」という。渦度は剥離点または剥離線から一般にらせん軌道を描いて流れの場の中にもち込まれる。

参考文献

（1） R. Kimura: Fluid Dyn. Res., **3**, 395 (1988).

（2） A. K. M. F. Hussain, M. Hayakawa : J. Fluid Mech., **180**, 193（1987）.
（3） H. Lamb : *Hydrodynamics*, Cambridge Univ. Press（1932）.（今井功、橋本英典訳：流体力学1、2、東京図書（一九七八）。）
（4） P. G. Saffman : *Vortex Dynamics*, Cambridge Univ. Press（1992）.
（5） M. Okude, T. Matsui : Trans. Japan Soc. Aero. Space Sci., **30**, 80（1987）.
（6） 鬼頭史城：渦（うず）、コロナ社（一九六五）。
（7） 佐々木達治郎：完全流体の流体力学、現代工学社（一九七六）。

補注

＊1 高度一〇～一三キロメートル以下の対流圏では、大気の温度は平均的には一〇〇メートル上昇するごとに約〇・六度ずつ低くなる。寒気団の侵入など何らかの原因で上層の気温が下層の気温より高くなっているところを逆転層という。下層から来た上昇気流が逆転層にぶつかると浮力を失い、そこでよどんでしまう。

＊2 しかし、$b/a=0.281$ の場合でも、渦点のジグザグ配列はゆっくりと壊れることが Kochin ほか（一九六四）によって示された[4]。

＊3 音の周波数は、太さdと流速Uをそれぞれｃｇｓ単位系（すなわちdセンチメートルとUセンチメートル毎秒）で表して計算する。$0.2\times1000/0.5=400$ [Hz]

5　ゆで玉子となま玉子

中を見ないで

玉子の殻を破らないで、ゆで玉子かなま玉子かを見分けるにはどうしたらいいのだろう？簡単な方法は、試したい玉子を平らな台の上で回転させてみることである。なま玉子はいくらやってもなかなかうまく回転せずすぐ倒れてしまう。これに対して、ゆで玉子を回転させるのは簡単で、なま玉子よりずっと速くまた長い間回転する（図1）。

本章では、このような違いが生ずる原因を流体力学的に考察してみよう。その前に、もう一つ簡単な回転流体の実験を紹介しておく。

洗面器と小舟

洗面器に水を張って小舟を浮かべる（図2(a)）。水が静止するのを待って、洗面器をゆっくり回転させてみよう（図2(b)）（風呂桶に洗面器を浮かべると簡単にできる）。さて、このとき、図2(c)のように舟も一緒について回るだろうか？

実際にやってみると、舟は元の位置のところにじっとしていることがわかる（図2(d)）。つまり、洗面器を回しても中の水はすぐには回転しないのである。洗面器の底や縁に近い部分は洗面器にひきずられて回転している。しかし、洗面器内の大部分の水はあたかも摩擦のない完全流体のようにふるまい、回転が内部に伝わらないのである。

ところが、しつこく洗面器を回し続けていると、やがて舟は洗面器と同じ角速度で回転し始める（図2(c)）。流体要素の自転角速度の二倍が渦度であったから、これは渦度が発生したことを意味する（第1章参照）。完全流体では「渦は不生不滅」であったはずなのに、この新たに発生した渦度は一体どこから来たのであろうか。

実は、この現象は水が完全流体ではなく、小さいが有限の摩擦が存在することを考慮して初めて理解されるのである。

粘性力

物がこすれるとその運動を妨げる向きに摩擦力が生じる。同様に、流体がずれ運動をすれば隣合

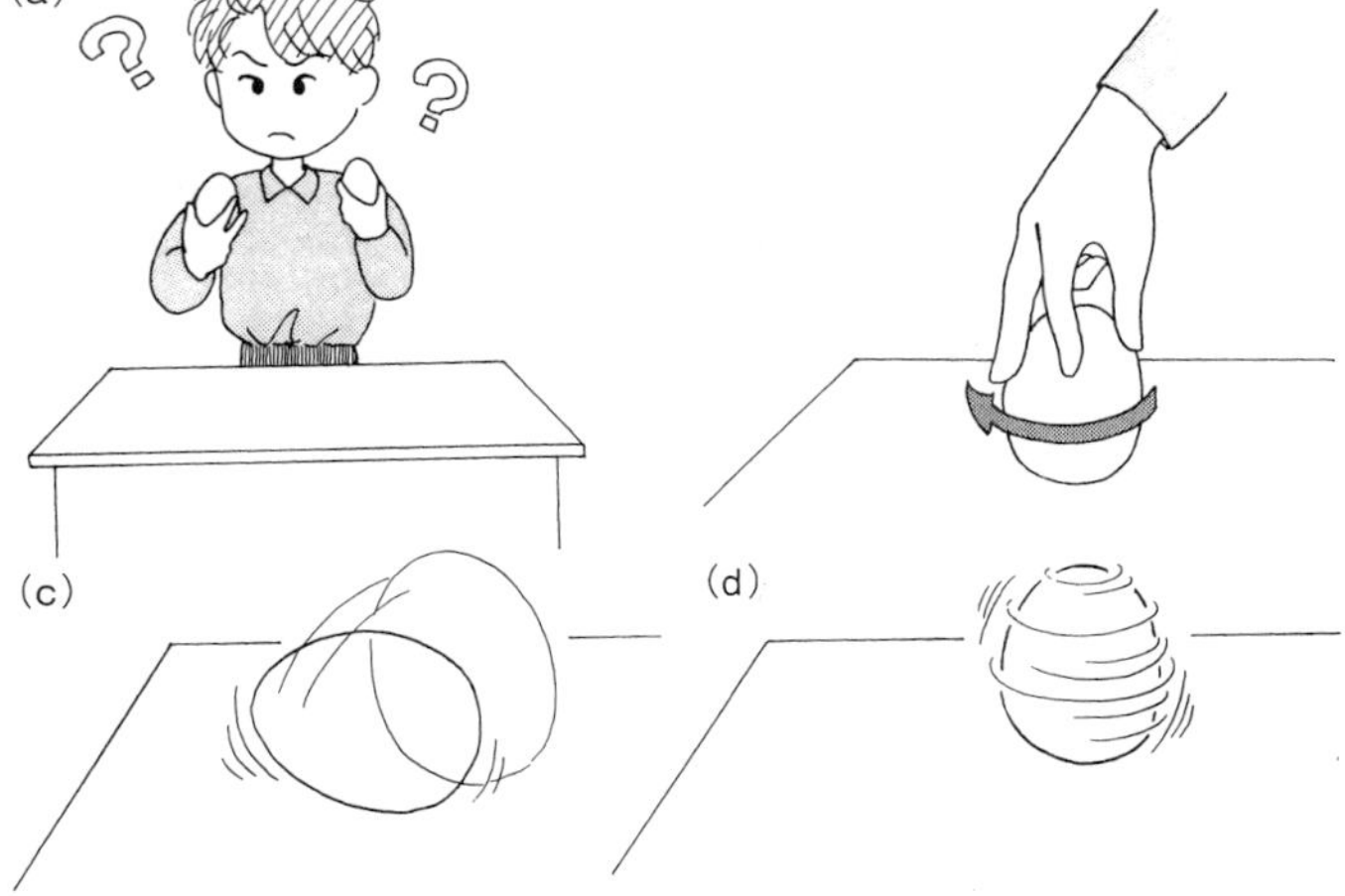

▲図 1　ゆで玉子となま玉子
(a) どっちがゆで玉子？　(b) テーブルの上で玉子を回転してみて，(c) すぐ倒れるのはなま玉子，(d) 長い間回っているのはゆで玉子である．

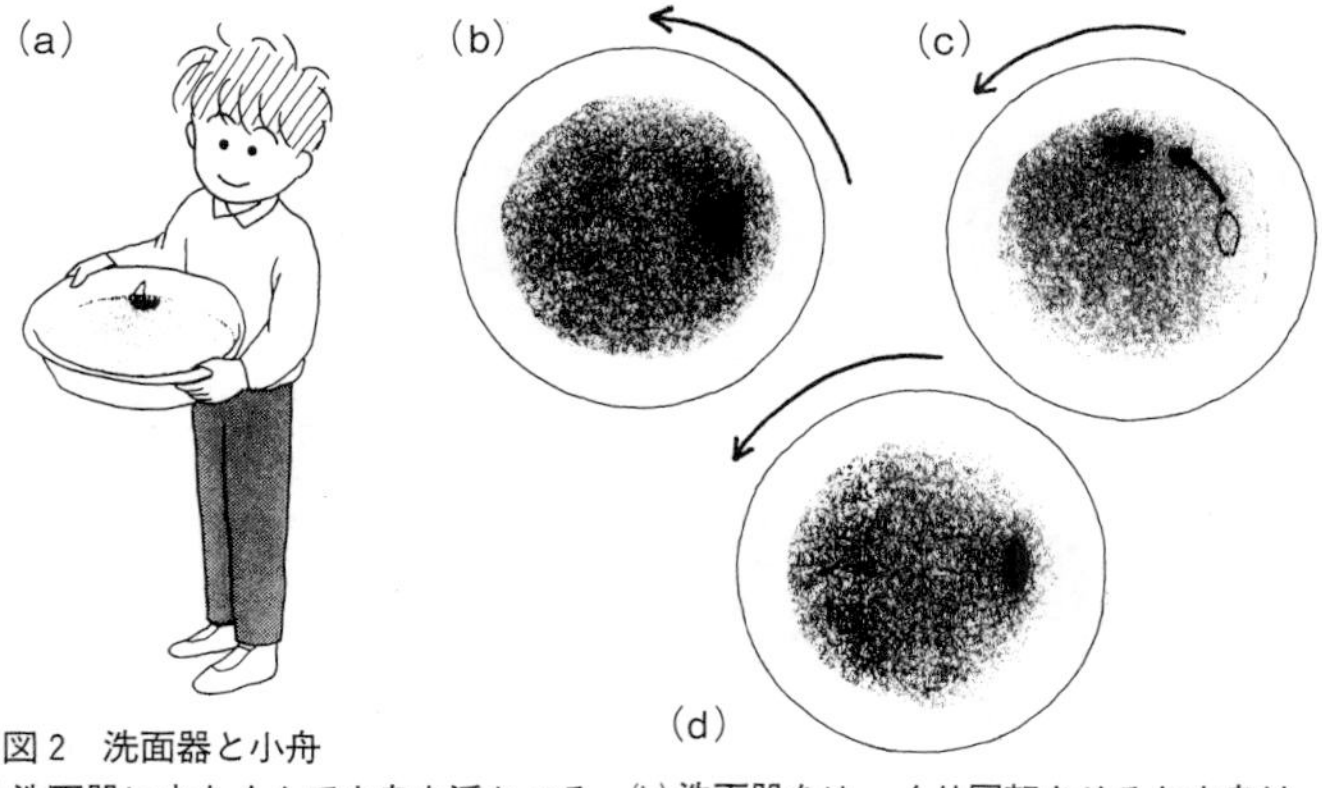

▲図 2　洗面器と小舟
(a) 洗面器に水をくんで小舟を浮かべる．(b) 洗面器をゆっくり回転させると小舟は，(c) 洗面器について回るかそれとも，(d) その場でじっとしているか？

った流体要素間にずれ運動を小さくする向きに力（「粘性力」という）がはたらく。日常お目にかかる水や空気の運動では粘性力は小さく無視できる場合が多いが、粘性力の効果が無視できない現象も少なくない。

前に述べたように（第2章参照）、流体内に任意の面をとれば、その面の両側の流体が互いに応力を及ぼし合っている。作用反作用の法則に従い、面の両側の流体がそれぞれ相手の側の流体に及ぼす応力は大きさが同じで向きが反対である。流体にずれ運動がなければ、面を垂直に押える圧力のみがはたらいている（図3(a)）。ずれ運動がある場合は、ずれ運動を小さくする方向の力がこれに加わる（図3(b)）。これは、一般に面に対して斜めにはたらく力で、「粘性応力」とよばれる。

粘性応力はずれ変形の速さとともに大きくなるが、両者の大きさの関係は流体の種類によって異なる。玉子の白身や血液、水あめ、水のりなどの高分子流体では粘性応力のずれ変形速度に対する依存性は複雑である。これに対して、水、空気、油などの低分子流体の通常の運動では、粘性応力とずれ変形速度の大きさは比例していると見てよい。両者が比例する流体を「ニュートン流体」とよんでいる。

図3(b)に示すように、速度が空間の各点で平行でそれに垂直な方向に直線的に変化している場合、ニュートン流体の粘性応力は速度変化の方向に垂直な面に作用し、その大きさτは速度勾配$\mathrm{d}u/\mathrm{d}y$に比例する。すなわち、

$$\tau=\mu\frac{\mathrm{d}u}{\mathrm{d}y} \qquad (1)$$

と書ける。ここに、比例定数μは粘性係数で、流体の種類によって異なり、また温度によっても多少変化する。例えば、摂氏二〇度の水と空気の粘性係数はそれぞれ$\mu=1.00\times10^{-2}$ g/cm·sと1.81×10^{-4} g/cm·sである。これらの粘性係数がcgs単位で小さな値をとることに注意されたい。これは水や空気の通常の運動では速度勾配が極端に大きくない限り粘性力は小さいことを意味する。

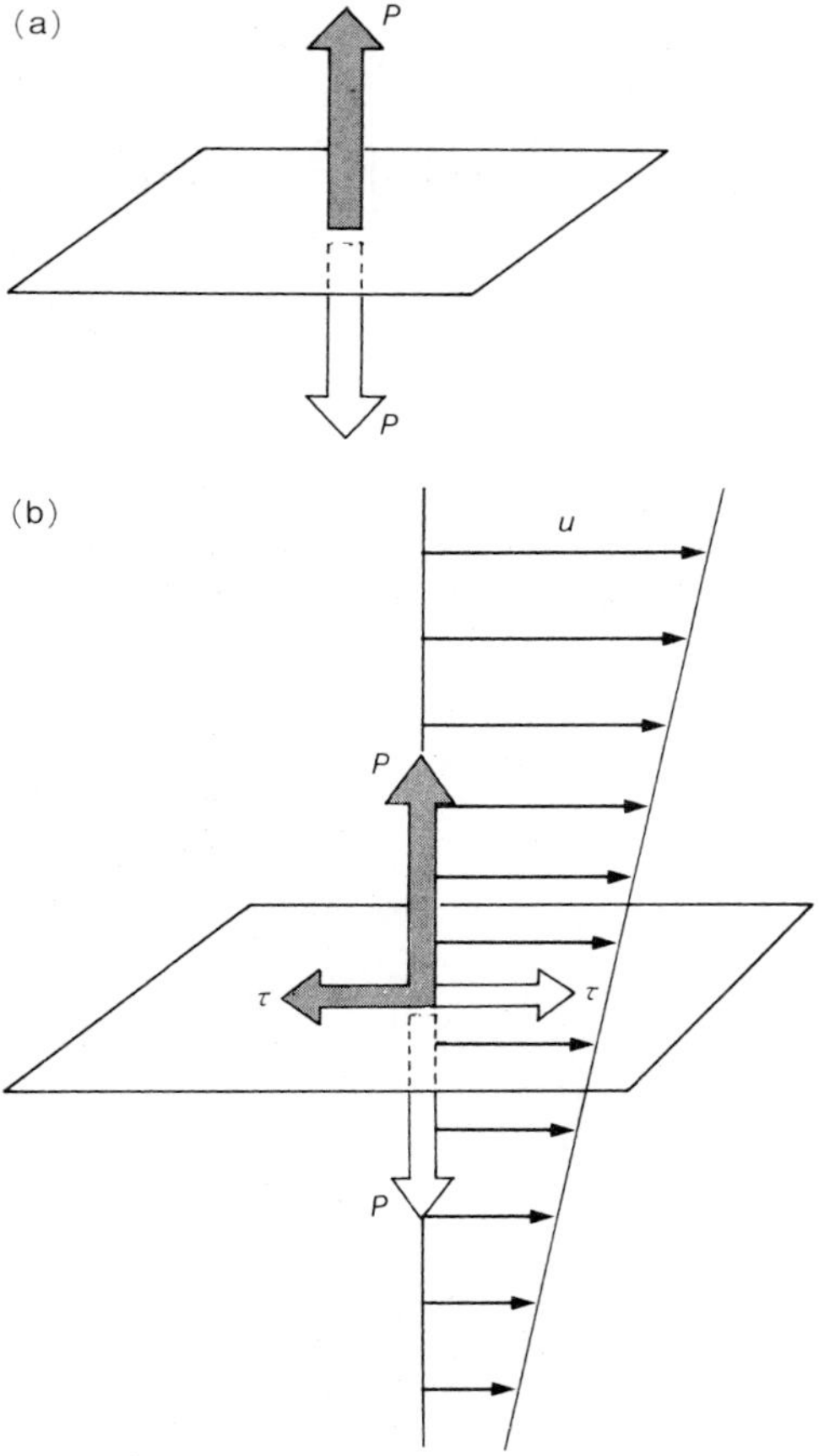

▲図3　応力
(a) ずれ運動がない場合には面に垂直な圧力Pだけが作用している．(b) ずれ運動があると，圧力Pの他にずれ運動を妨げる方向に粘性力τがはたらく．ここに，➡(⇨)は面の下(上)の流体が上(下)の流体に及ぼす力，→は流速uを表す．

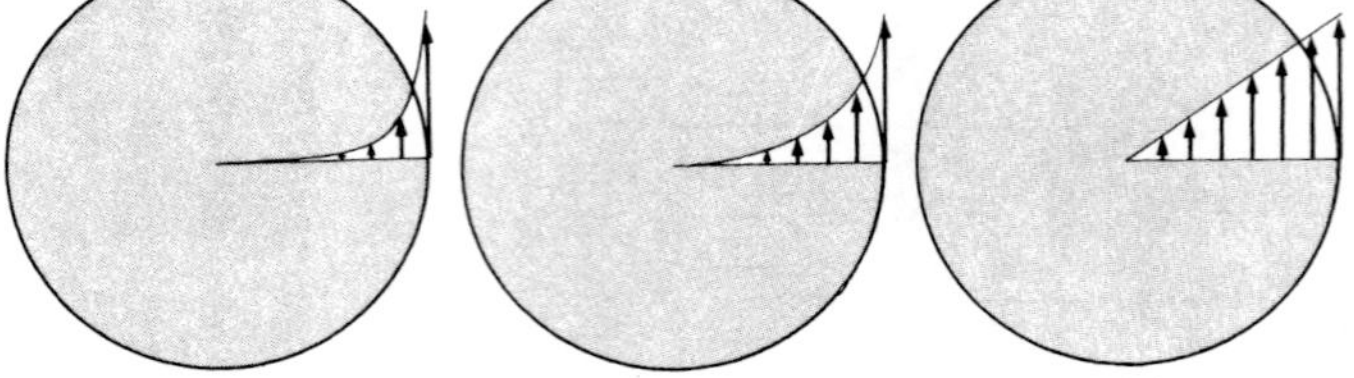

▲図４　洗面器を静止状態から急に回転したときの速度分布
時間は(a)→(c)の順に経っている．(a)洗面器の縁に近い部分は洗面器の回転にひきずられて即座に回転を始めるが，内部はまだほとんど止まっている．(b)回転運動が徐々に中心部に伝わっていく．(c)時間が十分経つと全体が一様に回転する．

さて、本章の初めにあげた洗面器の中の小舟の運動となま玉子の回転の問題に戻ろう。

小舟の回転

洗面器を静止の状態から急に一定の角速度で回転させると、洗面器の底や縁に接した流体要素は引きずられて回転を始める。水の粘性係数は小さいが、底や縁の近くでは速度の空間変化が大きく粘性力が効いてくるからである。しかし、洗面器の内部では速度変化がそれほど大きくないので粘性力は小さく、そこへは回転力がほとんど伝わらない（図４(a)）。したがって、小舟は初めの位置に静止したままである（図２(d)）。ところが、時間が経つにしたがって、小さい粘性の効果が徐々に現れ、やがて内部の水も外側の水にひきずられて回転するようになる（図４(b)）。そして十分時間が経つと、やがて水全体が、そして小舟も、剛体のように一体となって回転する（図４(c)）。もし洗面器の中身が水ではなくて氷のように硬いものだったら、初めから図４(c)のように剛体回転したであろう。

なま玉子の中で

次に、玉子の回転の話に移ろう。まず、なま玉子の中の黄身と白身はねばっこいが柔らかい流体であることに注意しよう。玉子をすばやく回転させると、もちろん殻は即座に回転を始めるが柔らかい内部に回転はすぐには伝わらない。もし十分大きな角運動量が与えられていれば、やがて粘性力を通して回転が徐々に中心部へと伝えられ、ついには玉子全体が一様に回転するようになる。この回転の内部への伝達過程で、最初、主として玉子の殻が担っていた角運動量が玉子全体に分散するので、殻の回転角速度は小さくなっていく。一方、固くゆでた玉子は、初めから全体が一体となって回転するので回転角速度の急激な減少は起こらず、なまの玉子よりずっと速くまた長く回転するというわけである。

ゆで玉子となま玉子は、回転を止める場合も異なったふるまいを示す。ひもで吊り下げるなどして回転させた玉子に指を触れると、ゆで玉子は即座に止まってしまう。これに対し、なま玉子は一瞬止まってから手を離すと再びいくらか回転を続ける。なま玉子の内部は殻の回転が停止した後でもまだ回転運動を続けているが、ゆで玉子の固い内部は殻と同時に停止してしまうからである。

粘性流体の運動

以上の例からもわかるように、現実の流体の運動を記述するには粘性力が重要になる場合が少なくない。粘性を考慮した流体を「粘性流体」とよんでいる。以下では、粘性流体の運動について少

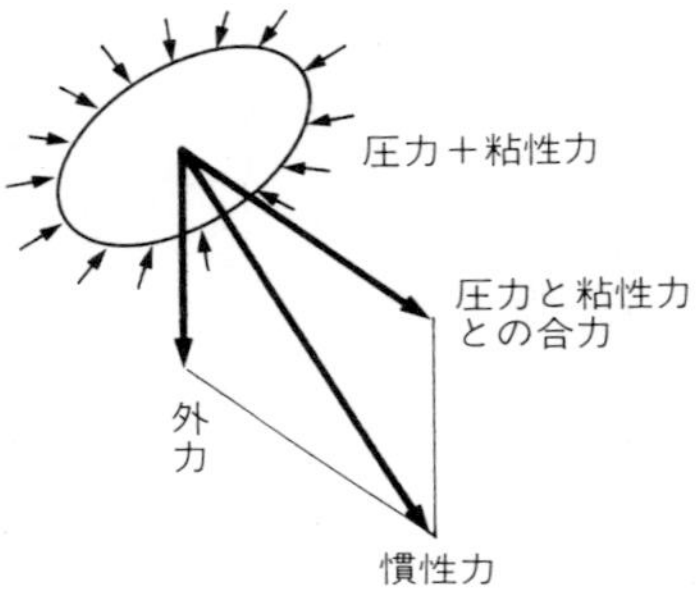

▲図5　流体要素の運動
任意に選んだ流体要素の運動は体積力（外力）と面積力（圧力と粘性力）によって引き起こされる．外力，圧力および粘性力の合力が慣性力（質量×加速度）になる．

し考えてみよう。

流れの様子は空間のすべての点における速度を指定することによって表される。あるいは、任意に流体要素を選んでその運動を記述してもよい。流体要素の運動はニュートンの運動法則

［質量］×［加速度］＝［力］　（2）

に支配される。流体要素には重力や電磁力などの外力が体積力として、また圧力や粘性応力が面積力として作用している（第2章参照）。

いま、流体要素を適当に選んでその運動を考える（図5）。この流体要素にはたらいている力は、外力と圧力と粘性応力の3種類である。したがって、ニュートンの運動法則（2）は

［慣性力］＝［外力］＋［圧力］＋［粘性力］　（3）

と書ける。ただし、［質量］×［加速度］を［慣性力］と名づけた。

式（3）は流体の運動方程式の概念的な記述である。具体的な形については流体力学の教科書を参照されたい[2]。

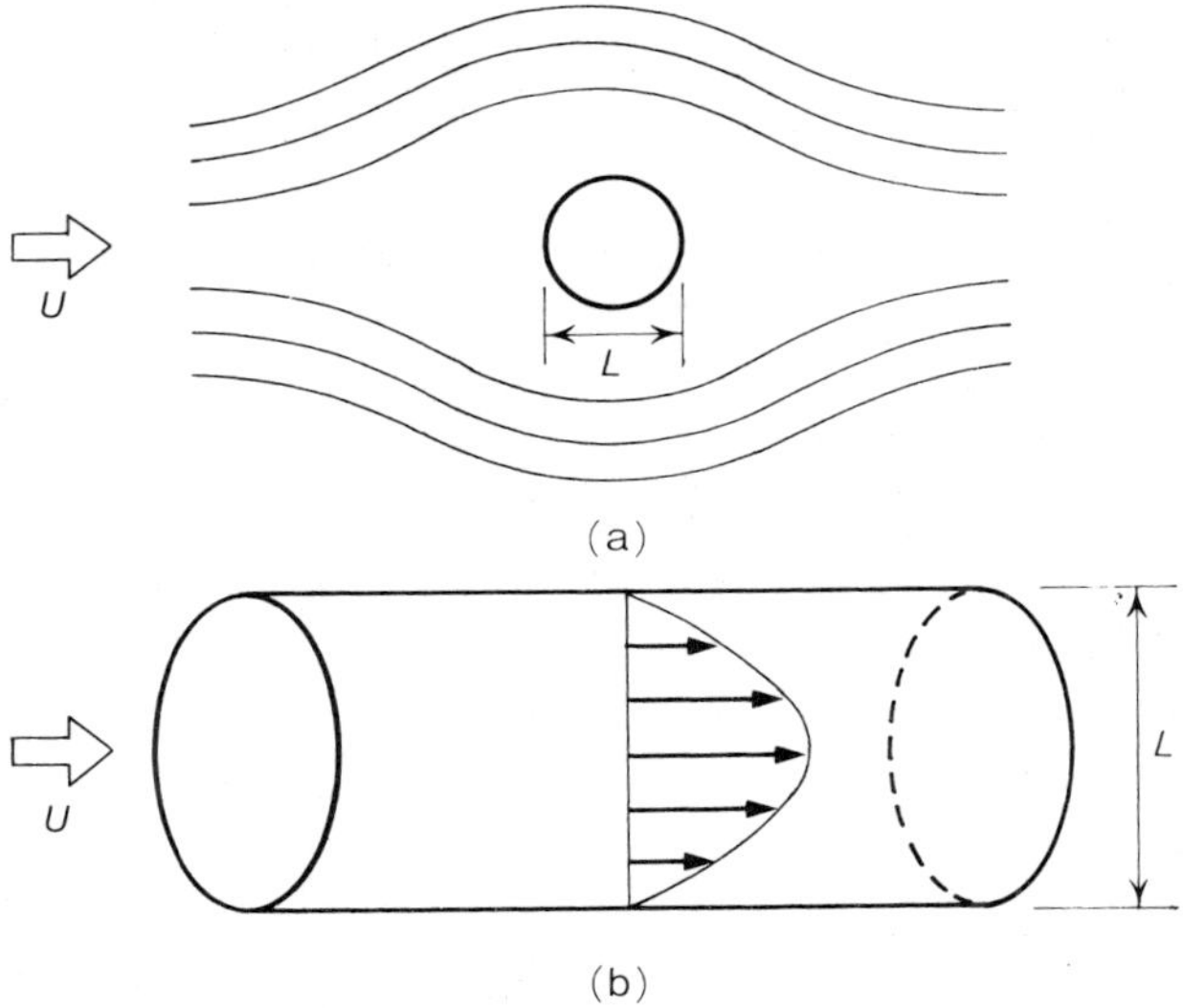

▲図6　代表長さと代表速さ
(a) 速さ U の一様流の中に置かれた直径 L の球のまわりの流れと，(b) 直径 L の円管内を平均流速 U で流れる流れの代表長さと代表速さはいずれもそれぞれ L と U である．

レイノルズ数

運動方程式（3）の各項の相対的な大きさは流れの種類によって異なる。とくに、慣性力と粘性力の大きさの比は流れの性質を決定する重要な量である。ここでは、この比について考えよう。

いま、縮まない流体の密度を ρ、また粘性係数を μ とする。流れの代表的な長さを選んでこれを L、また代表的な速さを U としよう。たとえば、速さ U の一様流中に置かれた直径 L の球のまわりの流れ（図6(a)）や、直径 L の円管内を平均流速 U で流れる流れの代表長さと代表速さはそれぞれ L と U である。このとき、流れの代表的な時間は L/U であるから、式

(3)の慣性力の大きさは、$\rho l^3U/(L/U)=\rho l^3U^2/L$ と見積もられる。ただし、l は流体要素の代表長さである。

面積力からの寄与を計算するためには、流体要素の反対側の面に大きさがほぼ等しく向きがほぼ反対の力が作用していることに注意し、その差を計算し正味の寄与を求めなければならない。粘性力からの寄与は次のように見積もることができる。粘性応力の大きさは速度勾配に粘性係数をかけたものであるから $\mu U/L$ である。この粘性応力の空間変化率は $\mu U/L^2$ の程度であるから、流体要素の表面で $\mu lU/L^2$ の程度の粘性応力の変動がある。したがって、粘性応力からの正味の寄与はこれに流体要素の表面積をかけて、$\mu l^3U/L^2$ と見積もられる。

以上より、慣性力と粘性力の比は

$$\frac{[\text{慣性力}]}{[\text{粘性力}]}=\frac{\rho l^3U^2/L}{\mu l^3U/L^2}=\frac{\rho UL}{\mu}\quad(=Re\ \text{とおく})\qquad(4)$$

となる。この無次元数 Re を「レイノルズ数」という(第4章参照)。

定義から明らかなように、流れの速度を上げること、流れの代表長さを長くすること、あるいは密度の大きな流体や粘性係数の小さな流体を使用することはいずれもレイノルズ数をより大きくする結果をもたらすことになる。また式(4)は、大きな Re は粘性の影響が小さい流れ、逆に小さな Re は慣性力の影響が小さい流れに対応していることを示している。前者の場合、流れ場は粘性係数 μ の変化に鈍感であり、また後者では流れ場は密度 ρ の大小にあまりよらない。

レイノルズの相似法則

第4章でわれわれは、静止流体中で円柱を引きずると、円柱の直径、引きずる速さ、流体の密度および粘性係数の値に依存して、円柱のまわりの流れ場のパターンが変化するが、レイノルズ数が等しければ同じパターンが実現することを見てきた。もっと一般に、重力など一定の外力のもとで運動する二つの流体の流れを比較すると、もし境界の形が幾何学的に相似でかつレイノルズ数が等しければ、流れ場全体が互いに相似になることが知られている。この場合、慣性力と粘性力の比が等しくなるので、二つの流れは幾何学的にも力学的にも相似になるのである。これを「レイノルズの相似法則」という。

この相似法則は、流れの研究にとってきわめて重要な意味をもっている。飛行機や船、自動車あるいは街の建物などのまわりの流れを詳しく調べたいとき、実物よりずっと小さいこれらの模型をつくって風洞や水槽の中で手軽に現実と相似な流れをつくることができるのである（図7）。

抵抗法則と次元解析

風にあたると風下側に力を受ける。百メートル走では、追い風の日と向かい風の日では記録に微妙な差が現れる。空気の抵抗のしわざである。この抵抗が風速とともに大きくなることは誰もが知っている。しかし、それが風速に比例して大きくなるのか、それとも風速の二乗に比例して大きくなるのかは必ずしも自明ではない。ここでは、抵抗と流速の関係について論じよう。

静止流体中で物体をひきずるとその進行を妨げるように、また静止した物体に流れがあたると下

▲図 7　模型実験の概念図
実物の縮小模型を使って，風洞や水槽の中で流れの研究ができるのはレイノルズの相似則のおかげである．

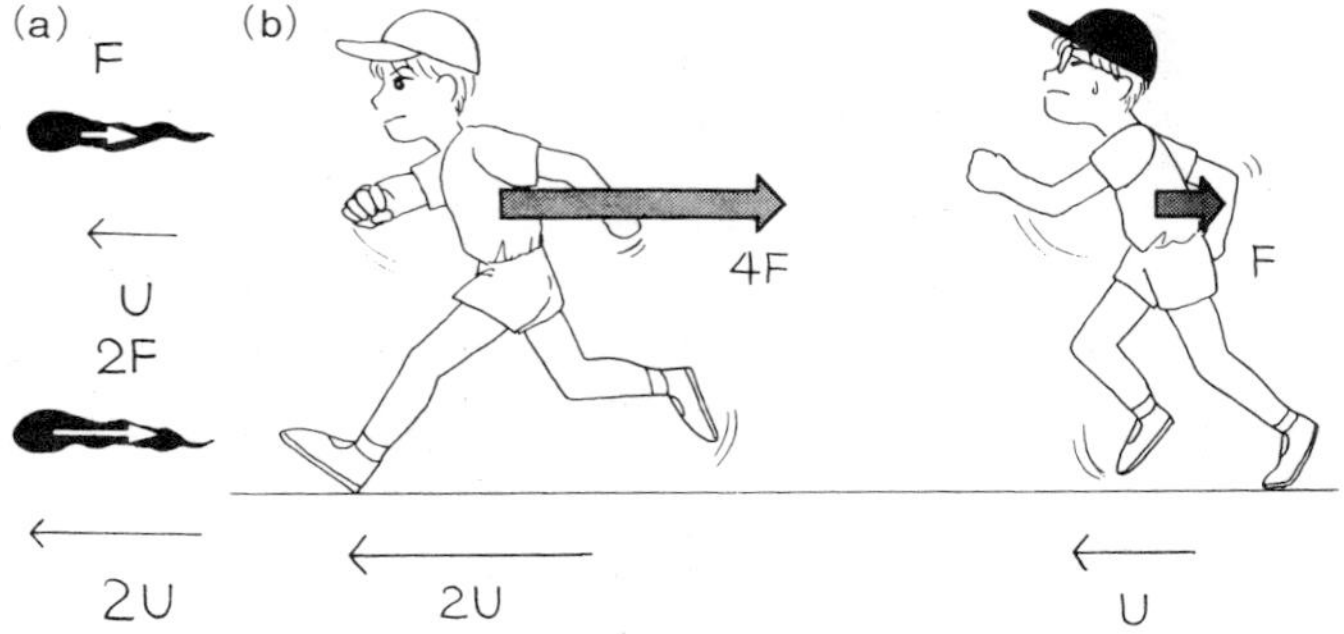

▲図 8　抵抗法則
(a) ストークスの抵抗法則．レイノルズ数が小さい（$Re \lesssim 10^{-2}$）微生物の運動では抵抗は速度に比例する．(b) ニュートンの抵抗法則．人間が走る場合，レイノルズ数が大きい（$Re \approx 10^{6}$）ので，抵抗は速度の 2 乗に比例する．

流に向かう力、すなわち抵抗が現れる。抵抗の大きさは物体の形、大きさ、流れに対する向き、流れの速さ、流体の密度および粘性係数等々に依存して異なる。もし、物体のまわりの流れ場が完全にわかれば、物体表面での圧力と粘性応力の分布から物体にはたらく力を求めることが可能である。しかし、少数の特別な場合を除き流れ場を厳密に求めることは大変むずかしく、とくにレイノルズ数が大きくなると流れが剝離したり乱流に遷移したりするのでそれはほとんど不可能である。ここでは、抵抗の大まかなふるまいを次元解析を用いて調べてみることにする。

物体の抵抗はその物体のまわりの速度場で決まる。非圧縮流体の場合、流れを特徴づけるものは、物体の代表長さL、流体の速さU、流体の密度ρ、そして粘性係数μである。先に見たように、レイノルズ数が小さい場合には、慣性力の影響が小さく密度ρが流れ場に影響を及ぼさない。したがって、抵抗の大きさFを決定するものは物体の大きさと流体の速さおよび粘性係数の三つである。そこで、L[cm]とU[cm/s]とμ[g/cm·s]から力の次元[g·cm/s^2]をつくると、

$$F \propto \mu L U \qquad (5)$$

の組合せしかないことがわかる。したがって、抵抗は、流体の粘性係数、物体の長さおよび速さのそれぞれに比例する。これは「ストークスの抵抗法則」とよばれているものである（図8(a)）。

一方、レイノルズ数が大きい場合には、粘性力の影響が小さく、粘性係数μが流れ構造には効かない。今度は、粘性係数を除いて、L[cm]とU[cm/s]とρ[g/cm^3]で次元解析を行うと

$$F \propto \rho L^2 U^2 \qquad (6)$$

が得られる。この結果は、抵抗が流体の密度に比例し、物体の代表長さと速さのそれぞれの二乗に比例することを示している。これは「ニュートンの抵抗法則」として知られているものである（図8(b)）。

ただし、以上の議論では非圧縮性流体を仮定していることに注意しておく。流速が音速に近くなり圧縮性が効き出すと流体を圧縮するのにエネルギーが使われ、抵抗が増大する。

参考文献

（1）ペレリマン著、藤川健治訳：続おもしろい物理学、現代教養文庫（一九七〇）。
（2）今井功：流体力学（前編）、裳華房（一九七三）。

6　どっちへ曲がる

ひねくれ玉

野球のボールは普通に投げると適当に回転して、だいたいまっすぐに放物線を描いて飛んでゆくが、意識的に手首を強くひねってボールに余分な回転を加えると、ボールは回転の向きに応じて決まった方向に曲がる。カーブボールである（図1(a)）。逆に、ボールにまったく回転を与えないで投げると軌道がやや不安定になり、打者の近くで揺れながら沈むボールになる。フォークボールやナックルボールの類である。いろいろな変化球を操って強打者をきりきりまいさせるのがピッチャーの楽しみである。

このような変化球は何も野球に限ったことではない。バレーボールやテニスのサーブではいろいろと工夫したひねくれ玉がレシーバーを悩ましている（図1(b)）。

このようにボールの軌道が曲がるのは、もちろん投げた者がひねくれているからではなく、回転するボールがまわりの気流から受ける複雑な力のせいである。この章では、流れが物体に及ぼす力

▲図1　変化球
(a) 野球のカーブボール．手首をひねってボールに強い回転を与えると，打者の手元で鋭く曲がる．(b) バレーボールの揺れる変化球サーブ．ボールの真中を強くたたき，回転のない速いボールを打つと揺れながらストンと落ちる魔球が生まれる．

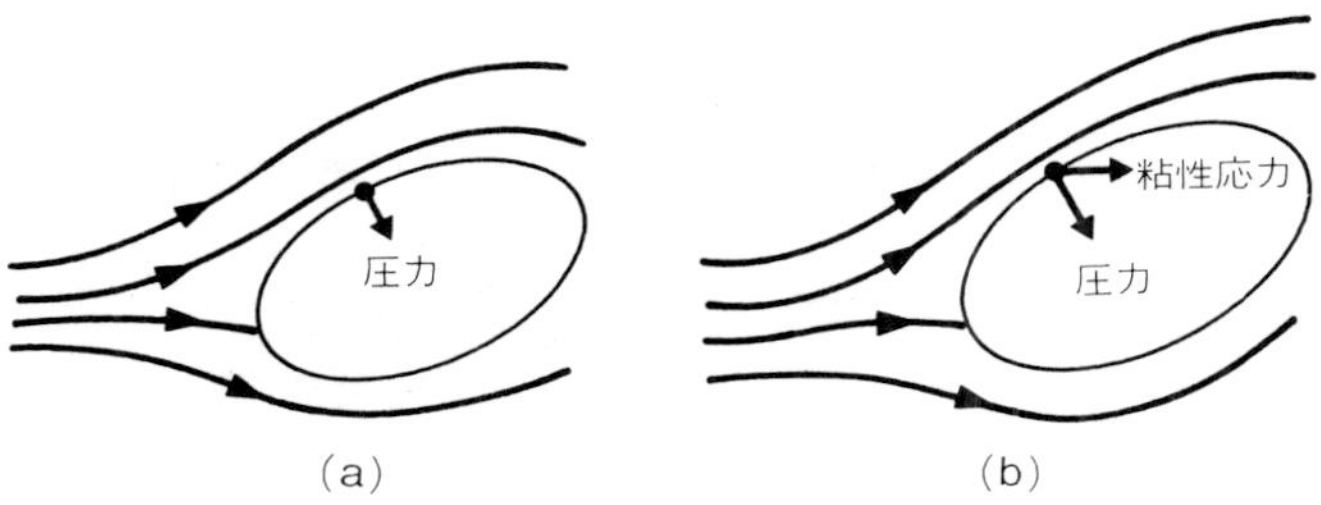

▲図2　物体に作用する力
(a) 完全流体では面に垂直な圧力だけがはたらく．(b) 粘性流体では，面に斜めに作用する粘性応力が加わる．

の巧妙なからくりを探ってみよう。ひょっとすると、誰にも打てない新魔球をあみだせるかも知れない。

物体にはたらく力

流れの中では流体要素間に応力がはたらいていることは前に述べた（第2章参照）。これと同様に、流体と物体が接していると、接触面を通して流体が物体に力を及ぼす。

流体が静止しているか、あるいは運動していても粘性のない完全流体の場合には、応力は面に垂直に作用する圧力だけである（図2(a)）。粘性流体が運動している場合は、面に斜めに作用する粘性応力がこれに加わる（図2(b)）。流れの中に置かれた物体にはたらく力を求めるには物体表面に作用するこれらの力を寄せ合わせればよい。

完全流体の及ぼす力

一様な速度Uで流れている完全流体中に流れに垂直に円柱を置く。いま、円周に沿って反時計回りに平均の流れがあるとする（図3(a)）。

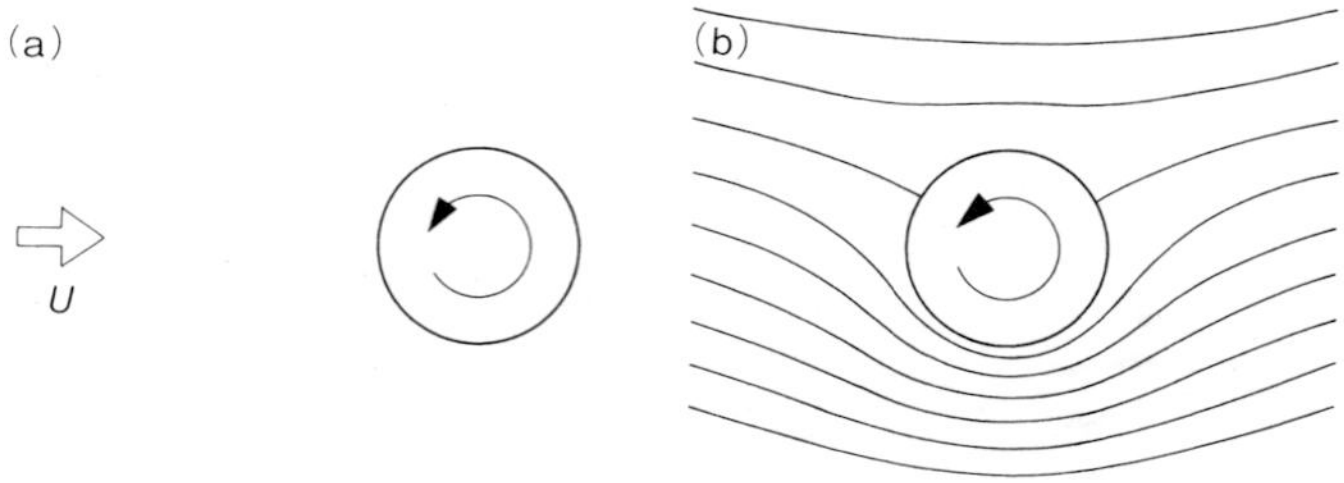

▲図 3　回転円柱のまわりの流れ
(a) 一様な速度で流れる完全流体の中に，流れに垂直に円柱が置いてある．円柱のまわりには反時計方向に平均的な流れがある．(b) 完全流体の一様流の中に置かれた循環のある円柱のまわりの流線．

さて、円柱の上側では一様流と円柱まわりの流れが逆向きなので流速は遅くなり、下側では両者は同じ向きなので流速は速くなる。円柱のまわりの流線を描くと図3(b)のようになる。各流線に沿ってベルヌーイの定理（第3章参照）を適用すると、円柱の上側では圧力が高く、下側では圧力が低いことがわかる。その結果、円柱にはたらく正味の力は下方に向く。また、流れが円柱の中心を通り一様流に垂直な面に関して対称なので、水平方向には力がはたらかないことは明らかである。

以上のことは円柱に限らず、完全流体の定常な一様流の中に置かれた任意の形状の二次元物体について成り立つもので、次の二つの定理が知られている。

第一の定理は、物体にはたらく抵抗（一様流方向の力）が常にゼロであるということである。これは現実には必ず存在する抵抗を説明することができないので「ダランベールのパラドックス」と言われ、その昔流体力学者を悩ましたものである。いまでは、この食い違いは、物体境界にできる薄い境界層（第4章参照）の中で大きな値をとる粘性応力と、流線の剥離（第4章参照）による物体下流側の流れ構造の変化を考慮することによって解決されている。

第二の定理は、揚力（流れに垂直方向の力）に関するものである。物体境界に沿う反時計回りの平均の速さに境界の長さをかけた量Γ（「循環」という）を用いると、物体には下向きに大きさ$\rho U\Gamma$（ρは流体の密度）の揚力がかかる。これは「クッタ-ジュコフスキーの定理」として知られている。

クッタ-ジュコフスキーの定理は野球やテニスのボールのカーブを説明するためによく使われる。しかし、ボールのまわりの流れは三次元的であることと、後述するようにボールの下流側に気流の乱れた部分ができるために定量的な比較はできないことに注意しておこう。

作用反作用の法則

流体が物体に及ぼす力は物体が流体に及ぼす力に大きさは等しく向きは反対である。これはいわゆる作用反作用の法則である。図4のように物体を取り囲む大きな領域の境界から出入りする流体の運動量の単位時間当たりの変化の割合は、物体が流体に及ぼす力に等しい。物体にはたらく力はその反作用として計算できる（第4章参照）。物体下流の平均流速が上流より遅くなっていれば、流体が物体に力を及ぼしていることになる。

作用反作用の法則を使うと、飛行機の翼にかかる上向きの「揚力」の発生が理解できる。[1] 図5は、翼のまわりの流れを煙で可視化したものである。[2] 左方からやや上向きにやって来た気流が翼を

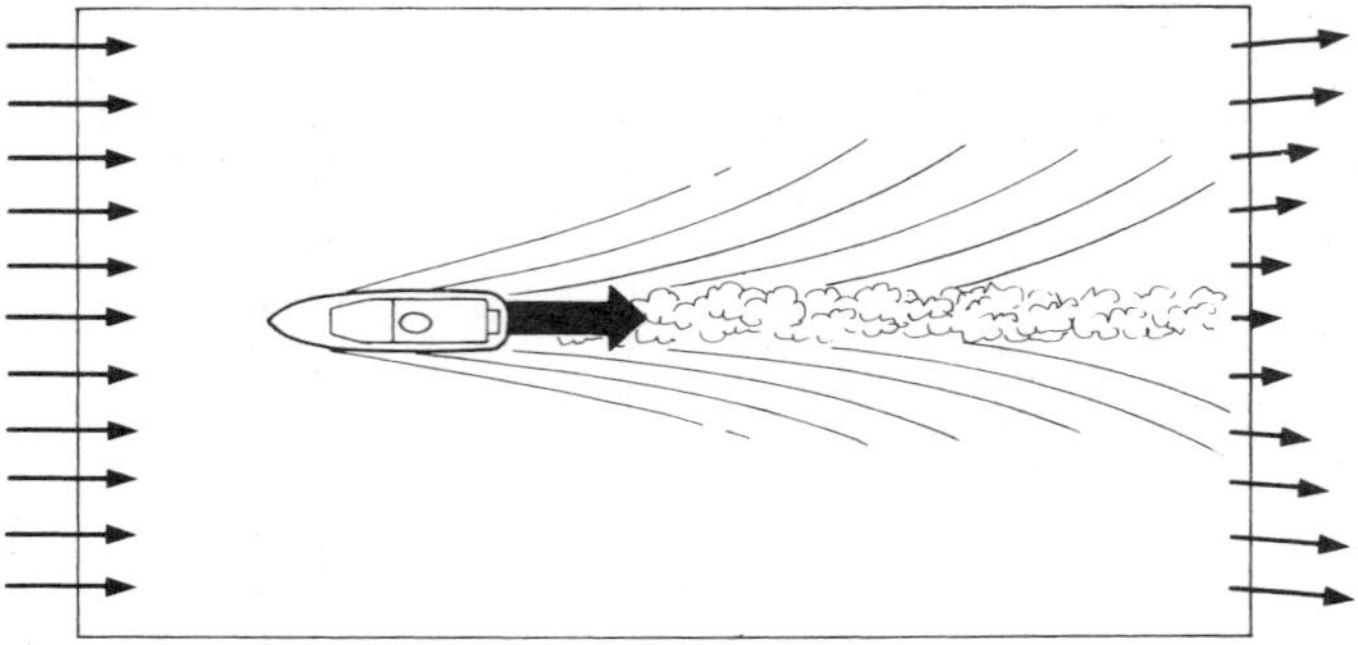

▲図 4　作用反作用の法則
物体を取り囲む領域を出入りする流体の運動量の単位時間当たりの変化の割合は，物体が流体に及ぼす力に等しい．その反作用が流体が物体に及ぼす力（➞）になる．細い矢印は流体の速度を表す．

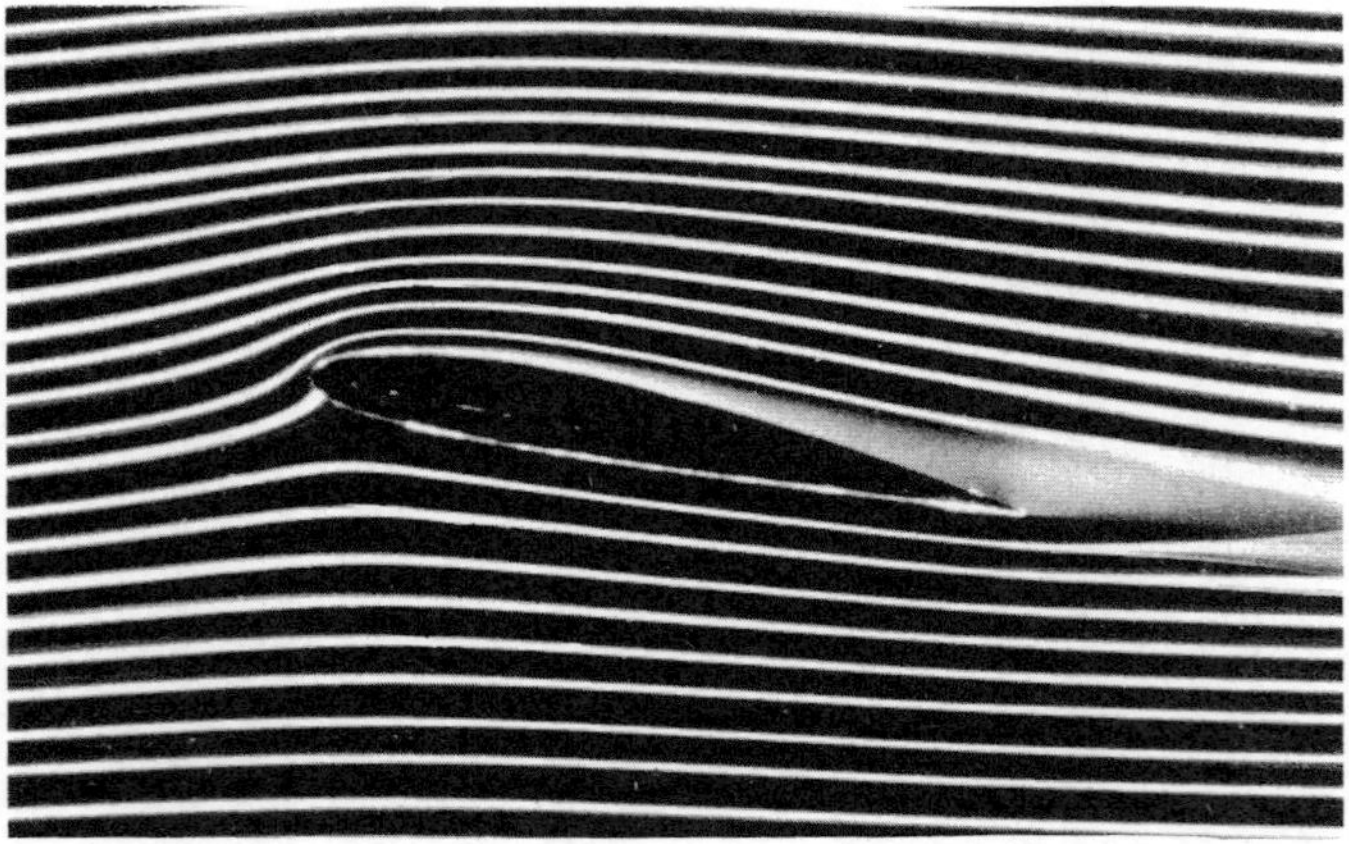

▲図 5　翼のまわりの流れ
左方からやや右上がりでやって来た気流は，翼を過ぎると右下へ下降気味に流れる[(2)]．（写真は伊藤光氏のものを転載）

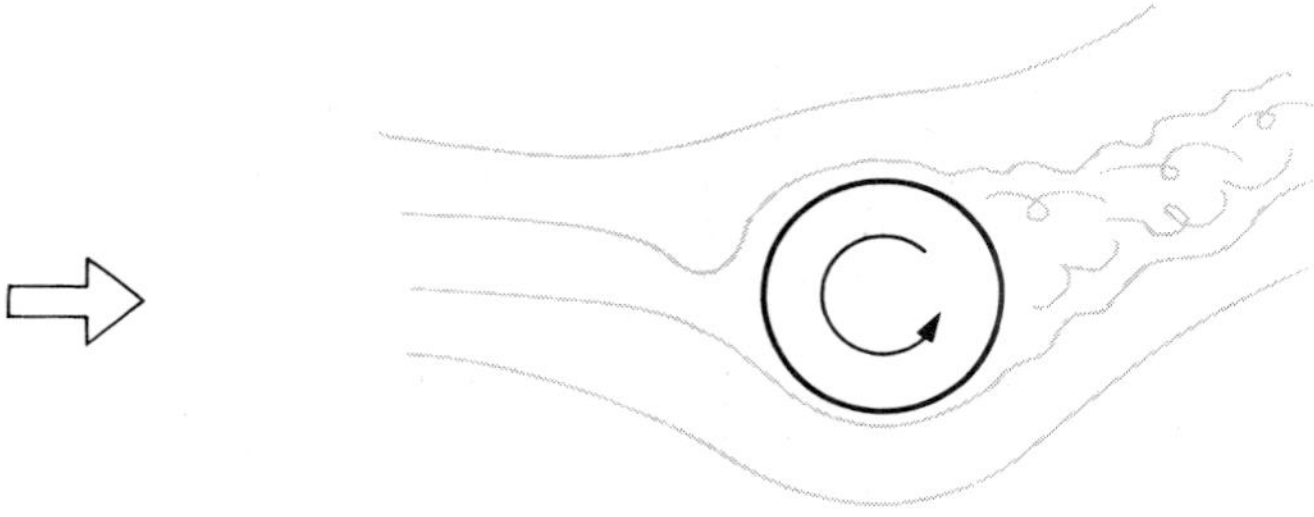

▲図6　マグヌス効果
左方からやって来た気流は球の回転に引きずられて右上方へ向きを変える．球の背後には乱れた伴流ができる．

過ぎると下向きに流れている。これは空気が下向きの運動量を得たこと、すなわち、翼から下向きの力を受けたことを意味する。その反作用として、翼は空気から上向きの力を受ける。

マグヌス効果

回転するボールのカーブも作用反作用の法則で理解できる。図6は回転しながら飛んでいるボールのまわりの空気の流れの様子をボールと共に動く座標系から見たものである。ボールは反時計回りに回転し、空気の流れは左から来て右上方へ向かう。ボールの背後の流れは乱れている。この図は、ボールのそばを通り過ぎる空気が上向きの運動量を得ることを示している。すなわち、空気がボールから上向きの力を受けているのである。したがって、作用反作用の法則から、ボールが空気から下向きの力を受けていることが理解される。

この例に限らず、一般に回転する物体には流れ方向に垂直な力が作用する。これは回転する砲弾の軌道を調べていたドイツのマグヌスが発見したもので、「マグヌス効果」とよばれている。

球の抵抗の不思議な変化

流れにさらされた球にはたらく抵抗は、一般にレイノルズ数、$Re = \rho Ud/\mu$（ρは流体の密度、Uは流速、dは球の直径、μは流体の粘性係数）の増大と共に大きくなる。われわれは前章で、レイノルズ数が小さいとき（$Re \lesssim 1$）の抵抗は速度に比例し（ストークスの抵抗法則）、またレイノルズ数が大きくなると（$Re \gtrsim 10^3$）、抵抗は速度の二乗に比例する（ニュートンの抵抗法則）ことを見た。

いま、ある流体と球を選んで流速のみを変化させてその抵抗を測ることにする。この場合、レイノルズ数は速度と比例定数を除いて同等である。図7は、抵抗のレイノルズ数依存性を示したものである。$Re = 2.5 \sim 3 \times 10^5$のところでの急激な変化が目につくが、この臨界値より小さなReに対しても大きなReに対しても、抵抗はRe（すなわち流速）の二乗に比例して増加していることがわかる。ただし、比例定数は臨界レイノルズ数の両側で異なっている。また、ストークスの抵抗法則は小さなレイノルズ数領域（$Re \lesssim 1$）で成り立つのでこの図では見えない。

ところで、臨界レイノルズ数付近では常識に反して、流速が増えると抵抗が小さくなっている。一体、このあたりで何が起こっているのだろうか。次に、抵抗のこの奇妙なふるまいを考察しよう。

境界層の剥離

臨界レイノルズ数付近での抵抗の急激な減少を理解する鍵は、球面上にできる境界層の複雑なふるまいである。レイノルズ数が大きいと、球の表面に速度勾配の大きな薄い境界層ができる（図

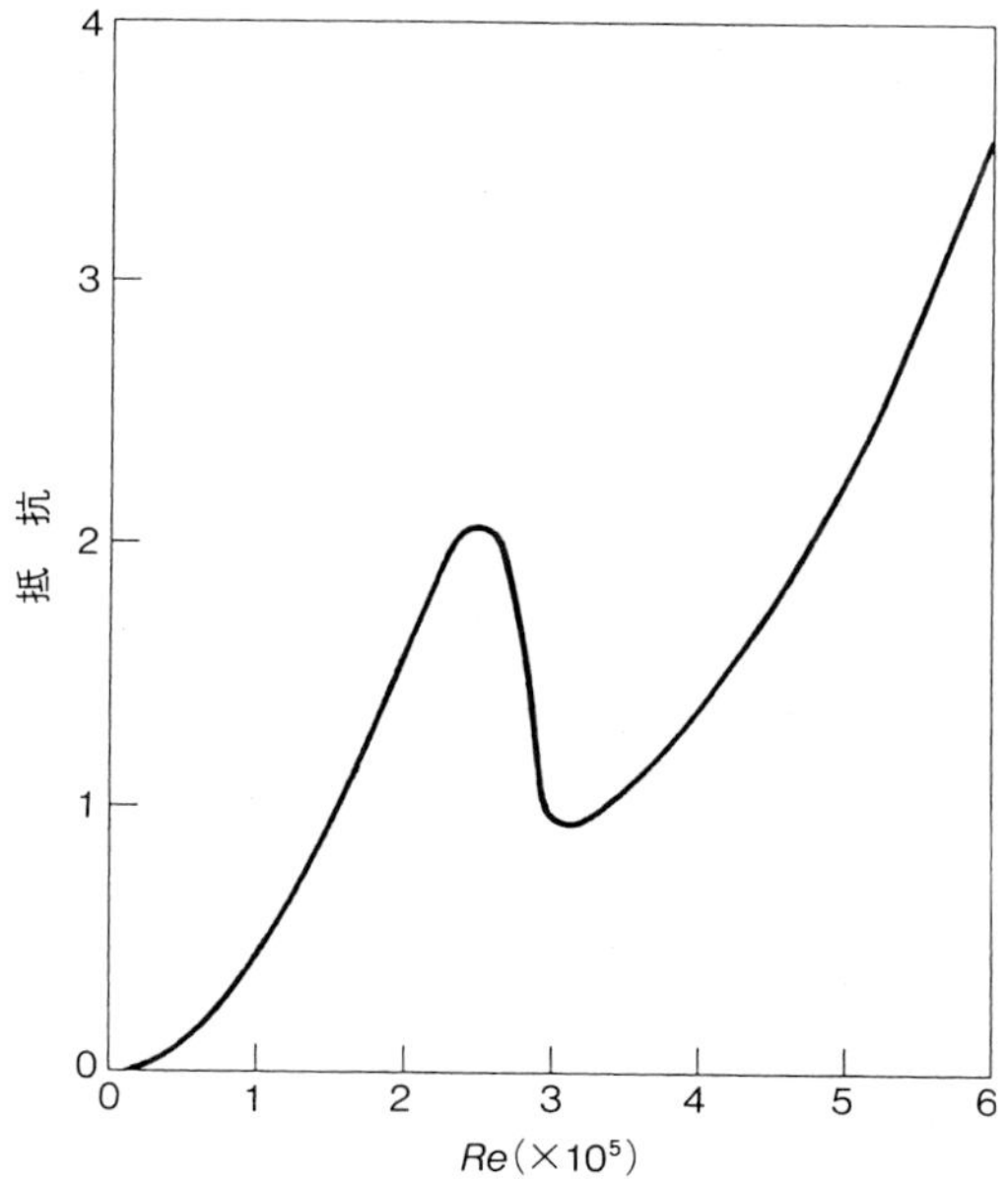

▲図7　球の抵抗

球にかかる抵抗のレイノルズ数 Re 依存性を示してある（縦座標の数字に特別の意味はない）．$Re=2.5\sim3\times10^5$ を越えると抵抗は約半分に減少する．Re がこれより大きくても小さくても，抵抗は Re の2乗に比例している（ニュートンの抵抗法則）．

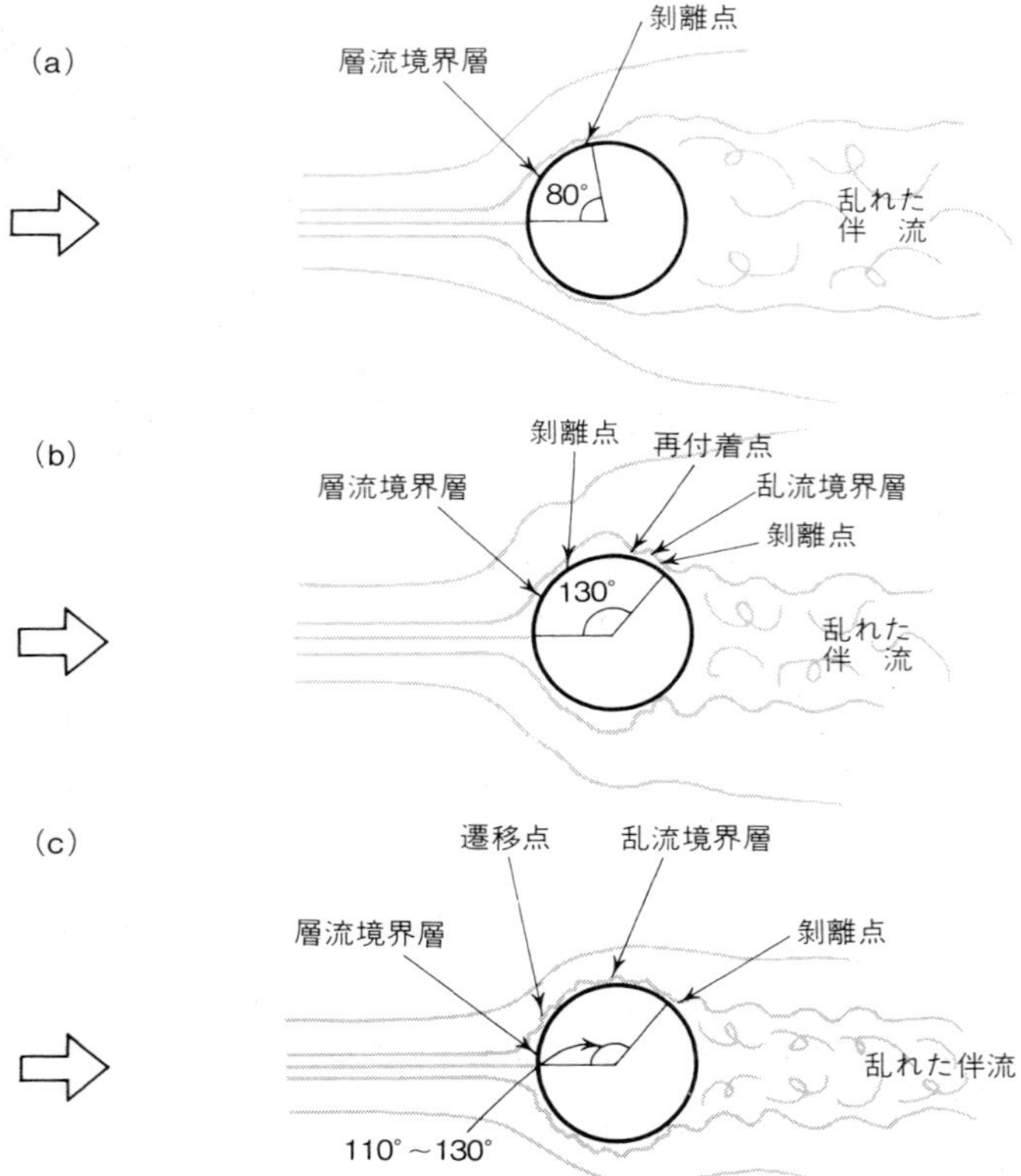

▲図 8　球面の境界層の剥離

(a) 一様流の中に置かれた球の表面の前面には薄い境界層ができる．レイノルズ数が臨界値 2.5～3×10^5 より小さいと境界層は層流のまま剥離する．剥離点は球の前縁から測って約 80 度のところにある．球の背後に乱れた伴流領域ができている．(b) 臨界値付近のレイノルズ数では，層流状態で剥離した境界層は再付着して乱流境界層に変わり，それが前縁から約 130 度のところで再び剥離する．乱れた伴流領域は(a)の場合よりずっと狭い．(c) レイノルズ数が臨界値より大きくなると，境界層は乱流に遷移してから剥離する．乱流境界層は剥離しにくく剥離点は前縁から測って 110～130 度のところに移動する．やはり，狭い伴流領域を伴っている．

8(a))[3]。球の前縁から境界層に入り込んだ流体要素は球面に沿って下流に流されていくが、中心角にして八〇度ほどいったところで球面を回りきれず、球面から離れて流体内部に流れ込む。つまり境界層が剝離するのである。球の背後には剝離流線に囲まれた乱れた伴流領域ができる。この伴流領域の中の圧力はまわりより低いので、球には正味下流方向の力、すなわち抵抗がはたらくことになる。抵抗が流速の二乗に比例するのは、レイノルズ数が大きい場合、球にはたらく力は主として上流側の面を押す圧力によっており、この圧力が流速の二乗に比例する（ベルヌーイの定理）からである。

以上は、Reが臨界値より小さいときの話であった。Reが臨界値に近くなると、いったん剝離した流体要素が再び球面に戻って来る（「再付着」という）（図8(b)）。再付着後の流体要素は乱れた境界層の中をしばらく流れるが、球の前縁から約一三〇度のところで再び剝離する。このときできる伴流領域は前の場合に比べてずっと狭い。球の抵抗は伴流領域が球面と接する面積に比例するので、伴流領域の縮小は抵抗の減少をもたらす[4]。

レイノルズ数がさらに大きくなると、境界層は剝離する前に乱流状態に移る（図8(c)）。乱流状態になると流体要素の混合が活発になり境界層は剝がれにくく、球の前縁から一一〇〜一三〇度あたりでやっと剝離を起こす。この場合も、伴流領域は臨界値以下のレイノルズ数の場合に比べて幅が狭く、したがって抵抗は小さい。

ちなみに、野球ボールを時速一五〇キロメートルの剛速球で投げると、レイノルズ数は約 2×10^5 である。この値が上述の滑らかな球に対する臨界レイノルズ数と同程度の大きさであることは偶然とはいえ非常に興味のあるところである。実際の野球ボールには縫目があり表面の流れは滑らかな場合より乱れやすく臨界レイノルズ数は下がるはずである。もし投げたボールのレイノルズ数が臨界値に近ければ、ボールの軌道が不安定になり不規則に揺れる魔球が出現するかもしれない。なお、ゴルフボールのディンプルも表面の流れを乱れやすくし、空気抵抗を減らし飛距離を延ばすのに役立っている。

負のマグヌス効果

先に、回転する球にはたらく揚力を気流の運動量変化と作用反作用の法則を用いて議論した（図6）。揚力の向きは、球を過ぎた後の気流の進む方向で決まる。気流の状態はレイノルズ数と回転速度の大きさに依存して変わるが、ほとんどの場合、図6のように球の後方では右上に流れ去り、球は下向きの揚力を受ける。これが正常なマグヌス効果の向きである。

ところが、不思議なことにレイノルズ数と回転速度の大きさによっては揚力の向きが逆転することが知られている[(5),(6)]。それはレイノルズ数が大きく（$Re \approx 10^3 \sim 10^5$）、かつ回転速度が小さい場合（$V/U \leq 0.4$）に起こる。ここに、$V$は球の赤道における周速度である。図9にはこのときの気流の状態が描いてある。球の背後で気流は右下に流れていることに注意されたい。

気流の状態のこのような変化を理解する鍵は再び前項で述べた境界層の剥離である。乱流境界層が層流境界層より剥離しにくいことを思い出そう。臨界レイノルズ数近くの流れでは、気流と同方向に動く球面（図9の球の下側）では気流と球面の相対速度が小さくなるので境界層は層流のまま

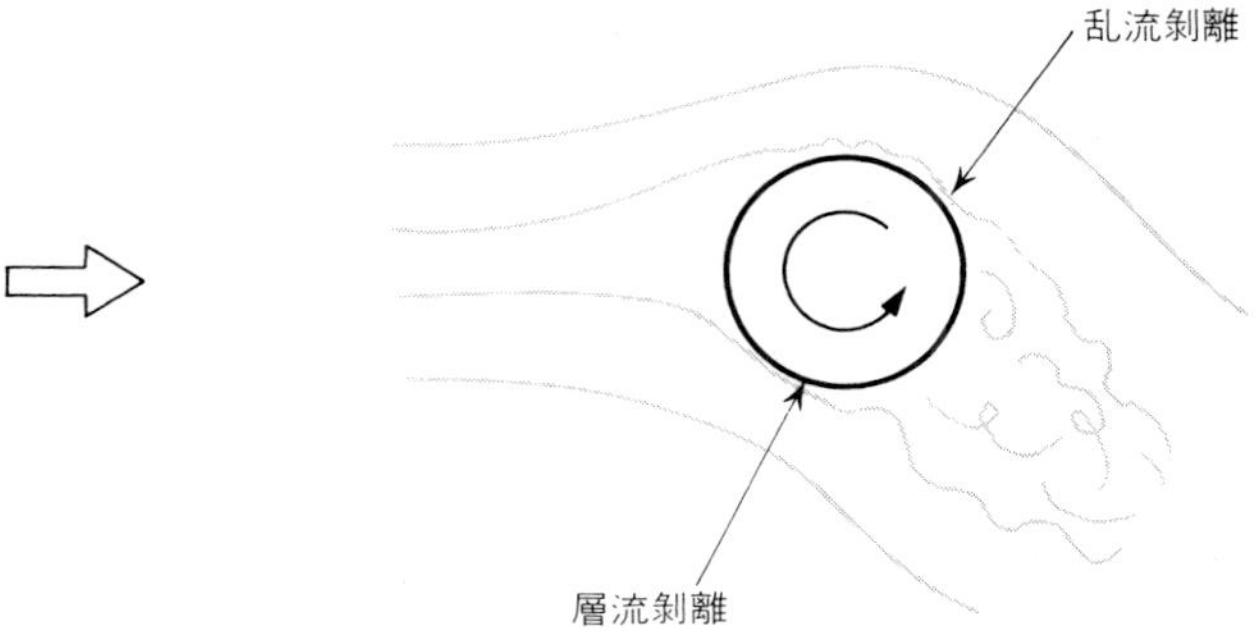

▲図９　負のマグヌス効果
レイノルズ数が臨界値に近い場合，左方からやって来た気流が球の上面で乱流剝離を，下面で層流剝離を起こす場合がある．乱流剝離は層流剝離より球の後よりで起こるため，球背後で気流は右下方へ流れる．したがって，流体は球から下向きの力を受けることになる．その反作用で，球は流体から上向きの力を受ける．

で剝離し、剝離点は球面の上流側にある。これに対して、気流と逆向きに動く球面（図９の球の上側）では気流と球面の相対速度が大きくなるので境界層は乱流になり剝離点は下流側へ後退する。この結果、図９のような右下へ流れる気流が生じ、逆向きのマグヌス効果が現れるのである。

近づくか離れるか

これまでに見てきたように、流れの中に置かれた物体にはたらく力は流れの状態に敏感に依存するので、流れの状態を知ることなしに直感的に物体に作用する力を予測するのは意外と難しい。

たとえば、平行に並んだ二つの円柱に垂直に流れが当たったとき、円柱は近づくだろうかそれとも遠ざかるだろうか（図10(a)）。円柱の近くを通り過ぎる流体は図10(b)のように一部は間を通り抜け、また他の一部は外側を迂回して通り過ぎる。間を通った流体は二つの円柱を押し退けようとするが、外側を回った流体は逆にそれらを抑えつけ近づけようとする。前者の力が勝れば円柱は互いに遠ざかり、逆に後者が勝れば近づくことになる。果たして、どちらの向きの力が優勢であろうか。

実は、力の方向は円柱の直径dや円柱間の距離h、流体の密度ρ、粘性係数μそして流速Uの大小に依存して変わる。円柱の直径と円柱間の距離が同じ程度の大きさの場合（$d \approx h$）で、流れのレイノルズ数 $Re = \rho U d / \mu$ が小さい（$Re \lesssim 1$）ときは、円柱は引き離されることが知られている。粘性力が卓越するために流体が円柱の間を通りにくくなり、二つの円柱を押し退ける結果となる（図10(b)）。逆に、Reが大きいときは、両円柱は互いに近づく方向に力を受ける。これは円柱の間を流

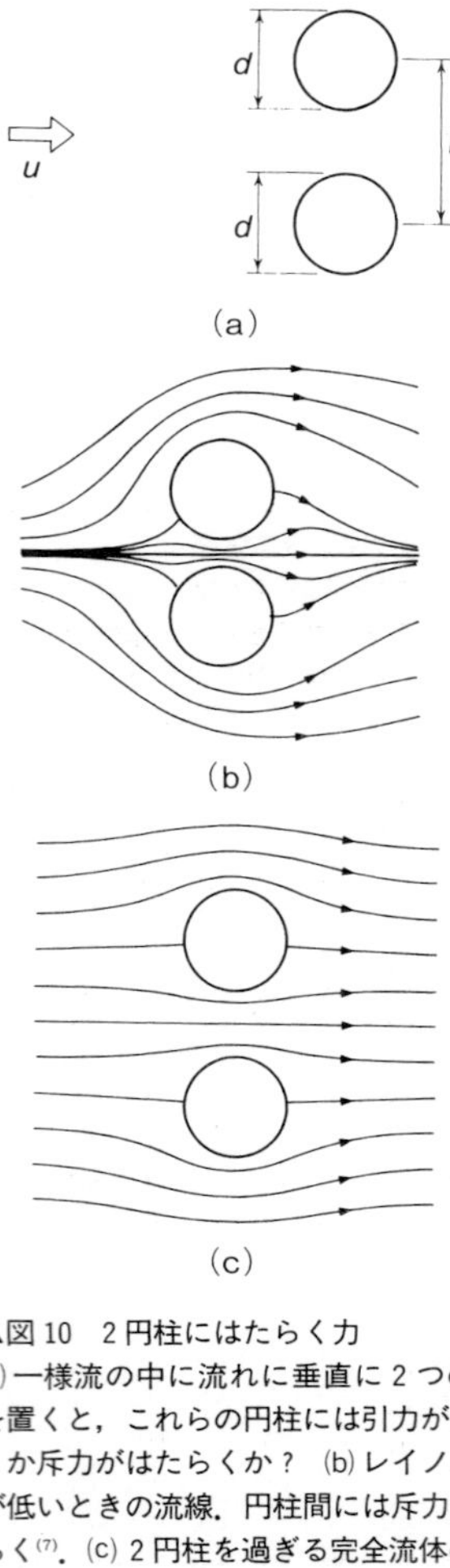

▲図 10　2 円柱にはたらく力
(a) 一様流の中に流れに垂直に 2 つの円柱を置くと，これらの円柱には引力がはたらくか斥力がはたらくか？ (b) レイノルズ数が低いときの流線．円柱間には斥力がはたらく[7]．(c) 2 円柱を過ぎる完全流体の流れの流線．円柱間には引力がはたらく．

体が速い速度で通り抜け、圧力が下がるためであると解釈される（ベルヌーイの定理）。

図10(c)は、完全流体の中で一定の速度で運動する二つの円柱のまわりの流線である。流れは上下左右対称で円柱には運動方向の力ははたらかない（ダランベールのパラドックス）が、各円柱は垂直の向きに互いに近づく方向に力を受けている。ちなみに、二つの円柱の並びの向きを変え、流れに平行に並べると円柱にはたらく力は斥力となる。

船が引き合う

上で述べた二円柱の間にはたらく引力に関連してよく引用されるのは、並走する二隻の船の奇妙な衝突事故である。(8)、(9) 一九一一年の秋、イギリス近海をゆっくり航行していた大型汽船『オリンピック号』のそばを小さな帆船が速い速度で通り過ぎようとした。帆船が追いついて図11(a)のように並んだとき、突然恐ろしいことが起こった。帆船の船首がひとりでに大型船の方に向きを変え、大型船の船腹に突っ込んでいった。舵を反対方向にとって衝突を避けようとしても無駄であった。ついに帆船は『オリンピック号』のわき腹にぶち当たったのである（図11(b)）。

これは、両船の間で流れが速くなりそこでの圧力が低下し、その結果水位が下がり小船が大型船に引き寄せられたと理解される。

抵抗の小さな形

流体中を運動する物体が流れから受ける抵抗の大きさは物体の形に依存する。同じ容積の中で一

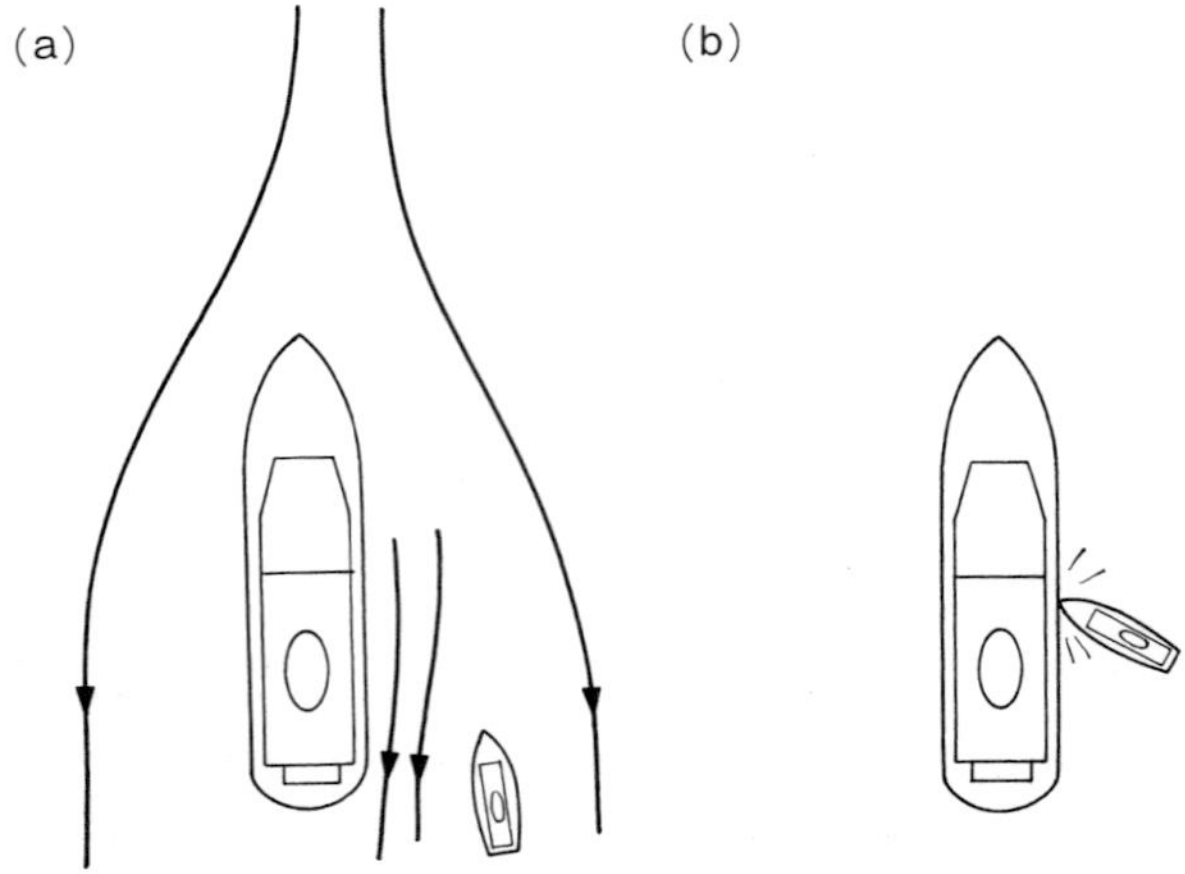

▲図 11　船の衝突
(a) 2 隻の船の間で流れが速くなり圧力が下がり水面が低下する．小さな船はその中に落ち込むように大きな船に吸い寄せられる．(b) 必死の舵操作も虚しく小さな船は大きな船の脇腹に衝突した．

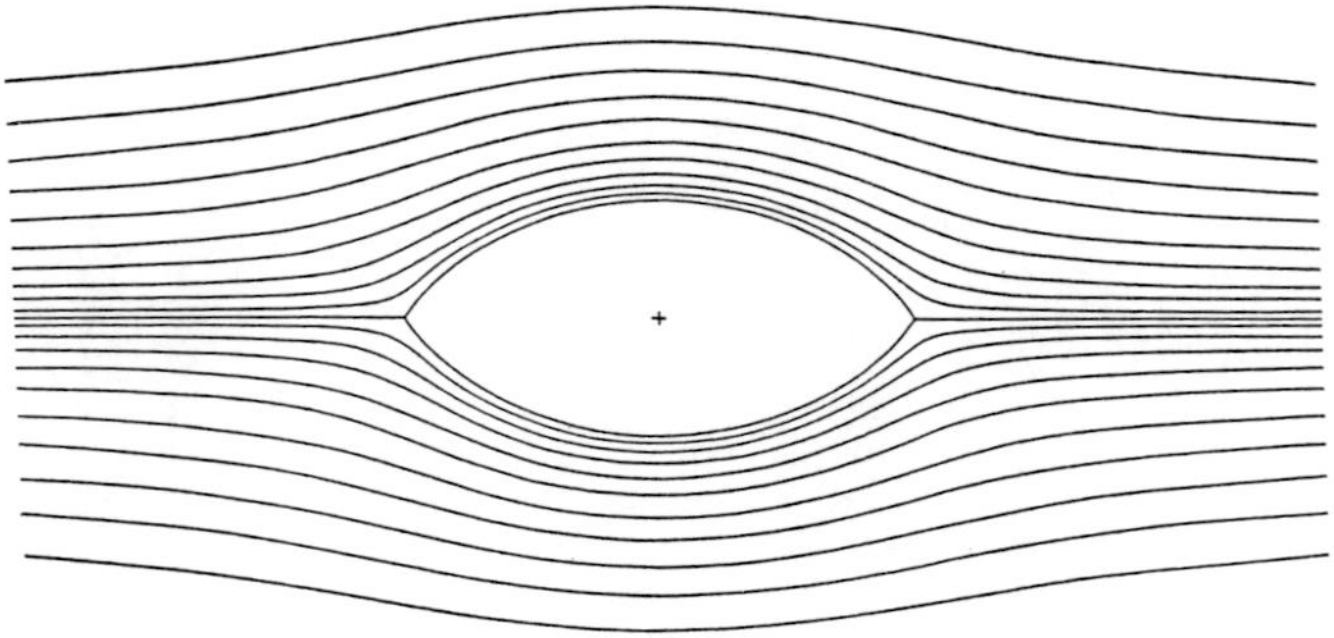

▲図 12　最小抵抗物体
遅い流れにおける最小抵抗形は，流れに平行な軸のまわりに回転対称で両端が尖っている(10)．

番抵抗の小さいのはどんな形だろうか。

物体の表面積は物体の長さスケールの二乗、体積は三乗で変化する。したがって、長さの減少にともない体積の面積に対する比はどんどん小さくなる。物体の抵抗はおおむね表面積に比例し、推進力は体積に比例するので、小さな物体の移動速度は必然的に遅いものになる。バクテリア、花粉、塵埃粒子などの運動がゆっくりしているのはこの理由による。

与えられた体積に対して表面積が最小になるのは球であるから、最も抵抗の小さな形は球ではないかと想像されるかもしれない。しかし、実はそうではなく、流体中をゆっくり運動する物体の場合、図12のような先の尖った軸対称物体が最小抵抗形を与えることが知られている。[10] この最小抵抗物体の抵抗は同体積の球の抵抗より五％ほど小さい。

潜水艦などでは抵抗の少ない形が求められるが、速く動く物体では流れが境界から剝離し、乱流が発生するので解析が非常に難しい。速い流れにおける最小抵抗物体の形はまだ求められていない。

参考文献

（1） ロゲルギスト：続物理の散歩道、岩波書店（一九六七）。
（2） 日本機械学会編：写真集　流れ、丸善（一九八四）。
（3） 巽友正：流体力学、培風館（一九八二）。
（4） S. Taneda : J. Fluid Mech., 85, 187 (1978).

（5） D. J. Tritton : *Physical Fluid Dynamics*, 2nd ed.,159,Oxford Science Publ., (1988).
（6） 種子田定俊：画像から学ぶ流体力学、朝倉書店（一九六八）。
（7） H. Yano, A. Kieda : J. Fluid Mech., **97**, 157 (1980).
（8） ペレリマン著、藤川健治訳：続おもしろい物理学、現代教養文庫（一九七〇）。
（9） メルクーロフ著、橋本英典訳：流体力学のはなし、東京図書（一九七六）。
（10） J. M. Bourot : J. Fluid Mech., **65**, 513 (1974).

7　台風は左巻き

地球の流れ

太古の昔からわが地球は一日一回の割合で規則正しく自転している。この自転が大気や海洋の流れ、ひいては地球全体の気象変動の形成に重要な役割を演じている。

太陽から送られてくる熱によって駆動される大気や海洋の流れは、地球の回転による遠心力やコリオリ力によってゆがめられ、さらに球という地球表面の幾何学的特殊性も手伝って独特の流れ構造を呈する。一例を挙げると、北半球では高気圧のまわりには右巻き（時計回り）の風が、また低気圧のまわりには左巻き（反時計回り）の風が吹いている（図1）。本章では、回転系に特徴的な

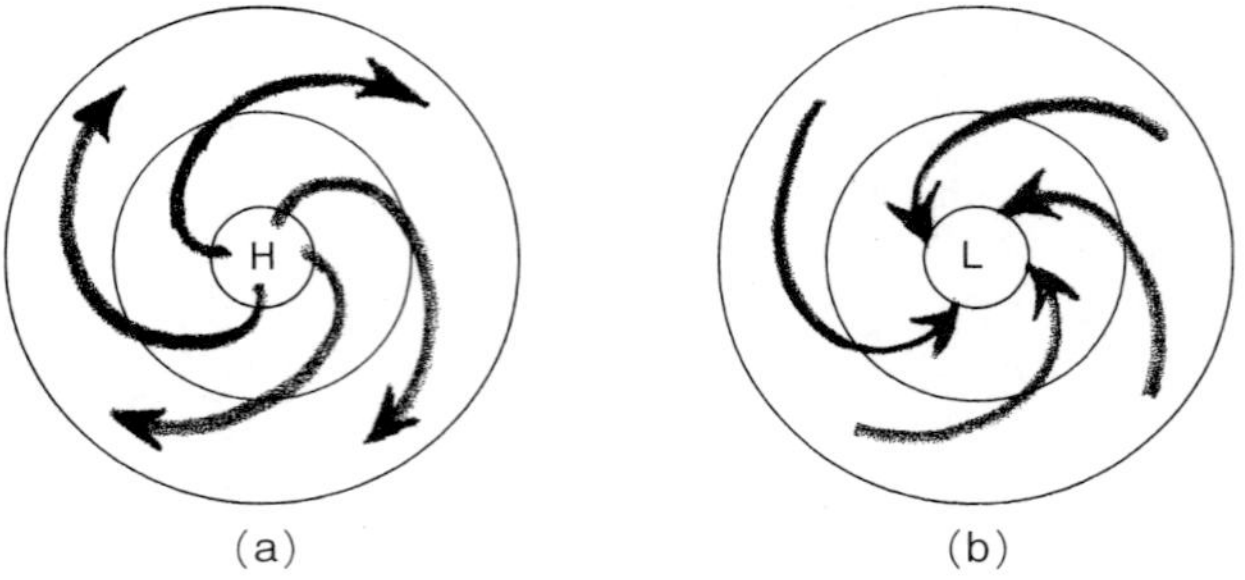

▲図1　気圧と風向
(a) 北半球の高気圧のまわりでは時計回りに風が吹き出す．(b) 低気圧のまわりでは反時計回りに風が吹き込む．

流れのふるまいを概観しよう。

遠心力

慣性系に対して一定角速度で回転している人が自分が回転していることを忘れて物体の運動法則を理解しようとするときは、遠心力やコリオリ力といった「見かけの力」を考える必要がある。

小さな物体を細い糸で結んで振り回すとき、手は糸に引っ張られるような力を感じるが、この力の大きさを見積もってみよう（図2(a)）。いま簡単のために、質量 m の物体が半径 r の円周上を一定の角速度 Ω で回っているとしよう（図2(b)）。すなわち、物体は円に沿って速さ $V=r\Omega$ で動いているとする。この物体の加速度は速度の方向変化からもたらされ、その大きさは $V\Omega=r\Omega^2$ で常に原点に向かっている。したがって、ニュートンの運動法則から物体にかかる慣性力、すなわち糸の張力は $F=mV\Omega=mr\Omega^2$ となる。

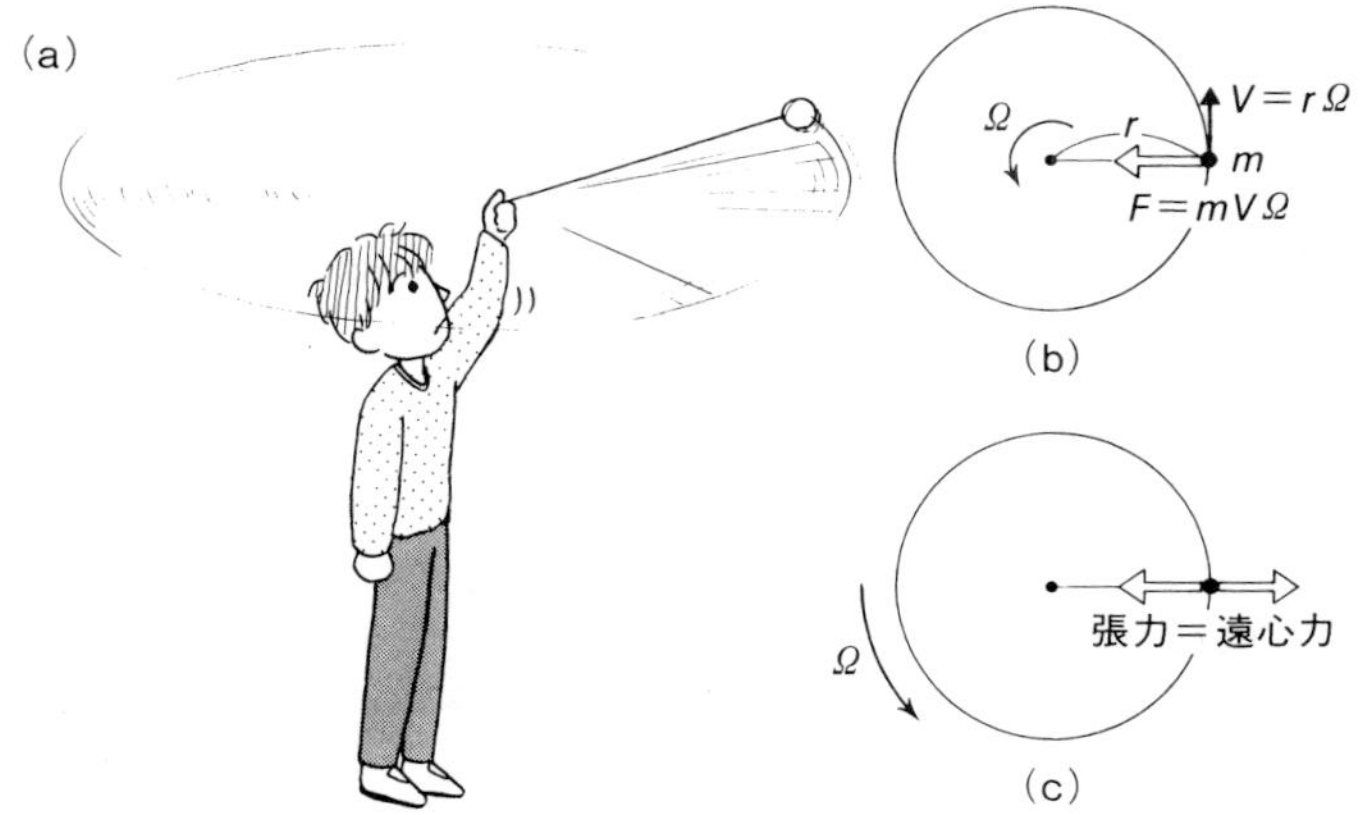

▲図 2 遠心力
(a) 物体を糸で結んで振り回すと糸に引っ張られる力を感じる．(b) 半径 r の円周上を一定角速度 Ω で回転している質量 m の物体は，円の中心に向かって大きさ $F=mV\Omega=mr\Omega^2$ の力で引っ張られている．(c) 物体と同じ角速度で回転している系から見れば物体は静止している．糸には $F=mV\Omega$ の張力がかかっているのであるから，観測者には物体にあたかもこれと同じ大きさの力が円の中心から遠ざかる方向にはたらいているかのように思われる．この見かけの力を遠心力という．

ところで、原点のまわりを角速度Ωで回転する系から見れば、物体は静止している（図2(c)）。物体はやはり糸によって原点に向かって引っ張られている。この回転系では物体が静止しているのであるから、観測者には物体にはたらく正味の力はゼロ、すなわちあたかも糸の張力に見合った力 $mV\Omega$ が原点から遠ざかる方向にはたらいているかのように思われる。この見かけの外向きの力を「遠心力」という。

コリオリ力

慣性系では、等速直線運動をしている物体には力がはたらいていない。では、回転系ではどうであ

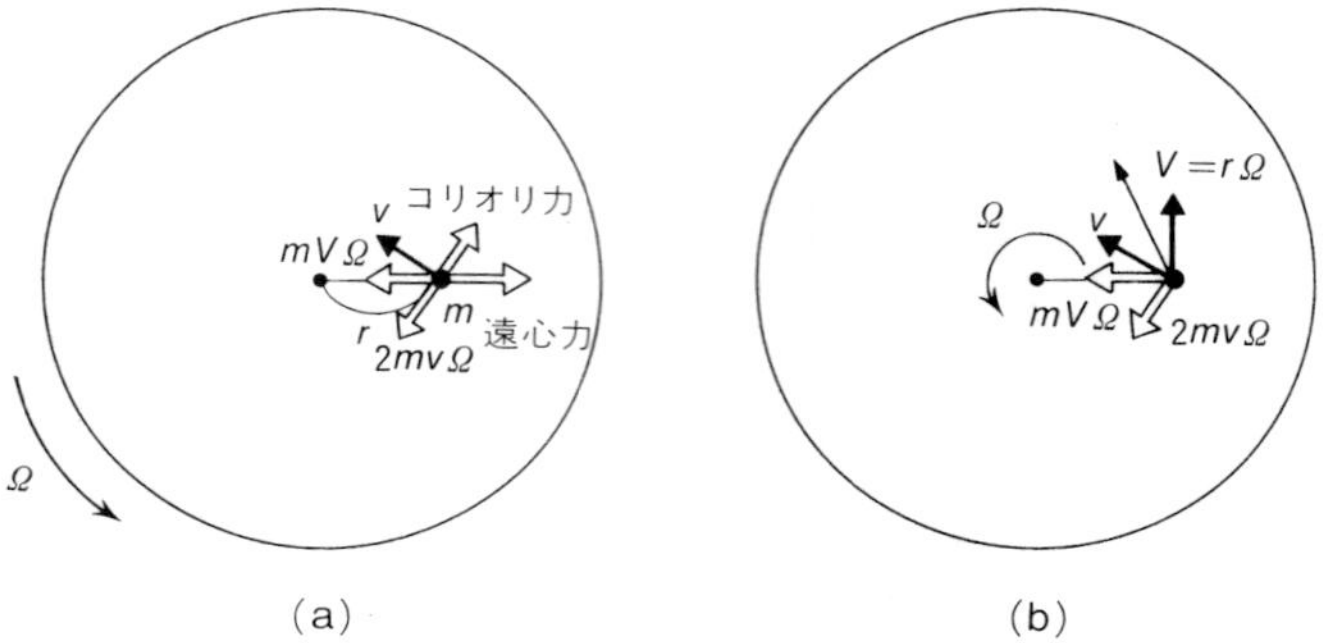

▲図 3 見かけの力
(a) 回転系で等速直線運動をしている物体には見かけの力（遠心力とコリオリ力）がはたらき正味の力がゼロであるかのように見える．(b) この物体は静止系では転向運動をしており，回転の中心に向かって大きさ $mV\Omega$ の力と，速度 v に垂直左向きに大きさ $2mv\Omega$ の力がはたらいている．

ろうか。

いまある回転系で見て、その回転軸に垂直な面内で一定速度 v の直線運動をしている質量 m の物体があるとする（図3(a)）。この物体は静止系で見れば、速度 v にその点における回転系の回転速度（物体と回転の中心を結ぶ線分に垂直で大きさ $V=r\Omega$ の速度）を合わせた速度で運動していることになる（図3(b)）。これは向きを変える運動で転向角速度は Ω である。この物体には中心に向かって大きさ $V\Omega$ の加速度と、速度 v に垂直左の方向に大きさ $2v\Omega$ の加速度がかかっている。[*1] したがって、ニュートンの運動法則からそれぞれの方向に $mV\Omega$ と $2mv\Omega$ の力が作用していることがわかる。

ところで、等速直線運動をしている回転系の観測者には、これら二つの力を打ち消すような見かけの力がはたらいて物体には正味の力がゼロであるかのように見える。前項で述べたように、前者の力を打ち消すのは遠心力であった。後者の力を打ち消す力は「コリオリ力」とよばれる。図3のように反時計回りに回転している系ではコリオリ力は物体が右方向に向きを変えるように作用する。

地球大気の運動は地表に沿う運動が鉛直方向の運動よりずっと激しく、近似的に二次元運動とみなすことができる。たとえば、温帯低気圧の水平スケールは千キロメートルにも及ぶが、対流圏の高さはおおよそ十キロメートル程度に過ぎない。地球が球であるために両極を除いて回転軸は表面に垂直ではなく、地表に沿う二次元運動に対する回転の効果が緯度によって異なる。回転角速度の表面に垂直な成分がコリオリ力の大きさを決める。この成分は緯度とともに変化し、赤道でゼロ、両極で最大になる。緯度ϕにおける回転角速度の成分の二倍、

$$f=2\Omega\sin\phi \tag{1}$$

を「コリオリ・パラメーター」という（図4）。

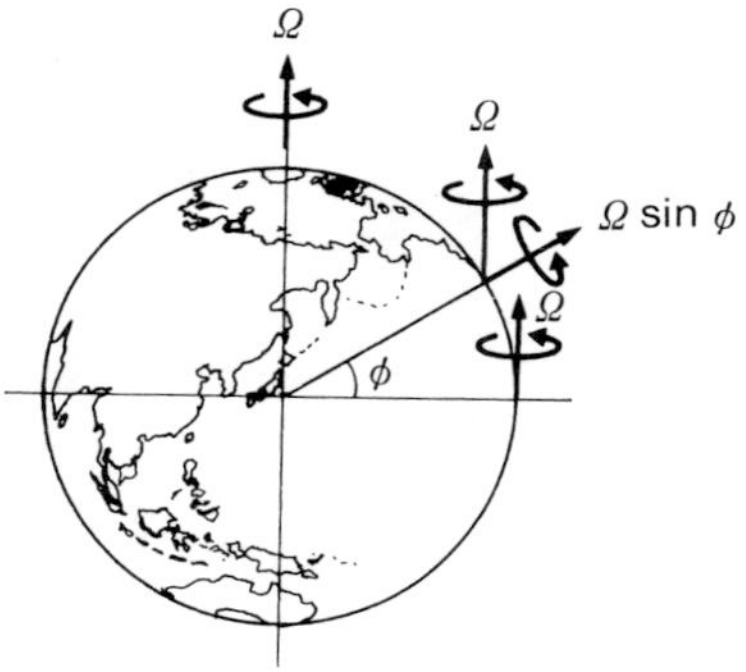

▲図4　コリオリ・パラメーター
地球の回転角速度 Ω の地面に垂直な成分の2倍 $f=2\Omega\sin\phi$ をコリオリ・パラメーターという．

ロスビー数

コリオリ力が回転流体の運動で重要な役割を演ずるかどうかは、他の力（慣性力や粘性力（第5章参照））との相対的な大きさによる。

大気や海洋の大規模な運動では、たいてい粘性力

は慣性力に比べて無視できる。流れの代表的な長さと速さのスケールをそれぞれLとUで表すと、単位質量あたりの流体に作用するコリオリ力の大きさはUf、また慣性力の大きさはU^2/Lである。コリオリ力の重要度はこの両者の比、すなわち

$$\frac{[\text{慣性力}]}{[\text{コリオリ力}]}=\frac{U}{Lf}\quad(=Ro\text{とおく})\qquad(2)$$

で見積もられる。この比Roは「ロスビー数」とよばれる。ロスビー数が小さいほどコリオリ力がより重要になる。温帯低気圧、台風、竜巻の水平長さおよび速度スケールはそれぞれおおよそ(1000 km, 10 m/s)、(500 km, 50 m/s)、(50 m, 50 m/s)である。したがって、緯度三〇度地点($f\approx10^{-4}\text{s}^{-1}$)でのロスビー数はそれぞれ〇・一、一、十の四乗の程度である。これらの値から、温帯低気圧や台風のような規模の大きい流れではコリオリ力の影響が強いが、竜巻ぐらいの規模になるとコリオリ力は無視できるほど小さいことがわかる。

等圧線と風向

大気の流れにおいて、粘性力が無視できてコリオリ力と圧力がつりあっているとすると、風は等圧線に平行に吹く。すなわち、天気図の等圧線から風向きもわかるのである。

図5(a)、(b)には、それぞれ北半球における高気圧と低気圧のまわりに吹く風の向きと圧力勾配による力、遠心力およびコリオリ力のつりあいの様子を示してある。風が圧力勾配に垂直に(したがって等圧線に沿って)吹くことによって、コリオリ力と圧力勾配および遠心力が一直線上に並んで

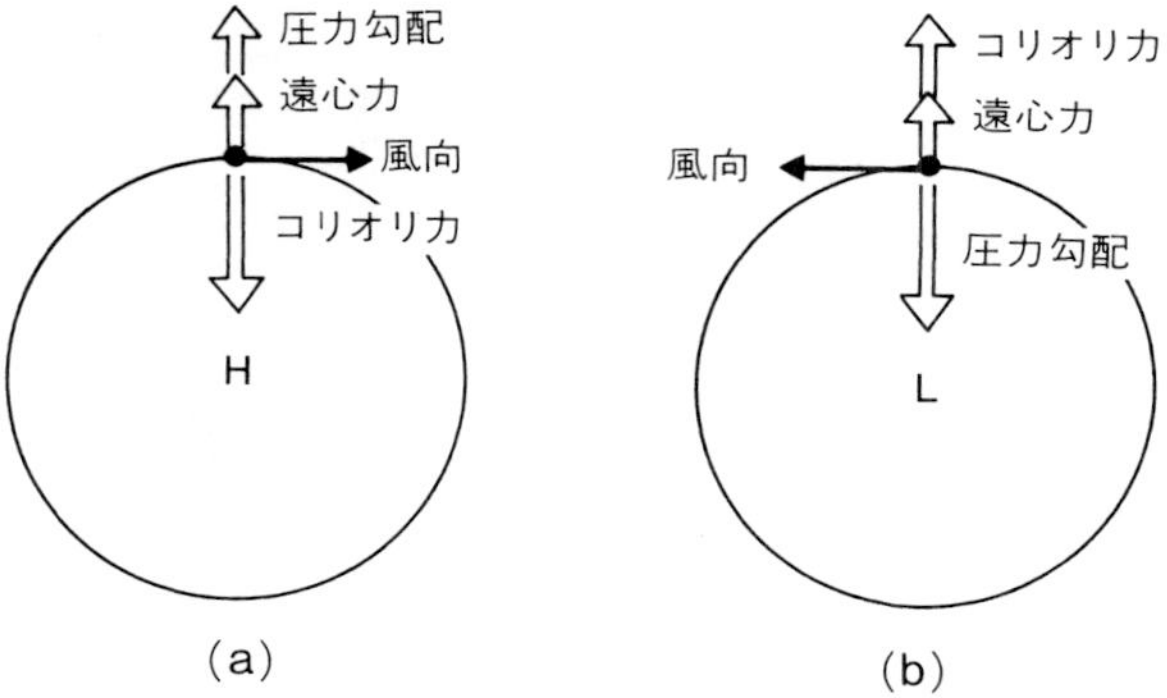

▲図5　等圧線と風向
北半球の(a)高気圧のまわりには等圧線に沿って時計回りに，また(b)低気圧のまわりには反時計回りに風が吹くことによって，圧力勾配，遠心力およびコリオリ力がつりあう．

つりあいを保っている。コリオリ力は風に向かって右方向に作用するので、高気圧のまわりでは時計方向に低気圧のまわりでは反時計方向に風が吹くことによって、コリオリ力と圧力勾配が反対の方向を向くのである。

なお、南半球では高低気圧のまわりの風向きは北半球とは逆になる。また、図1に示したように風が等圧線を横切ってらせん状に吹くのは粘性の影響である（これについては次章で述べる）。

ジェット気流

地上付近の大気の流れは地表面との摩擦で複雑であるが、地球上層部では特徴のあるはっきりした流れ構造が見られる。図6は、一月のある日、北極を中心とした北半球で気圧が五〇〇ヘクトパスカル（hPa）になる高度の分布である。等高線に付随する数字は高度（単位十メートル）を表しており、これらが対流圏の中ほどの高さに相当していることがわかる。平均的に見れば、高緯度ほど等圧線高度が低くなる。気圧は高度とともに単調に減少するから、この図は高度五〜六キロメートルでの等圧線のパターンを表していると考えられる。北緯三〇〜六〇度の中緯度付近に大きな等圧線のうねりが四ないし五個程度見られる。一つのうねりの大きさは数千キロメートルにわたっている。このような大規模な流れはロスビー数が小さくコリオリ力が卓越しているので等高線はまた風向と一致する。

中緯度地方の対流圏では秒速十メートル程度の西風（偏西風）がいつも吹いている。冬場はとくに強い。偏西風帯の中で幅数百キロメートルの限られた領域に吹く強い風を「ジェット気流」という。風速は秒速八〇キロメートルにもなる。ジェット気流は低気圧や高気圧の生成に関係し、また気象状況を左右する。図6はジェット気流が曲りくねっていることを示している。

ロスビー波

図6に見られるような大規模な気流のうねりの存在は渦度の保存則とコリオリ・パラメーターの緯度依存性[1]から理解できる。

先に述べたように、大気や海洋の大規模な運動は地球表面を薄く覆った流体の流れとして取り扱うことができる。確かに、図6のうねり構造も、対流圏の厚さ十キロメートルに対し、水平長さスケール数千キロメートルの薄いものである。このような薄い球殻状の回転流体の流れでは、回転系に相対的な渦度の球面に垂直な成分ωと回転角速度の二倍の球面に垂直な成分（すなわちコリオ

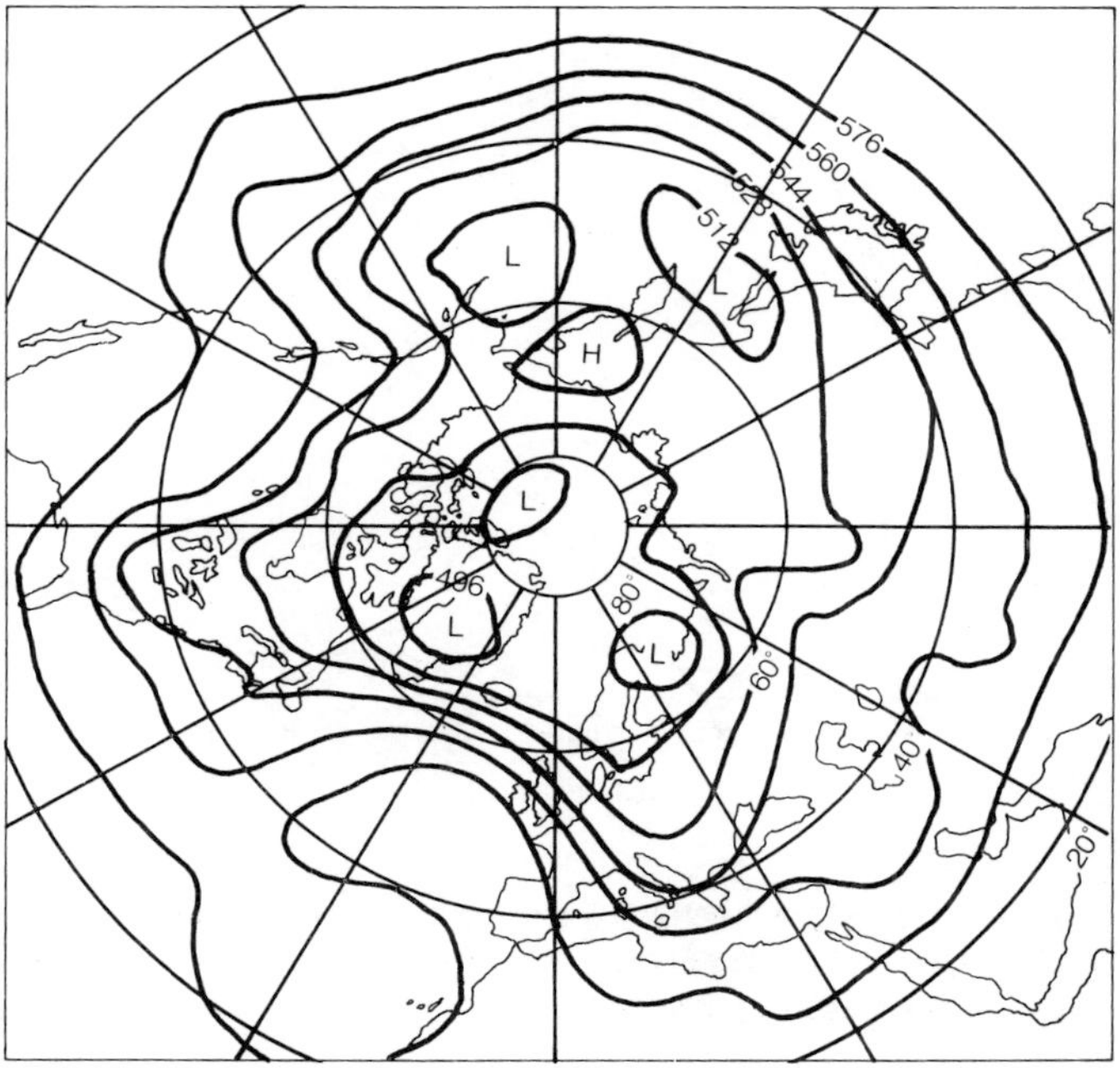

▲図 6　500 hPa 高層天気図

北極を中心とした北半球の 500 hPa 面の等高線．数字は高度(単位 10 メートル)，H は極大点，L は極小点を示す．1983 年 1 月 15 日[1]．

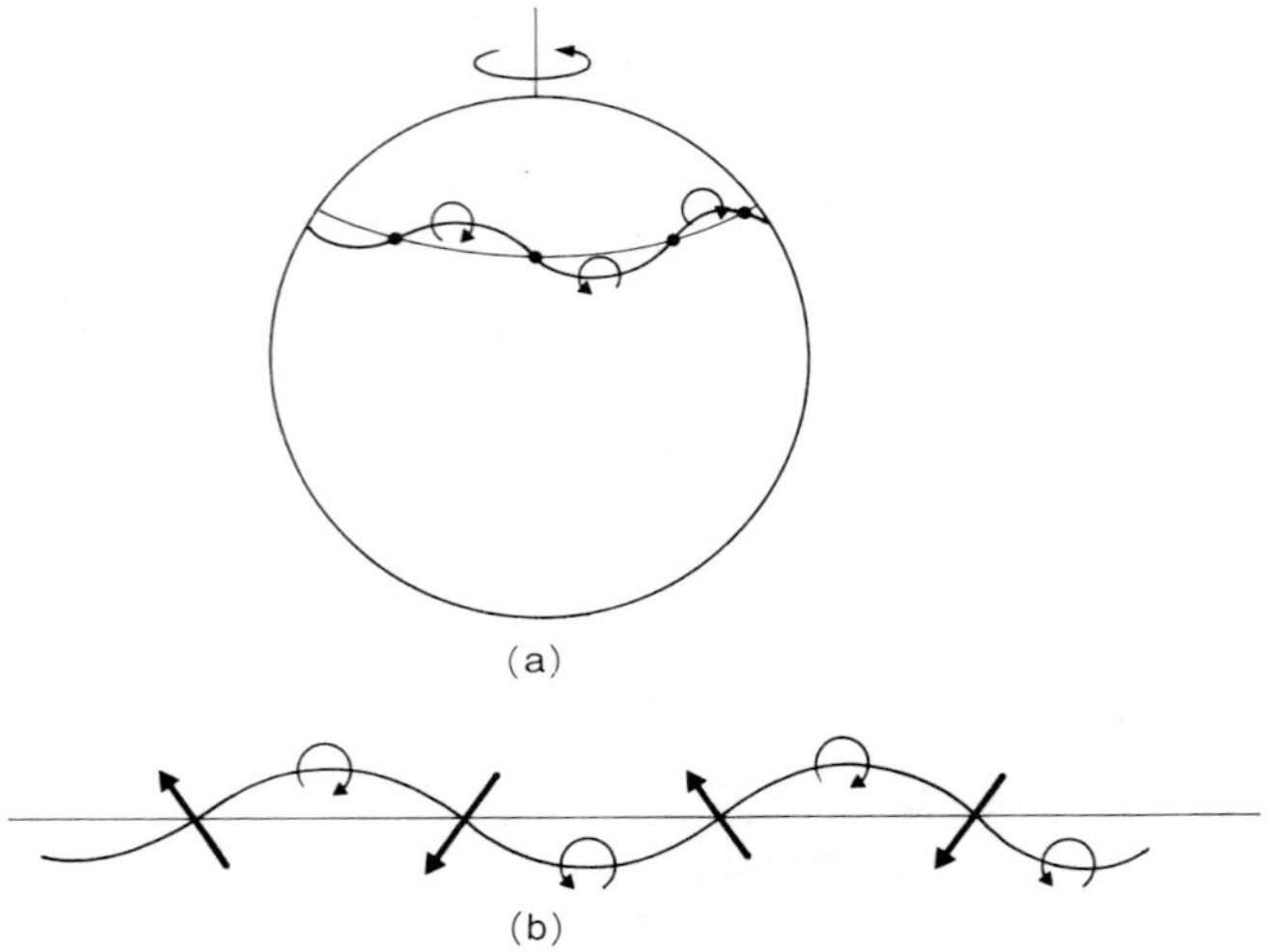

▲図7　ロスビー波
(a) ●で示した平均緯度での相対渦度をゼロとすると，それより高緯度では渦度は負（反時計回り），また低緯度側では正（時計回り）となる．(b) ロスビー波は太い矢印で示した速度を誘導し，西方に進む．

リ・パラメーター）の和ω_A（これを「絶対渦度」という）が流体の運動とともに保存する。すなわち

$$\omega_A = \omega + f = 一定 \quad (3)$$

が成り立つ（第2章で述べたヘルムホルツの渦定理を想起されたい）。

さて、図7(a)に示したような波打つ気流が存在し得るかどうかを考えてみよう。まず、この気流の平均緯度（図の●ののっている線）での相対渦度ωをゼロとする。流れに沿って絶対渦度ω_Aが保存することとコリオリ・パラメーターが高緯度ほど大きくなる（式(1)）ことを考慮すると、相対渦度は高緯度側では負（時計回りの回転）、低緯度側では正（反時計

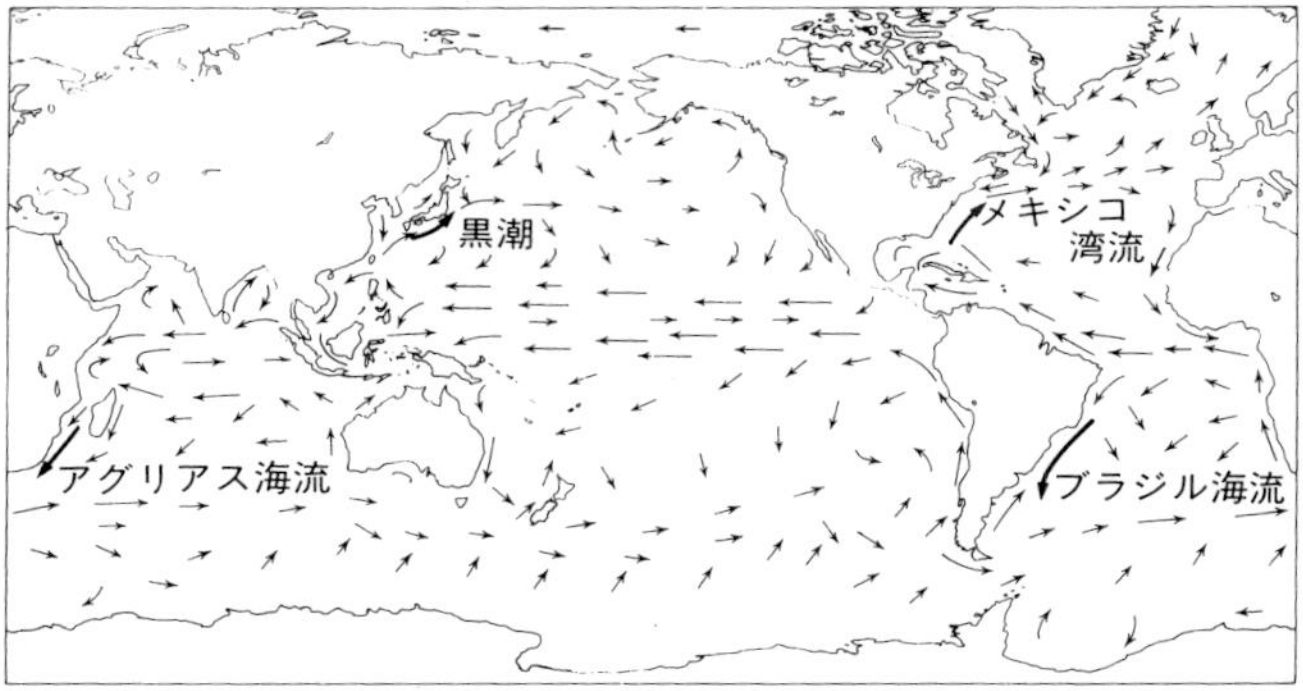

▲図 8　表面海流
北半球では時計回り，南半球では反時計回りの循環が卓越している．黒潮，メキシコ湾流，ブラジル海流，アグリアス海流など強い海流は大洋の西岸に集中している（国立天文台編：理科年表 1992 年版より）．

回りの回転）になることがわかる。これは、高緯度側では流線が上に凸、低緯度側では下に凸になる傾向を表し、このような波が存在し得ることを示唆している。これが「ロスビー波」とよばれている波である。

中緯度地方のこのあたりでは強い西風が吹いているが、この波は南北方向の速度のゆらぎで起こっている。波の形が図7(b)のようだとすると波の誘導する流速成分は矢印で示したようになる。したがって、西風にのった系から見ればこの波は常に西向きに伝播するのである。

西岸強化

大気の流れに劣らず海流も気象変動を支配する重要な流れである。海流は風や水温の変化による対流によって起動される。とくに、貿易風や偏西風などの定常な大気の流れは、海流の地球規模の大循環を形成する重要な因子である。図8は、地球全体の海洋の平均的な表面海流の向きを示している。北半球の大洋では時計回り、南半球の大洋では反時計回りの循環が卓越している。

それぞれの大洋の循環流をじっくり眺めてみると、大きな強い海流が大洋の西岸に集中していることに気づく。太平洋の黒潮、北大西洋のメキシコ湾流、南大西洋のブラジル海流、インド洋のアグリアス海流等々である。海流の平均流速は秒速〇・一メートル程度であるが、これらの強い海流は幅約百キロメートルの狭い領域に秒速二メートルの高速で流れている。このように大洋の西岸に強い流れができることを海洋循環の「西岸強化」という。これは、コリオリ力の緯度変化と大陸の

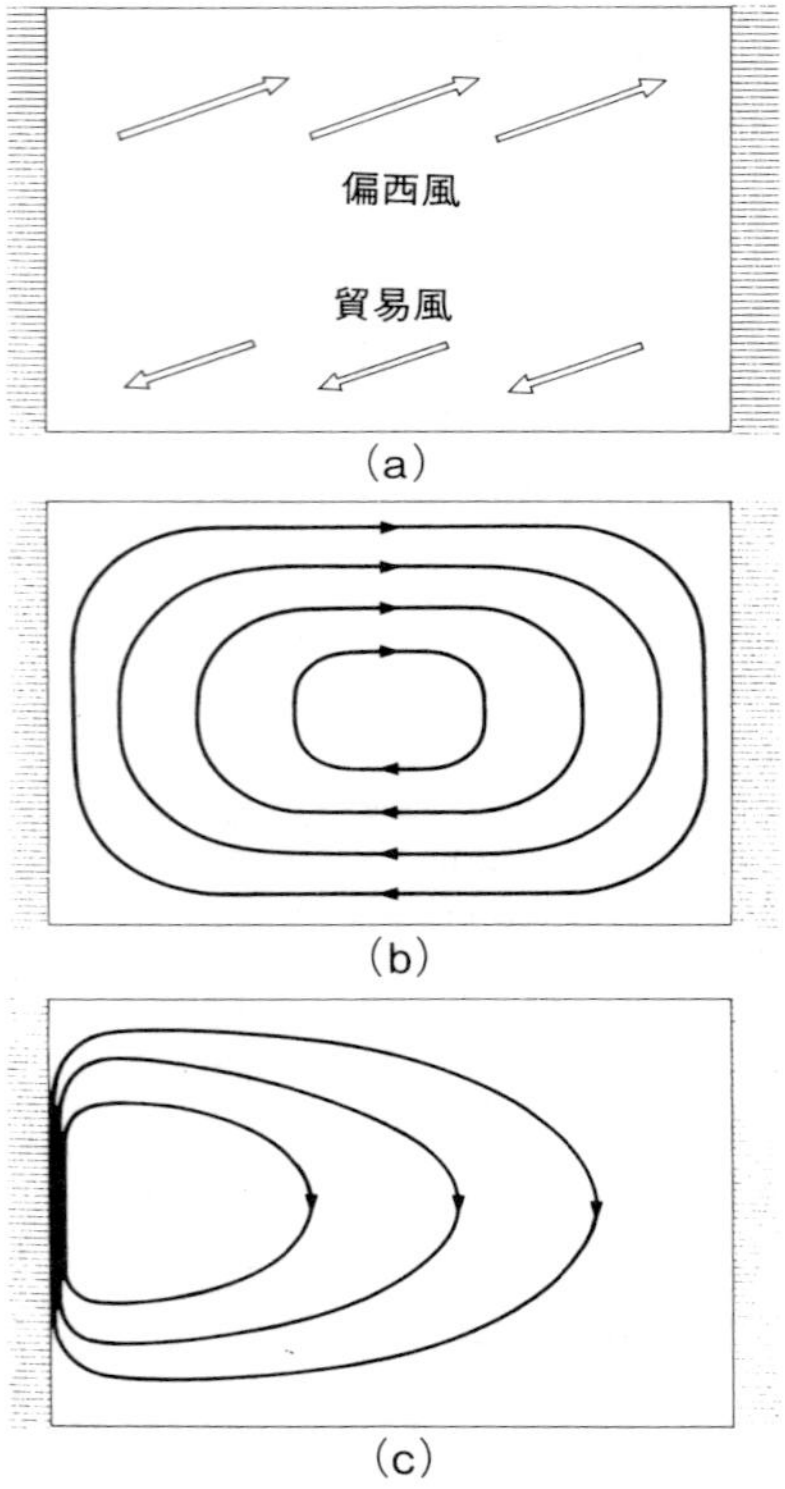

▲図9　西岸強化
(a) 東と西が大陸で遮られている長方形領域で，北の方の偏西風と南の方の貿易風によって駆動される流れを考える．(b) 回転がないと東西，南北どちらにも対称な時計回りの流れが生じる．(c) 回転がありかつコリオリ・パラメーターが南へ行くほど小さくなると，外洋での流れは南向きになり，西岸の狭い領域で強い北向きの流れが生じる．

南北壁の存在によって説明される[2]。

簡単のため、図9(a)のように東と西が大陸で遮られている長方形の大洋領域を考える。北の方では偏西風（西風）、南の方では貿易風（東風）が吹いているとする。もし、地球が自転していなければ、この長方形内部の流体は図9(b)のように東西、南北どちらにも対称な時計回りの流れが生じるであろう。では、自転はこの流れをどのように変えるであろうか。

大陸からはなれた外洋では海底の摩擦の影響は小さく無視できるが、ここでどのような定常流れが可能であるかを考えてみよう。いまの場合、風が負（時計回り）の渦度をつくるように吹いているから、定常流れを実現するためには流体は渦度が増加する方向に動かなくてはならない。先に述べた絶対渦度の保存則（3）とコリオリ・パラメーターが南へ行くほど小さくなることを考慮すると、粘性を無視する限り、流体は南向きに流れなければならないことがわかる（図9(c)）。この南向きの流れは、大洋の西岸の狭い帯状の領域における速い北向きの流れによって補われ、定常な循環流が完成する。この狭い北向き流れ領域においては、コリオリ・パラメーターの増大による負の渦度の増加は、粘性による渦度散逸効果とつりあっている。

参考文献

（1） R. S. Lindzen: *Dynamics in atmospheric physics*, Cambridge Univ. Press (1990).

（2） H. Stommel: Trans. Amer. Geophys. Union, **99** (1948).

補注

＊1　回転系での物体の位置が変化するので、速度 v に垂直左の方向に大きさ $v\Omega$ の加速度が加わり、この方向の加速度の大きさは $2v\Omega$ となる。

8　スピンダウン

金魚すくい

子供の頃、縁日の夜店や地域のお祭りなどで金魚すくいやヨーヨー釣りをよく楽しんだ（図1）。大きなたらいの中を赤い金魚や黒い出目金が元気よく泳ぎ回っている。それを、針金でできた手の平ぐらいの大きさの丸い輪に薄い紙を張ったもので上手にすくいあげるのである。元気で大きいのが欲しいがあまり欲張ると紙が破けてしまうのでほどほどにしなければならない。「金魚すくいの紙に水が残らないように」とか、「縁の方に金魚を乗せろ」とか、後から無責任な忠告が聞こえる中で緊張して金魚を追う。やがて、紙が中ほどから破れ出すと、もう大きいのはあきらめて小さな

▲図１　金魚すくい
金魚の泳いでいるたらいの中央部には，紙くずや金魚のふんなどが沈んでいる．

金魚を狙うことになる。縁の方までぼろぼろになってくるともうおしまいである。

ところで、金魚すくいからちぎれて底に沈んだ紙くずや金魚のふんなどがたらいの中央に沈んでいるのに気づかれたであろうか。ヨーヨー釣りのたらいにも、ちぎれた紙くずが底の中ほどに集まっている。

店のおじさんがときどき水をかき回しているが、そのせいなのだろうか。実際、底に砂粒を少し沈めて、たらいの水を手で丸くかき回してみると、砂粒が中央に寄ってくる（図2）。遠心力のせいかな？　いや、遠心力なら重い紙くずや砂粒などは中心から離れ、むしろたらいの縁のところへ運ばれるはずではないか…。

これと同じような現象が、ティーカップの中でも見られる。おやつの時間、熱い紅茶にミルクと砂糖を入れてスプーンでかき混ぜる（図3(a)）。紅茶がカップの中をぐるぐる回転しているが、よく見るとポットからこぼれ出た小さな紅茶の葉のかけらが一緒に回っている。やがて回転の勢いが弱まり、一分もたつかたたないうちに回転は完全に停止する。紅茶はまだ熱くて飲めないくらいだ。ふと、カップの中をのぞくと、紅茶の葉が底の中央部に集まっている（図3(b)）。カップの底は中央部が多少低くなっているが、茶の葉をそこに引きつけるほどのものとは思われない。

この章では、容器の中で回転する流体の運動を考え、たらいの中の紙くずやカップの中のお茶の葉がなぜ容器の中央部に集まるかの謎に挑戦してみよう。

不思議な柱

まず、回転流体の面白い性質をひとつ紹介しよう。

水の入った円柱の容器を一定の角速度で回転すると、やがて水と容器が一体となって回転するようになる。容器とともに回転しながら見ると、水は静止している。これを「剛体回転」ということは前に述べた（第1、5章参照）。

▲図2　中央集中
たらいの水を丸くかき回すと，底に沈んだ砂粒が中央に集まる．

さて、中の流体が剛体回転している回転円柱の底で小さな物体を引きずってみると面白いことが起こる（図4(a)）[1]。この物体の通り道に当たる流体要素は物体に押しのけられて物体の側面を回り込むように流れる。これは当たり前である。しかし、奇妙なことに障害

(a)

(b)

▲図 3　紅茶の葉
(a) 紅茶をスプーンでかき回してしばらく待つと，(b) 茶がらがカップの底の中央部に集まってくる．

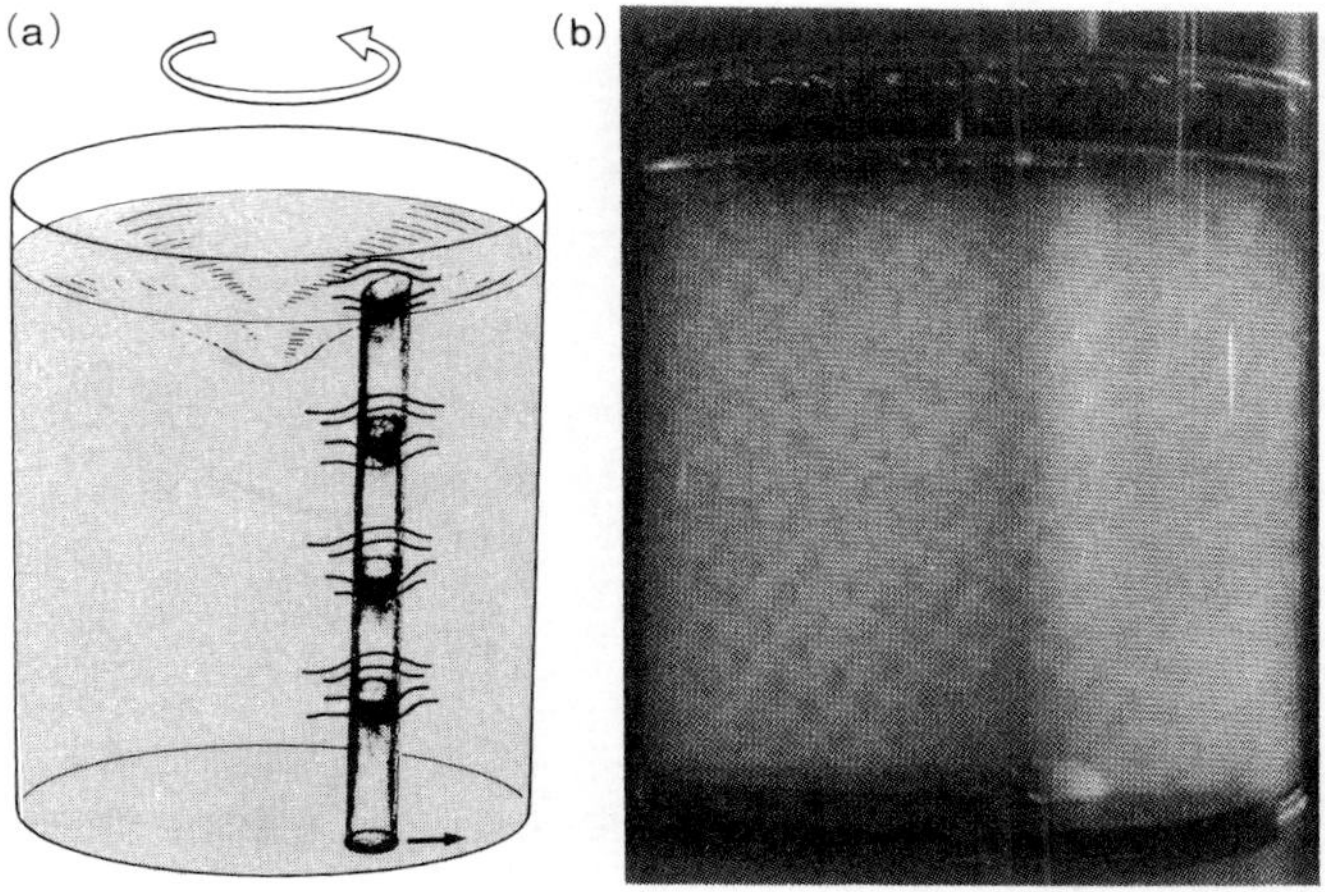

▲図4　テイラー-プラウドマンの柱
(a) 一定角速度で剛体回転している流体の中で，小さな物体をゆっくり引きずる．流体は物体自身ばかりでなく物体上方の仮想的な柱状部分をも避けて流れる．(b) 円柱水槽に水を満たし底に小さな物体を沈めておく．まず，水槽を一定角速度で回転し中の流体が剛体回転するまで待つ．次に，回転角速度をほんのわずか変化させると，水槽に相対的に弱い流れが生ずる．流体はやはり物体上方の柱状領域を避けて流れている[2]．

物のない物体上方の流体もまるで物体の上に固い柱が立っているかのように物体の上方を避けて流れるのである。この不思議な柱は「テイラー-プラウドマンの柱」という名で知られている。

テイラー-プラウドマンの柱をつくるうまい実験方法がある。円柱水槽に水を入れ、底に小さな物体を沈めアルミ粉を浮かべておく。これを一定の角速度で回転し、中の水が剛体回転するまで待つ。次に、水槽の回転角速度をほんの少し変化させてみる。水は慣性のため以前と同じ角速度で回転しようとするから水槽に相対的に弱い流れが生じる。図4(b)は、縦に切ったスリットを通して円柱の

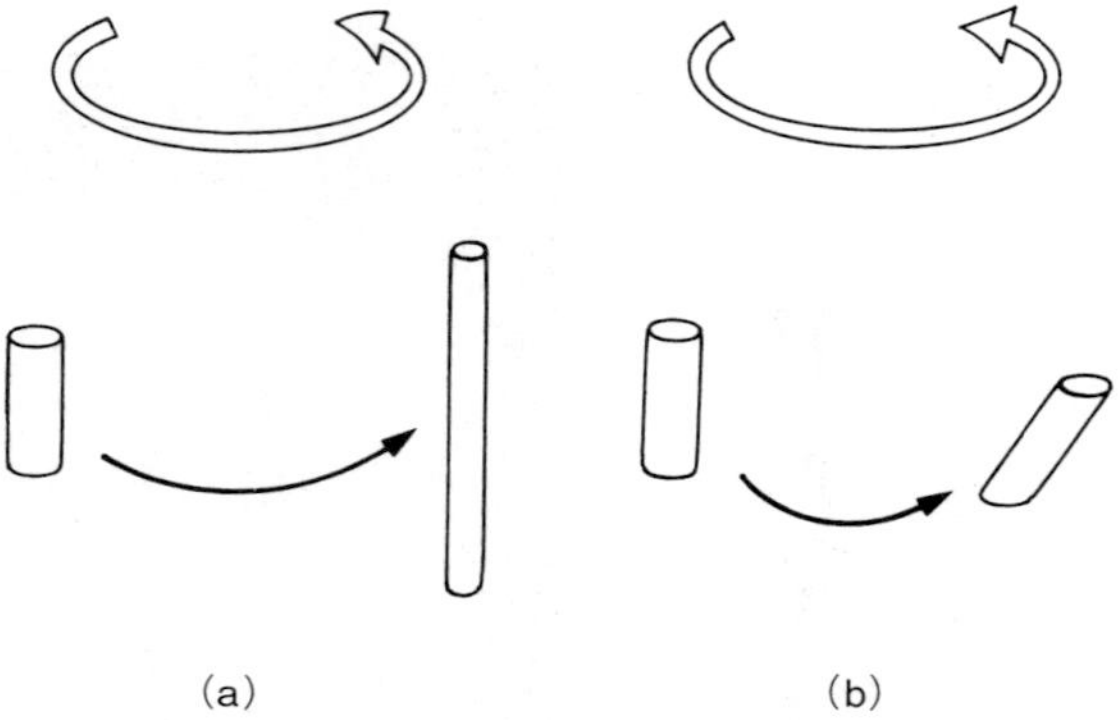

▲図5　テイラー-プラウドマンの定理
(a) 回転軸方向の速度成分が回転軸に沿って変化していると，渦度の強さが変わる．
(b) 回転軸に垂直な速度成分が回転軸に沿って変化していると，渦度の向きが変わる．

左から光を当て、水に浮かんだアルミ粉からの反射光を見たものである。物体上方にできているテイラー-プラウドマンの柱がきれいに映し出されている。[2]

回転流体は二次元が好き

この不思議な柱は、「ほとんど剛体回転している非粘性流体の定常な流れの場は回転軸方向には変化しない」という「テイラー-プラウドマンの定理」の現れである。

この定理は次のように理解することができる。ほとんど剛体回転している流体の流れの平均回転角速度をΩとする。剛体回転からのずれが小さいとすると、渦度は流れ場全体でほとんど一様に$1/2\Omega$である。いま、回転軸の方向に軸をもつ円筒形の流体要素をとるとこれは渦管になっている。第2章で述べたヘルムホルツの渦定理によれば、渦管は流体要素とともに運動し、渦管の伸びに比例して渦度が強くなる。いまの場合、もし速度の回転軸方向の成分が軸方向に変化していれば、渦管は流体要素の移動とともに伸縮し渦度強度が変わる（図5(a)）。また、もし軸に垂直な成分が軸方向に変化していれば、渦管は向きを変え、したがって渦度も方向が変わる（図5(b)）。このどちらの場合も、流れ場全体で渦度がほとんど一様であるという前提に矛盾する。したがって、流れ場が回転軸方向に変化することはなく、流れの構造は二次元的になっているというわけである。

図4のテイラー-プラウドマンの柱は、底の物体による流れの剛体回転からのわずかなずれが回転軸方向にそのままの形で伸びて形成されたものである。

たらいの底で

かき回したたらいの中の水はどのように運動するであろうか。前項で述べたテイラー-プラウドマンの定理によれば、流れは深さ方向には変化せず柱状に回転しようとする。しかし一方、たらいの底や側壁では流れは完全に静止していなければならない。この相容れない二つの要求は、実は底や側壁に速度が急激に変化する薄い境界層をつくることによって満たされるのである。たらいの底と側壁にできるこれらの境界層はそれぞれ「エクマン層」および「スチュワートソン層」とよばれている（図6(a)、(b)）。

境界層を除くたらいの中の大部分では水は二次元的に回転し、遠心力と圧力勾配がつりあった状態にある（図7(a)）。テイラー-プラウドマンの定理より、流れの構造は深さ方向にはほとんど変わらないから、このつりあいは底のエクマン層の縁まで成り立つ。薄い境界層の中では圧力はほとんど変化しないが、速度は底に近づくにつれて急激に小さくなる。その結果、圧力勾配が遠心力に比べて卓越し、たらいの中央に向かう流れを誘導する。底に沈んだ紙くずがたらいの中心部に集まって来るのはこのためである（図7(b)）。

スピンダウン

エクマン境界層内の流れは主としてたらい中心部へ向かっているが、鉛直上方へ向かう流れも存在する（図7(b)）。境界層から漏れ出た流体はたらいの側壁へ向かって流れる。境界層の外では粘

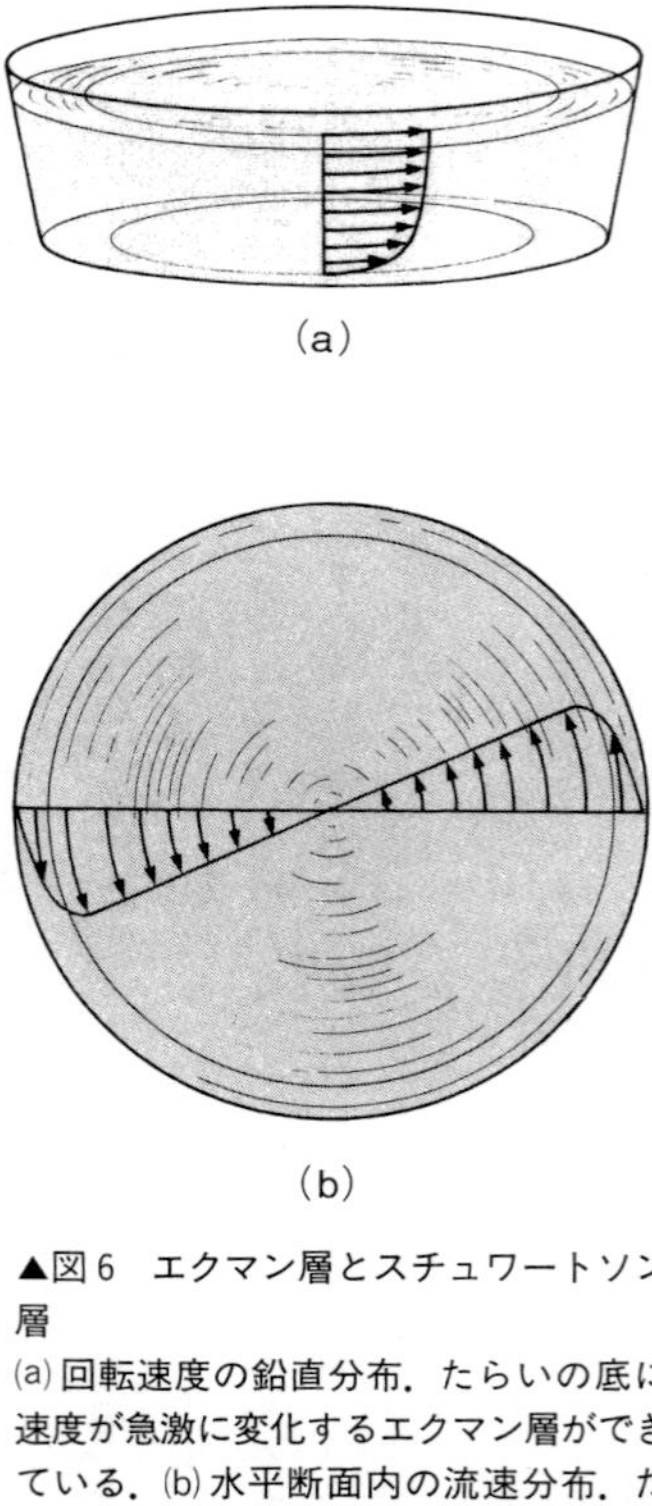

(a)

(b)

▲図6　エクマン層とスチュワートソン層

(a) 回転速度の鉛直分布．たらいの底に速度が急激に変化するエクマン層ができている．(b) 水平断面内の流速分布．たらいの側壁に速度が急激に変化するスチュワートソン層ができている．

性はあまり重要ではなく渦度は減衰しない。つまり、流体の角運動量は側壁のスチュワートソン層に到達するまではあまり減衰しない。しかし、スチュワートソン層に達するや否や速度が急激に小さくなり、流体要素は角運動量を失う。回転速度をなくした流体要素は、スチュワートソン層を下降し、エクマン層を通って再びたらいの中央付近から上昇する。この循環過程で流体の中心軸まわりの回転運動は急激に減少していく。これは「スピンダウン」とよばれる渦運動の減衰過程で、流れ場全体の回転運動がほぼ同時に減衰するのが特徴である。

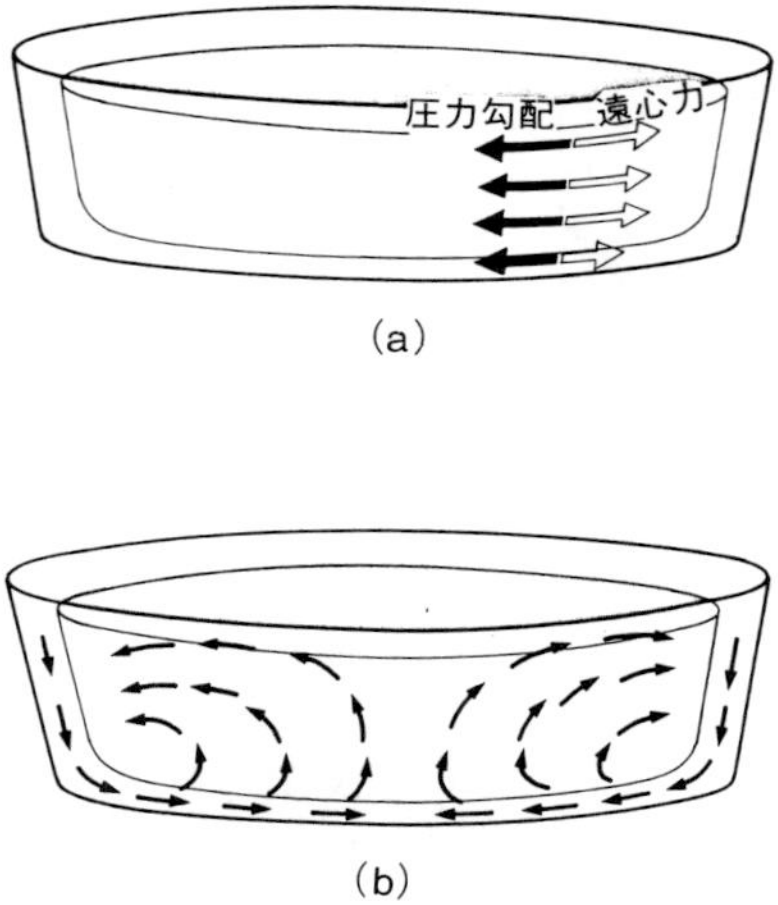

▲図7　スピンダウン
(a) 境界層の外側では，圧力勾配と遠心力がつりあっている．エクマン層内では流速の低下とともに遠心力が小さくなり，圧力勾配が遠心力より大きくなる．その結果，たらいの底に沿って中心へ向かう流れが生じる．(b) 中心を通る鉛直面内の流速分布．エクマン層内では底に沿って中心へ向かう流れが卓越しているが，鉛直上方へ向かう流れも同時に存在する．この層から上方へ漏れ出た流体はたらいの側壁へ向かって流れる．境界層の外では流体の中心まわりの角運動量はほとんど変化しないが，側壁のスチュワートソン層にぶつかるとそこで角運動量を失い，再びエクマン層に流れ込む．この過程が繰り返されて，流体の回転運動が減衰していく．

台風はどちら

コップやたらいの底で見られたエクマン層は自然界の流れの中に頻繁に登場し、大気や海洋におけるエネルギー輸送のダイナミックスに重要な役割を演じている[3]。

温帯低気圧など大規模な大気の運動では、ロスビー数が小さくコリオリ力が卓越し、上空では圧力勾配に垂直方向の流れが生ずる（第7章参照）。しかし、地表面近くでは粘性の影響により流速が遅くなり、コリオリ力が小さくなる。その結果、流れの圧力勾配からのねじ曲げられ方が小さくなる。この粘性が効く領域がエクマン層である。エクマン層の中では圧力勾配の方向は変わらない

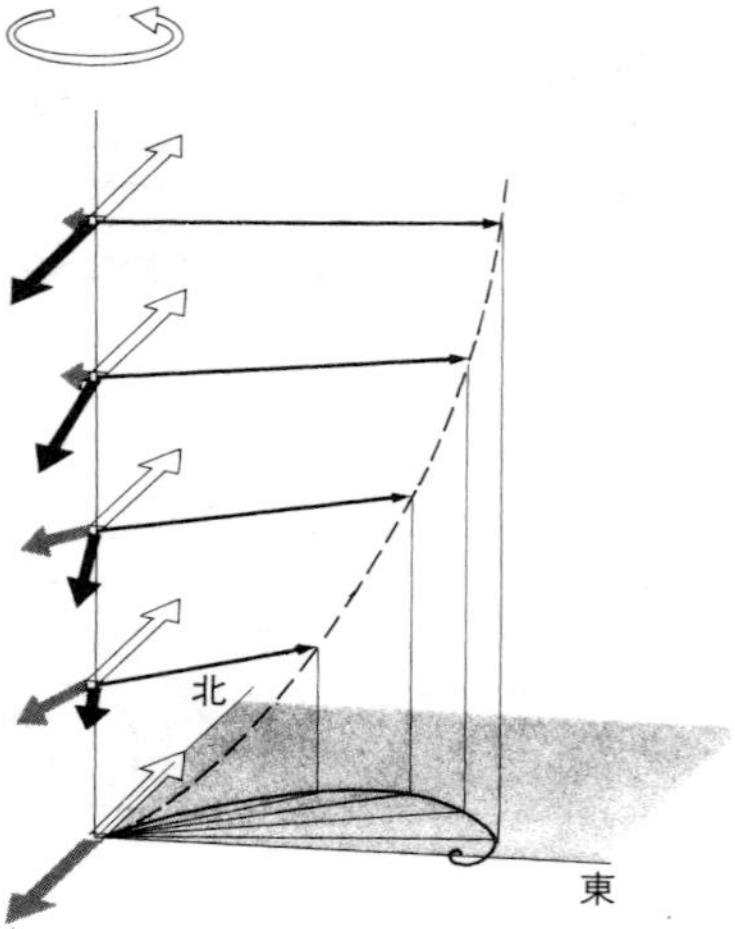

▲図 8　エクマン境界層
北半球におけるエクマン境界層中の風速ベクトル(⟶)，圧力勾配(⟹)，コリオリ力(━▶)および粘性力(━▶)の高度分布．風速ベクトルは上空では東向き，地上では北東に向いている．圧力勾配は北向きで高度によらない．コリオリ力は風速ベクトルに垂直である．各点で，圧力勾配，コリオリ力および粘性力の 3 つの力がつりあっている．

が、流速ベクトルは地表面に近づくに従い絶対値が小さくまたその方向が圧力勾配の方にねじれていく（図8）。詳しい解析によると、流れの向きは地表面で圧力勾配の方向から右に四五度の角度をなしている。

ところで、台風の居場所を知るのに、「風を背にして左前方に手を出してみる」という簡便な方法がある。図9からわかるように、手を出した方向に台風の中心がある。大気の場合、エクマン層の厚さは一キロメートル位であるから、われわれは確かにこの層の中にいるのである。

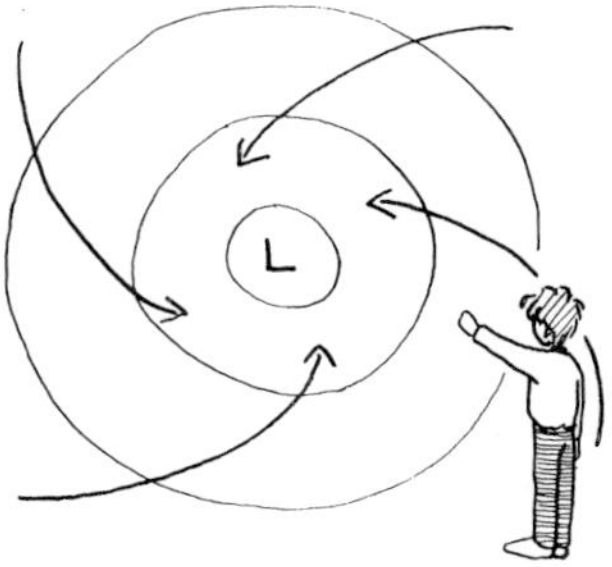

▲図9　台風の位置
北半球の低気圧のまわりに吹く風の向きは，地上では圧力勾配の方向から45度右にずれる．風を背にして立つと，斜め左前方に台風の中心がある．

参考文献

（1）G. I. Taylor : Proc. Roy. Soc. London, A **100**, 114（1921）.
（2）H. P. Greenspan : *The Theory of Rotating Fluids*, Cambridge Univ. Press（1968）.
（3）木村竜治：地球流体力学入門、東京堂出版（一九八三）。

9　形を変えない波

水の波

ぽつりぽつりと水たまりに雨が落ちている。水面では、大小さまざまの丸い輪が互いに重なり合いながら楽しそうに踊っている。ひとつひとつの輪はゆっくりと広がり、やがて消えていく。気まぐれな雨粒がでたらめな場所に輪をつくるので、水たまりの表面の模様はいつも新鮮で、この楽しい波紋の舞踏会はいつまで見ていてもあきることはない（図1(a)）。

静かな池に落ちた枯葉がやさしく広げる丸い波紋（図1(b)）、坂道の端の水路でよく見かける菱形の波模様（図1(c)）、川や海では風がつくる通常の波の他に船の通った跡にできる八の字形の波

▲図１　いろいろな水の波
(a) 波紋の乱舞，(b) 木の葉のつくる丸い波紋，(c) 水路に立つ菱形の波，(d)津波のうねり．

▲図2　海岸の波
遠浅の海岸に打ち寄せる波の峰は海岸線にほとんど平行である.

(これについては次章参照)や地震が引き起こす恐ろしい津波(図1(d))など、水の表面にはいろいろな波が立つ。これらの波の特性(波形や伝播速度)は水の深さと波の波長や振幅の大小によって大きく異なる。水の波は身近なものであるだけに古くから流体力学者によって詳しく調べられてきた。本章では、水の表面に立つ波のふるまいのいくつかを紹介しよう。

海岸の波

海岸に打ち寄せる波を見てこんなことに気づかれた方はいませんか。波頭が海岸線に沿うようにして岸に寄せて来るのである(図2)。なぜだかわかりますか？　実は、これは次に述べるように浅い水の波の伝播の性質を調べることによ

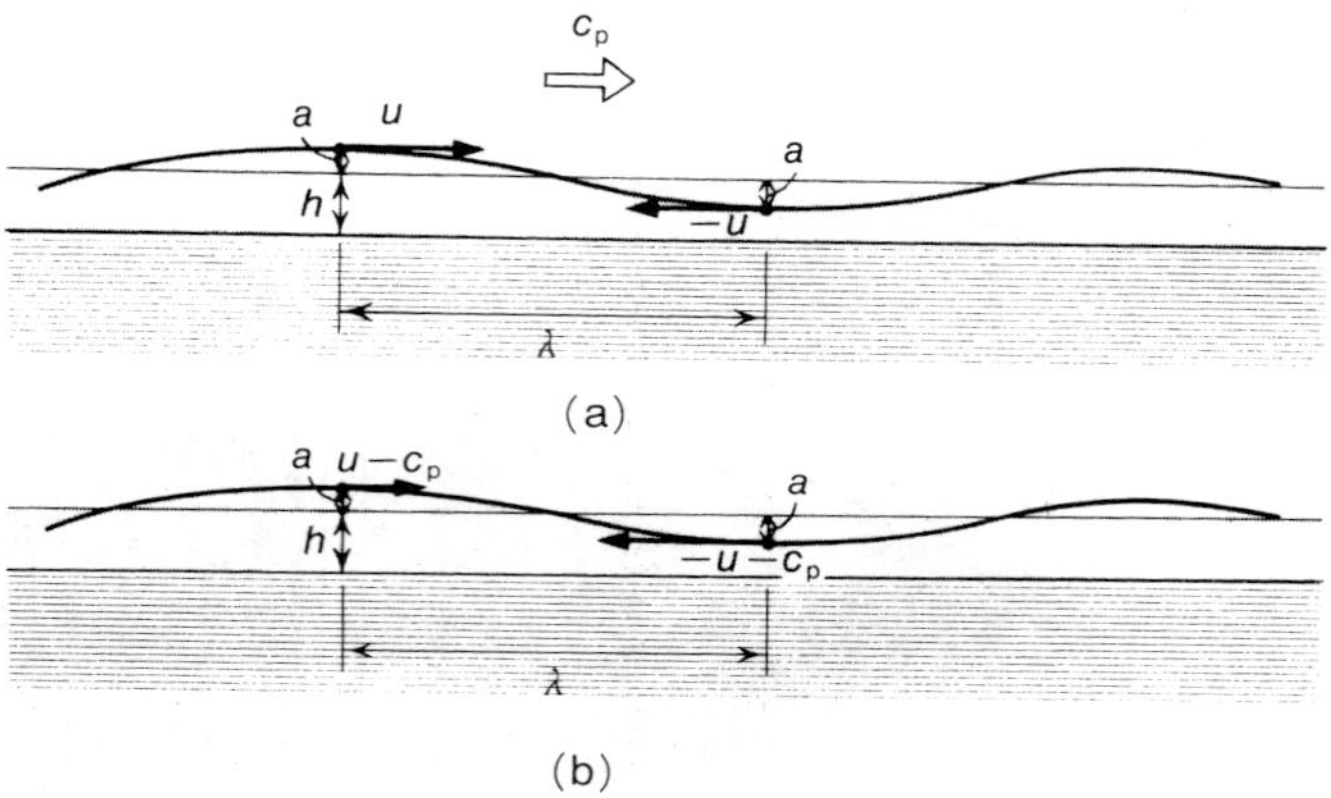

▲図3　浅い水の波

振幅 $2a$ が平均水深 h に比べてずっと小さく，また波長 λ がずっと長い波が水平な底の上の水面に立っている．(a) 静止座標系では，個々の流体要素は水平方向に往復運動をしているが，波は形を変えないで右方向に速度 c_p で移動している．波の山（谷）での流体要素の速度を u $(-u)$ とする．(b) 波に乗った座標系では，流体要素の速度は波の山では $u-c_p$，谷では $-u-c_p$ である．

って理解できるのである。

浅い水の波

平らな底の上に立っている波を考える(図3)。その波長は水深に比べてずっと長く、波の振幅は水深に比べてずっと小さいとしよう。すなわち、波の振幅を $2a$、平均水深を h、波長を λ として、これらの間に $a \ll h \ll \lambda$ の関係があるとする。このような波を「浅水波」という。

さて、波が形を変えないで伝わるとして、この波の伝播速度(「位相速度」ともいう) c_p を求めてみよう。水は縮まない完全流体、すなわち粘性がないとし、底はつるつる、また当面、表面張力は無視する。

このような状況では、水面近くの流体要素は図3(a)に示したようにほとんど水平に往復運動をする。波の山での流体要素の速度をu、また波の谷での速度を$-u$としよう。波とともに動く座標系では、波は止まって見える。つまり流れは定常である（図3(b)）。したがって、第3章で述べたベルヌーイの定理が使える。この波とともに動く座標系では、波の山と谷における流体要素の速度はそれぞれ$u-c_p$と$-u-c_p$で、水面での圧力はどこでも大気圧p_0に等しい。重力加速度をg、水の密度をρとすると、水面でのベルヌーイの式は

$$\frac{1}{2}\rho(u-c_p)^2+\rho g(h+a)+p_0=\frac{1}{2}\rho(u+c_p)^2+\rho g(h-a)+p_0 \tag{1}$$

と書ける（第3章の式(2)参照）。これを整理すると、

$$uc_p=ga \tag{2}$$

となる。

次に、水の上下運動は小さいとして無視し、また水平運動は深さ方向に同じ速度で運動するとすると、質量（あるいは流量）の保存則から

$$(u-c_p)(h+a)=-(u+c_p)(h-a) \tag{3}$$

が成り立ち、

$$uh=c_pa \tag{4}$$

の関係が得られる。

式(2)と式(4)からuとaを消去して波の伝播速度を求めると

$$c_p=\sqrt{gh} \tag{5}$$

となる。これが浅水波の伝播速度で、水深の平方根に比例し、振幅や波長の大小には依存しない。

太平洋を横切る津波は、海の深さに比べて波の波長がずっと長く、浅水波とみなすことができる。津波の波長を仮に一〇〇キロメートル、海の深さを四キロメートルとして、式(5)から伝播速度を見積もると秒速二〇〇メートルになる。ただし、重力加速度を $g=9.8\,\mathrm{m/s^2}$ とした。もし、チリで大地震が起きて津波が発生すると、一日足らず（約二一時間）で、一万五千キロメートル離れた日本にやって来る勘定になる。

波の湾曲

先に述べたように、遠浅の海岸では、波は海岸線に平行になるように打ち寄せて来る（図2）。このことは浅い波の伝播速度が水深が浅いほど小さい（式(5)参照）ことから理解できる。たとえば、図4(a)のように直線的な波が湾曲した海岸に打ち寄せて来たとしよう。この地形では水深は図の中央付近で深く、端では浅いので中央部分がより早く岸に近づき、波は海岸線に沿って湾曲することになる（図4(b)）。

以上の議論からわかるように、波の形が海岸線にそろうのは水深が海岸線に沿って徐々に浅くなっているからである。したがって、波打ち際でも水深がゼロにはならない切り立った海岸や防波堤などでは、図5のように海岸線と波頭の向きがそろわなくても不思議ではない。

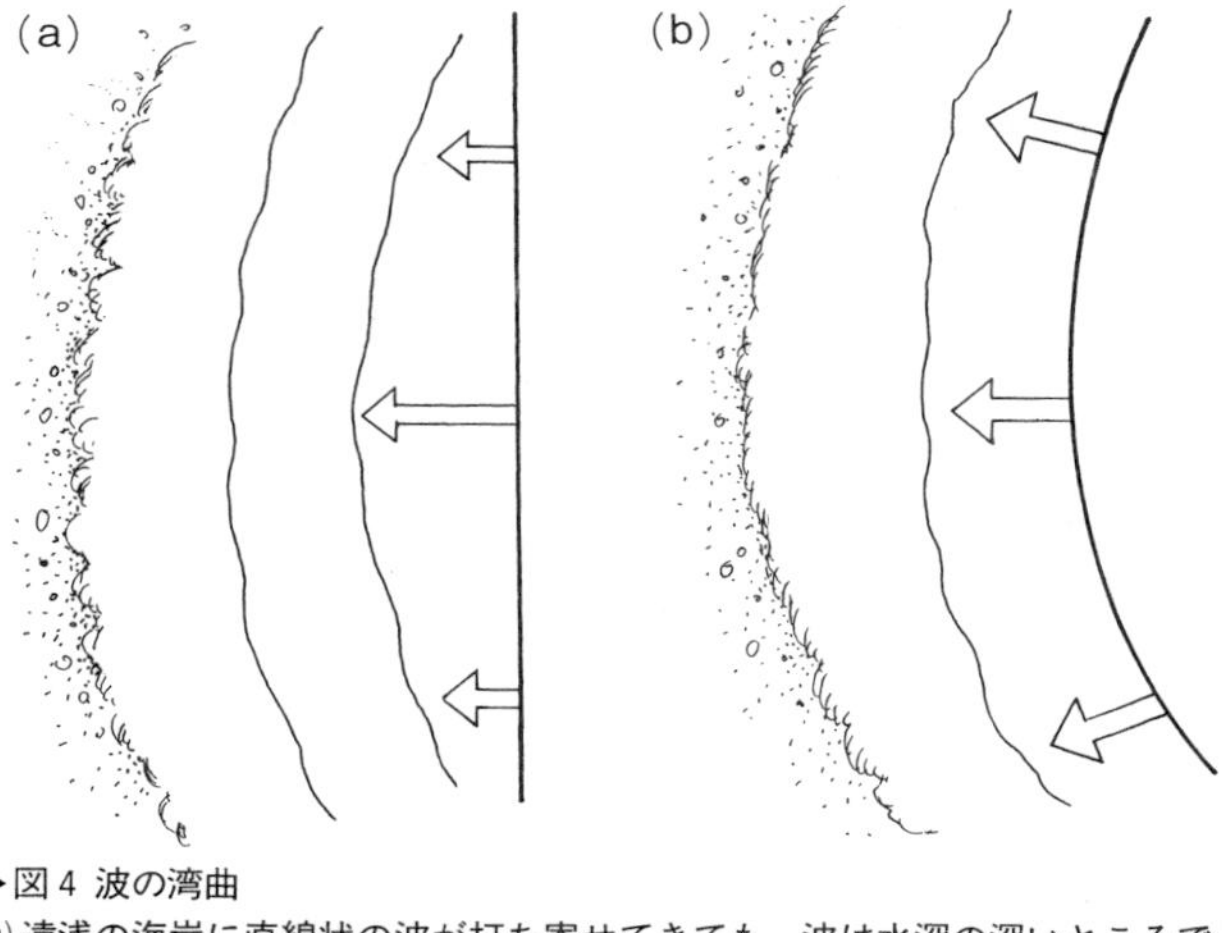

▶図 4 波の湾曲
(a) 遠浅の海岸に直線状の波が打ち寄せてきても，波は水深の深いところでより速く伝わるので，(b) 波頭は等深線に平行に，したがって海岸線に沿うようになる．矢印は波の速度，細い曲線は等深線を表す．

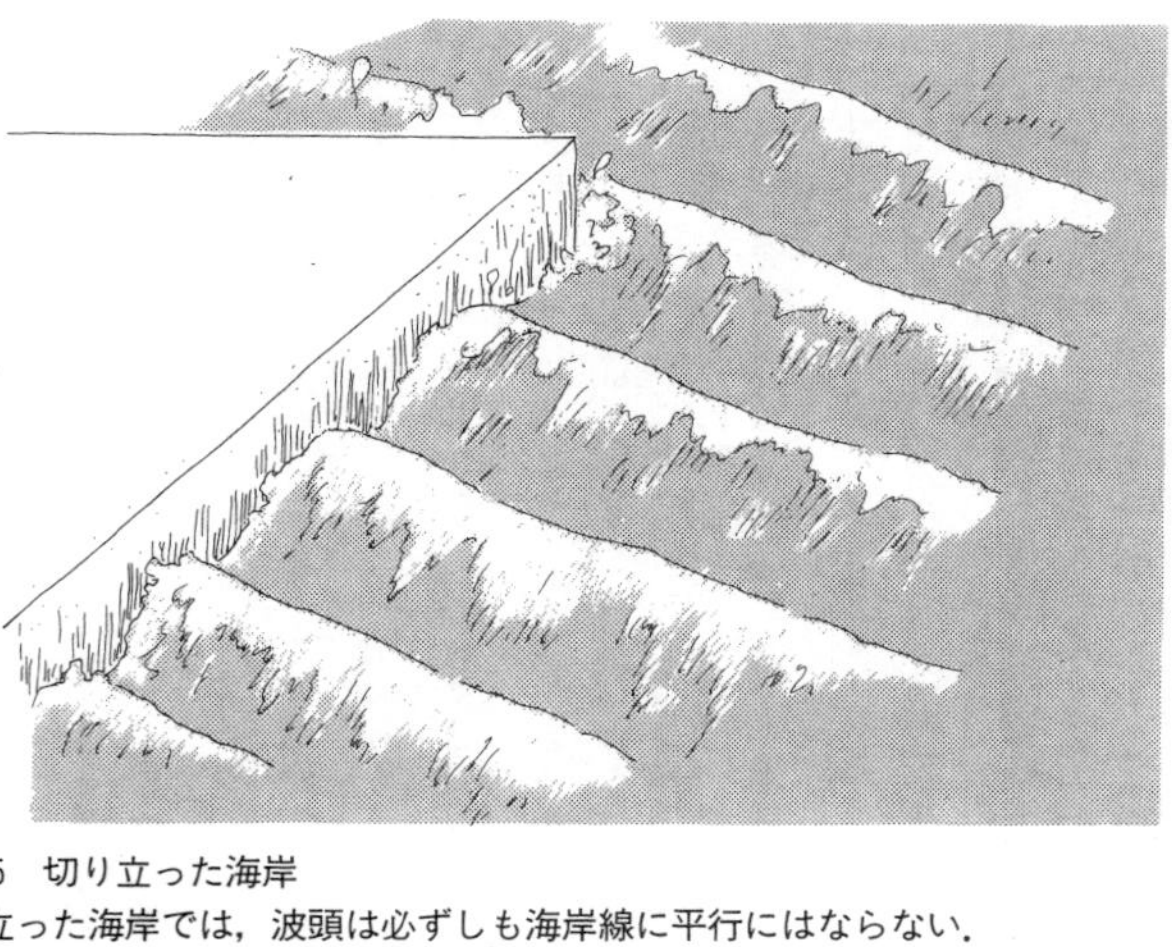

▲図 5　切り立った海岸
切り立った海岸では，波頭は必ずしも海岸線に平行にはならない．

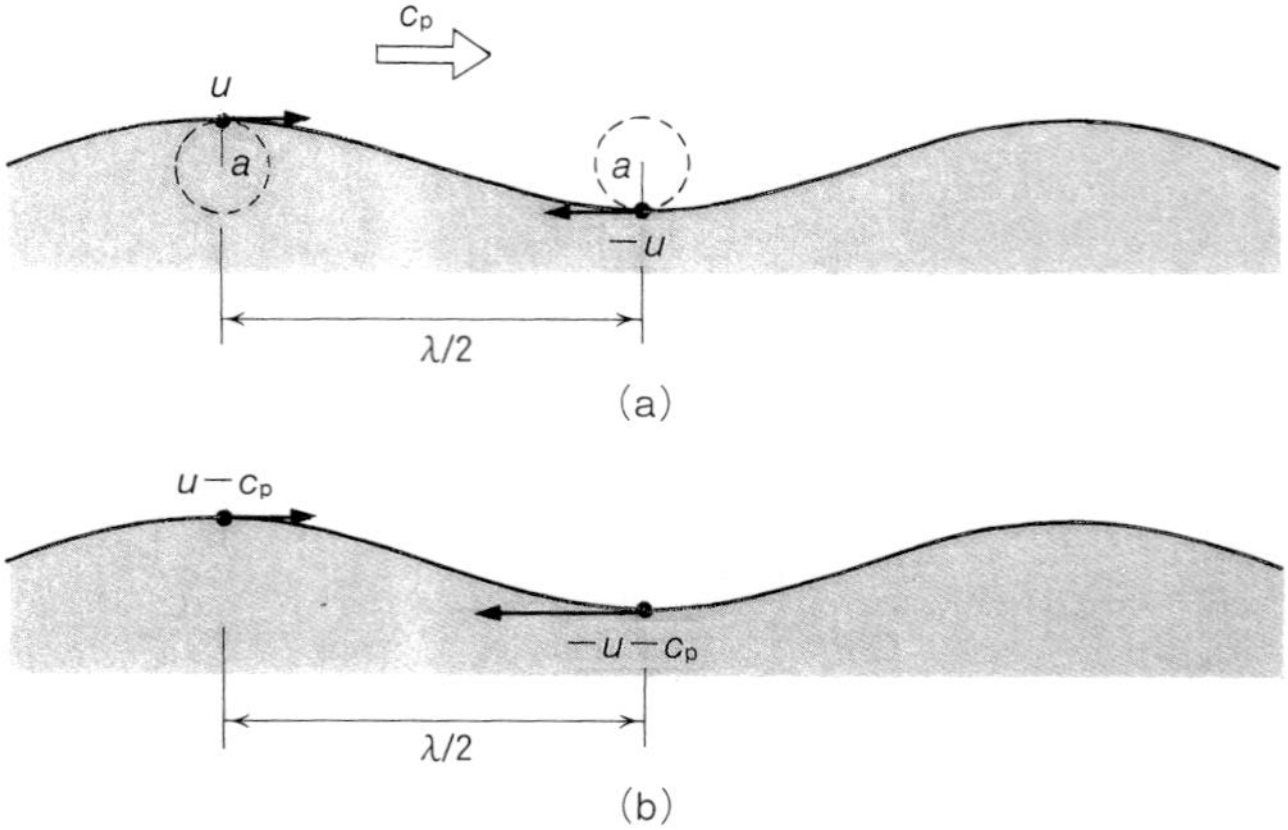

▲図6　深い水の波
波長 λ に比べてずっと深い水の表面に振幅 $2a(\ll\lambda)$ の波が立っている．(a) 静止座標系では，水面付近の流体要素は半径 a の円運動（回転速度を u とする）をしているが，波は形を変えないで右方向に速度 c_p で移動している．(b) 波に乗った座標系では，流体要素の速度は波の山では $u-c_p$，谷では $-u-c_p$ である．

深い水の波

水たまりや池に枯葉や雨粒が落ちてできる波紋、風や船によってつくられる海の波などは波長が水深に比べてずっと短い。このような波（「深水波」という）の伝播速度は前節で述べた浅い水の波とはまったく異なる。

先ほどと同様、ここでも波は形を変えずに一定速度 c_p で進行していると仮定して、その伝播速度を求めてみよう。波の振幅 $2a$ が波長 λ に比べて十分小さい（$a\ll\lambda$）場合には、水面近くの流体要素は半径 a の円軌道に近い運動をすることがわかっている（図6(a)[1,2]）。この円運動の周期を T とすると、流体要素の速さは $u=2\pi\cdot a/T$ と書ける。波長と波の伝播速度および周期の間には $\lambda=c_pT$ の関係があるので

$$u=\frac{2\pi a c_{\mathrm{p}}}{\lambda} \tag{6}$$

が成り立つ。

波とともに動く座標系では波は止まって見えるので、水面流線に沿ってのベルヌーイの関係(1)がやはり成り立つ。式(1)と式(6)からuとaを消去して

$$c_{\mathrm{p}}=\sqrt{\frac{g\lambda}{2\pi}} \tag{7}$$

を得る。これが深水波の伝播速度で、やはり波の振幅にはよらないが、浅水波とは異なり波長の長い波ほど速く伝わることを示している。

有限の深さの水の波

波長と水深が極端には異なっていない場合の微小振幅の波の伝播速度は、流体の運動方程式をきちんと解くことによって得られ、

$$c_{\mathrm{p}}=\sqrt{\frac{g\lambda}{2\pi}\tanh\frac{2\pi h}{\lambda}} \tag{8}$$

となることが知られている。[1],[2] この伝播速度の波長による変化と水深による変化をそれぞれ図7(a)、(b)に示した。これらの図からわかるように、水深が同じであれば長波長の波ほど、また波長が同じであれば水深が深いほど波は速く進む。波長が水深に比べて短いとき（$\lambda \ll h$）には深い水の波の伝

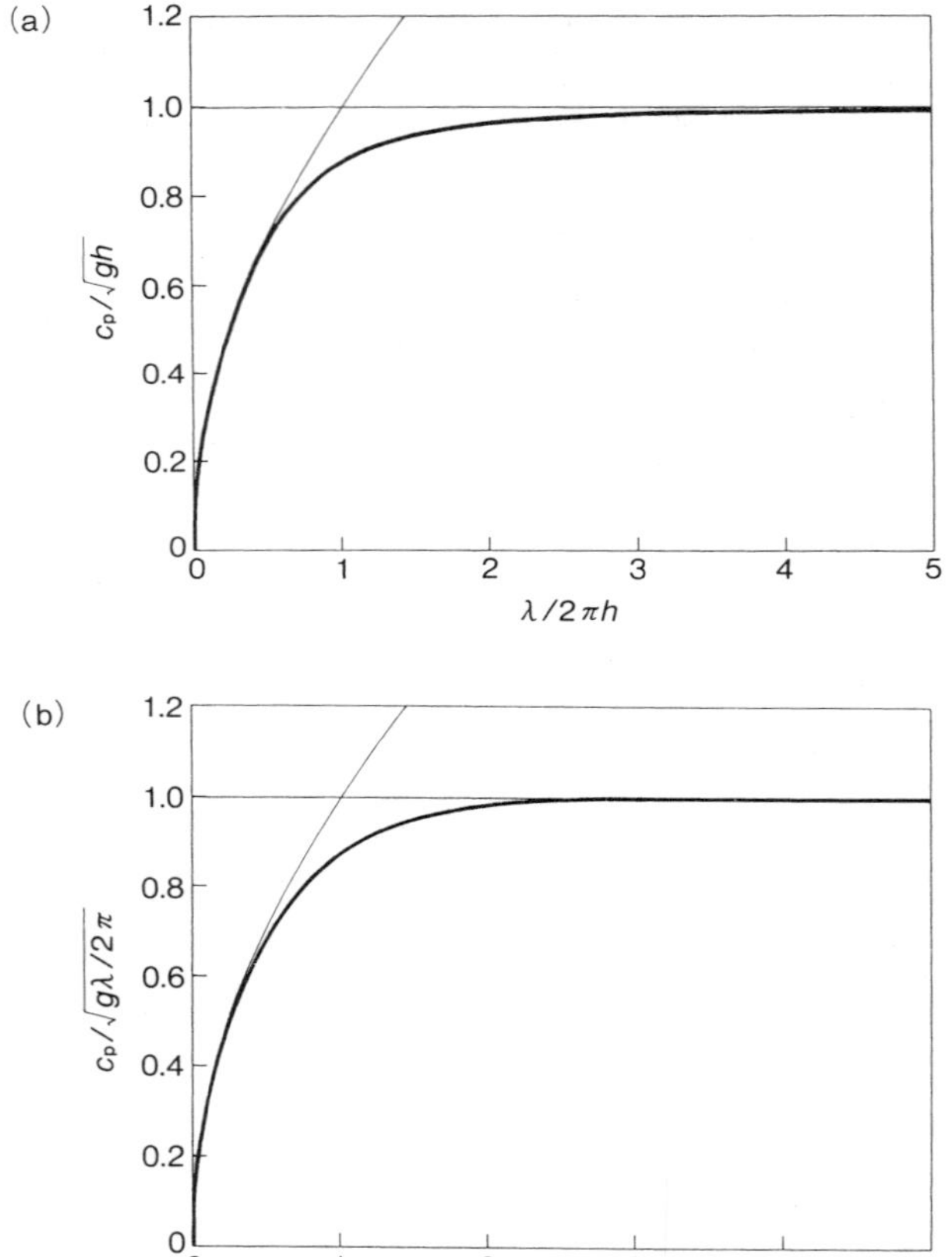

▲図 7　重力波の位相速度

表面張力を無視した微小振幅の水面波の位相速度 c_p は $c_p=\sqrt{(g\lambda/2\pi)\tanh(2\pi h/\lambda)}$ で与えられる．ここに，λ は波長，hは水深，g は重力加速度である．(a) 水深が同じであれば長波長の波ほど速く伝わる．(b) 波長が同じであれば水深が深いほど速く伝わる．

播速度（7）に、また波長が水深に比べて長いとき（$\lambda \gg h$）には浅い水の波の伝播速度（5）にそれぞれ一致する。

表面張力波

波長が極端に短くなると表面張力が無視できなくなる。水面の単位長さ当りの表面張力をγ、水面の曲率半径をrとすれば、水面の圧力は、波の山のように水面が上に凸になっているところでは大気圧よりγ/rだけ高く、逆に波の谷のところではこの分だけ低い。水面の形を振幅$2a$、波長λの正弦曲線とすれば（これは振幅が小さい場合には厳密に示せる）、波の山と谷における曲率半径は$\lambda/4\pi^2 a$となるので、水面におけるベルヌーイの式は

$$\frac{1}{2}\rho(u-c_{\mathrm{p}})^2+\rho g(h+a)+p_0+\frac{4\pi^2 a\gamma}{\lambda^2}=\frac{1}{2}\rho(u+c_{\mathrm{p}})^2+\rho g(h-a)+p_0-\frac{4\pi^2 a\gamma}{\lambda^2} \qquad (9)$$

で、これを整理すると

$$uc_{\mathrm{p}}=ga+\frac{4\pi^2 a\gamma}{\lambda^2\rho} \qquad (10)$$

となる。
これに、深水波の場合の関係式（6）を代入すると伝播速度として

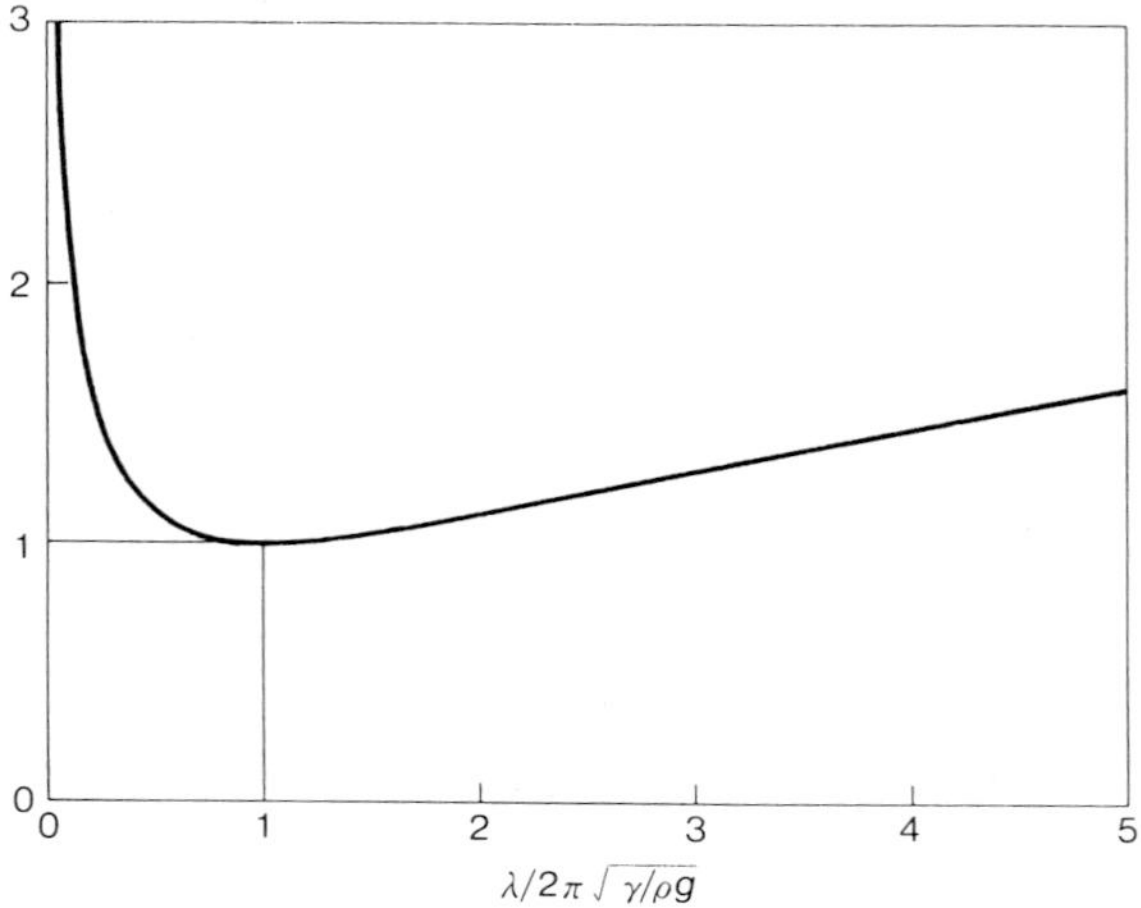

▲図8　表面張力-重力波の位相速度

表面張力と重力が共に効いている微小振幅の深水波の位相速度 c_p は，$c_p=\sqrt{g\lambda/2\pi+2\pi\lambda/\lambda\rho}$ で与えられる．ここに，λ は波長，ρ は流体の密度，γ は表面張力係数，g は重力加速度である．

$$c_p=\sqrt{\frac{g\lambda}{2\pi}+\frac{2\pi\gamma}{\lambda\rho}} \qquad (11)$$

が得られる。この波の伝播速度と波長の関係を図8に示した。この図からわかるように、伝播速度は波長が臨界波長 $\lambda_m=2\pi\sqrt{\gamma/\rho g}$ に等しいとき、最小値 $c_m=(4g\gamma/\rho)^{1/4}$ をとる。つまり、この最小速度より遅い波は存在し得ないのである。波長が臨界波長より短いとき（$\lambda<\lambda_m$）には表面張力が卓越し、逆にそれより長いとき（$\lambda>\lambda_m$）には重力が卓越するので、前者を「表面張力波」、後者を「重力波」とよぶ。

水の波の場合、$\rho=1\,g/cm^3$，$\gamma=73$ dyn/cm であるから、重力加速度 $g=980\,cm/sec^2$ を考慮して、$c_m=23$ cm/sec，$\lambda_m=1.7$ cm となる。すなわち、水の波は 23 cm/sec より遅く伝わることは

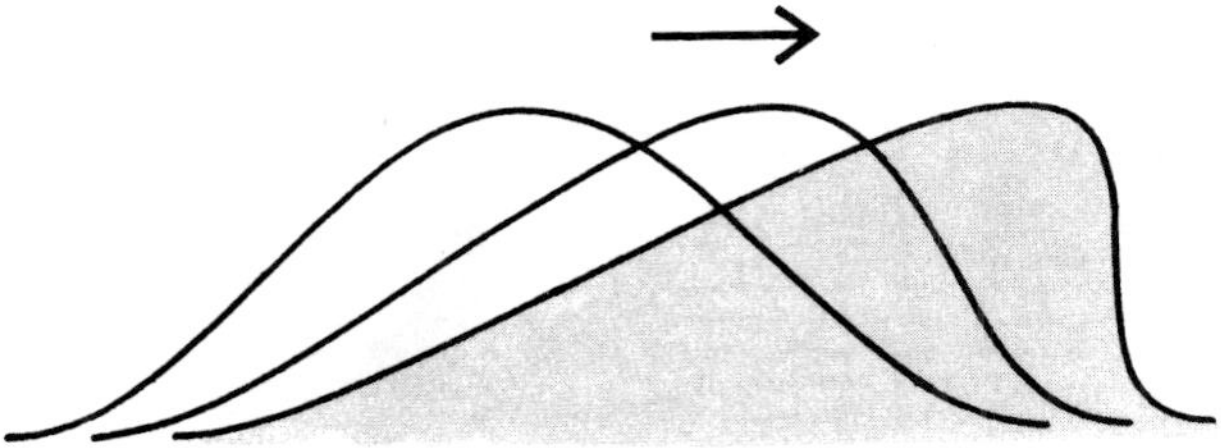

▲図９　波の突っ立ち
波の高いところは低いところより速く進むので，波は突っ立ってくる．

ない。

振幅の大きな波

これまで考えてきたのは振幅の小さな波であった。振幅の小さな極限では、波の伝播速度は振幅によらないので波はその形を変えないで伝播する。しかし、波の振幅が少し大きくなると波の形は一般に変形する。波の振幅が大きくなると波の盛り上がったところは水深が実質的に深くなったものとみなすことができる。波の伝播速度は深さとともに大きくなるので（図７(b)）、波の盛り上がった部分は他の部分より速く進み、下がった部分は遅く進む（「有限振幅効果」）。これは、振幅が大きくなると波が突っ立つ傾向にあることを示唆する（図９）。

一方、波の突っ立ちの激しい部分は他と比べて波長が部分的に短くなったと考えることができる。短い波長の波ほど伝播速度が遅くなり（図７(a)）、波の突っ立ちを抑えるようにはたらく（「分散効果」）。

実際には、水の波の盛り上がった部分で波の伝播速度に対する有限振幅効果と分散効果がつりあって、振幅の大きな隆起波が壊れな

▲図 10　水路のソリトン
1834 年の夏，イギリスのスコット・ラッセルは，急停止した舟の頭から飛び出した水面の大きな盛り上がりが，ほとんど形を変えずまたほとんど減速もせず水路をどんどん進んでいくのを発見し，それを馬で数キロメートルにわたって追いかけた．

いで伝わることができる。

スコット・ラッセルの大発見

一八三四年の夏、イギリスの造船技術者であったスコット・ラッセルはある狭い水路で二頭の馬で引かれている小舟の運動を観測していた。舟を急に止めると、船首のあたりに水面の丸い大きな盛り上がりができ、それが舟から離れて前方に動いていった。それは幅約一〇メートル、高さ三〇〜四〇センチメートルの盛り上がりで、時速一三〜一四キロメートルの速さでほとんど形を変えず、またほとんど減速することなくどんどんと先へ進んでいった。彼はそれを馬で追いかけ、わくわくしながら波の形を注意深く観察した（図10）。その盛り上がりは次第に低くなり、やがて二〜三キロメートルも走った所で水面の波の中に消えていった。スコット・ラッセルのこの隆起水面波の観測は、その後の有限振幅波の研究の先駆けとなった歴史的な大発見であった。

KdV方程式

スコット・ラッセルの隆起水面波の発見に刺激されて、コルトヴェークとド・フリースは有限振幅の浅水波の波高を記述する方程式を導出した。[(2),(3)] 平均水深をh、時間をt、水平座標をx、平均水面から測った波高を$\eta h/9$とすると、波高の時間発展は、無限小振幅の浅水波の伝播速度$\sqrt{gh}$で動く座標系$\xi=(x-\sqrt{gh}\,t)/h$で

$$\frac{\partial\eta}{\partial\tau}+\eta\frac{\partial\eta}{\partial\xi}+\frac{\partial^3\eta}{\partial\xi^3}=0 \qquad (12)$$

と表される。ここに、$\tau=t\sqrt{g/h}/6$である。これを「KdV方程式」という。

スコット・ラッセルの観測した隆起波はKdV方程式の定常進行波解

$$\eta(\xi,\tau)=a\,\mathrm{sech}^2\left[\sqrt{\frac{a}{12}}\left(\xi-\frac{a}{3}\tau\right)\right] \qquad (13)$$

に対応している(図11)。$(\xi,\ \tau)$座標でのこの波の伝播速度は$a/3$で、振幅に比例して大きくなる。ただし、いまは速度$\sqrt{gh}$で動く座標系で見ているので、もとの静止系に戻るとこの波は$[1+(1/18)a]\sqrt{gh}$の速さで動いていることになる。いずれにしても、背高のっぽの波ほど伝播速度が速い。

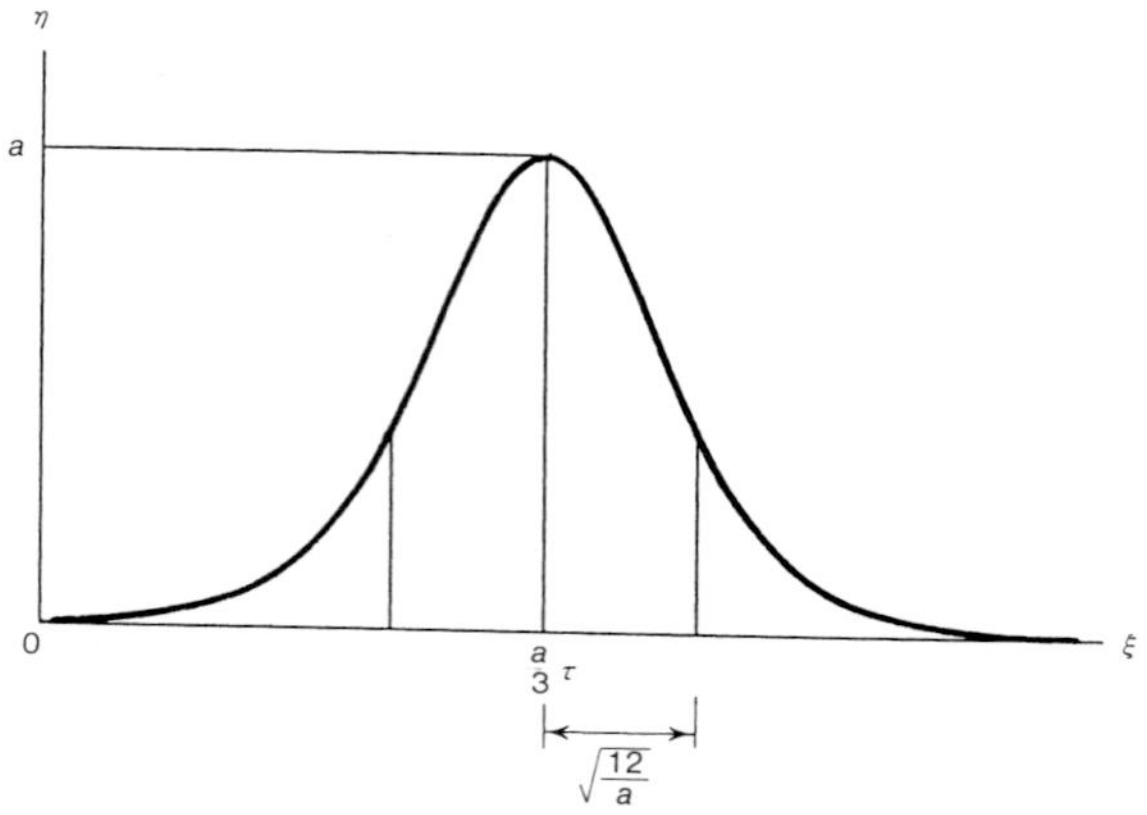

▲図 11　KdV ソリトン
KdV 方程式の定常進行波解，$\eta(\xi,\tau)=a\,\mathrm{sech}^2[\sqrt{a/12}(\xi-(1/3)a\tau)]$ である．

ソリトン

KdV方程式の孤立波(13)は次のような驚くべき性質をもっている。高さの異なる孤立波が二つ、図12(a)のように離れて生じていたとしよう。これらの孤立波は初めはそれぞれ独立に一定の速度で右に進む。左側の孤立波の方が背が高く速く進むのでやがて右の孤立波に追いついてきて衝突する(図12(e))。

果たして衝突して壊れるか？ と思いきや、やがて背の高い孤立波が初めの姿のまま低い孤立波の右手に現れるのである(図12(i))。低い孤立波ももとの姿を回復する。孤立波の位置はそれぞれ単独に一定速度で進行していたとしたときの軌道と比較すると少々ずれているが、2つの孤立波は互いに無傷ですり抜けるの

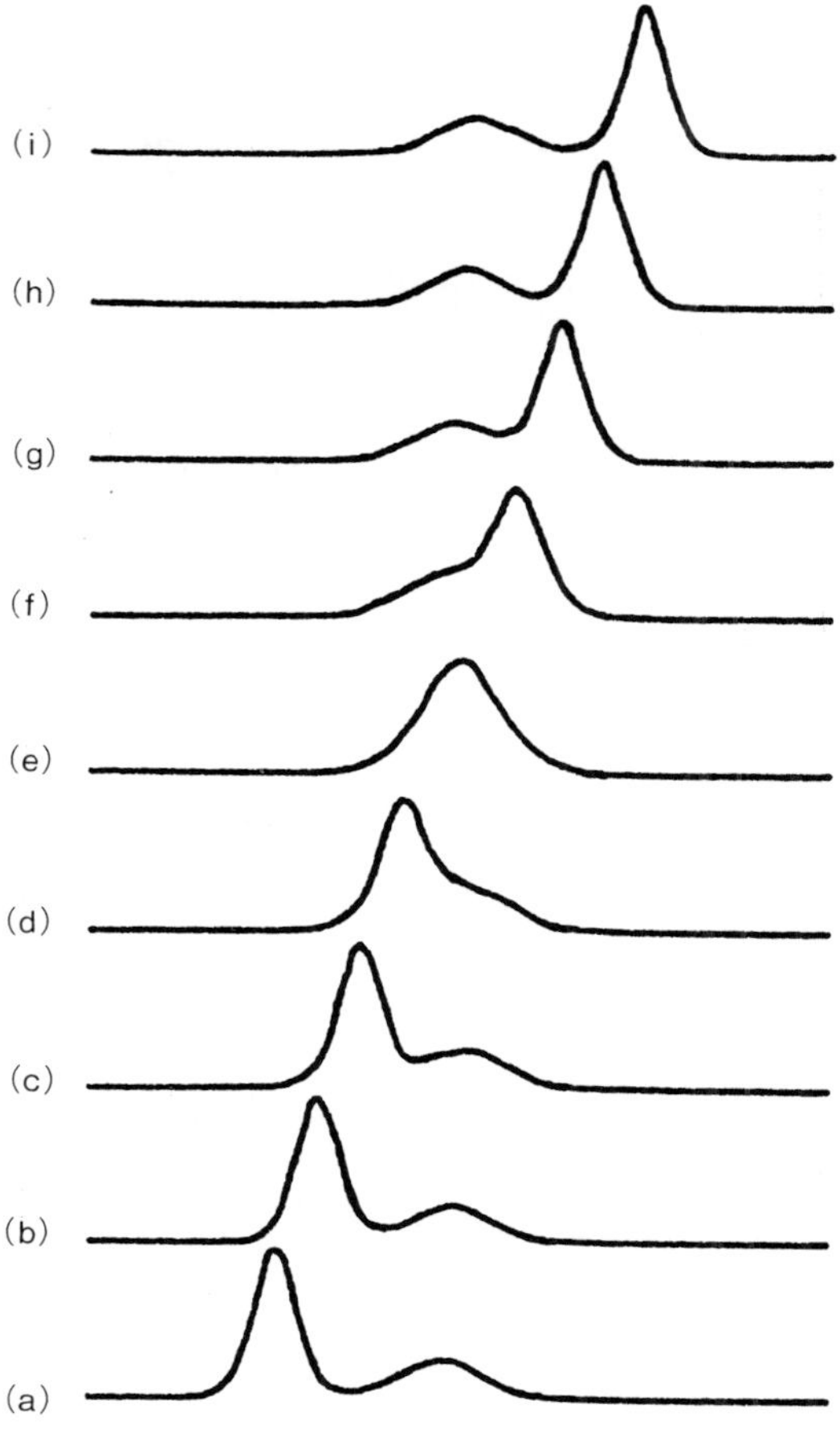

▲図 12　ソリトンの衝突
背の高いソリトンが背の低いソリトンを左から追いかけ ((a)→(d))，ぶつかり ((e))，やがて追い抜いていく ((f)→(i))．2 つのソリトンの形は衝突後も変わらない．

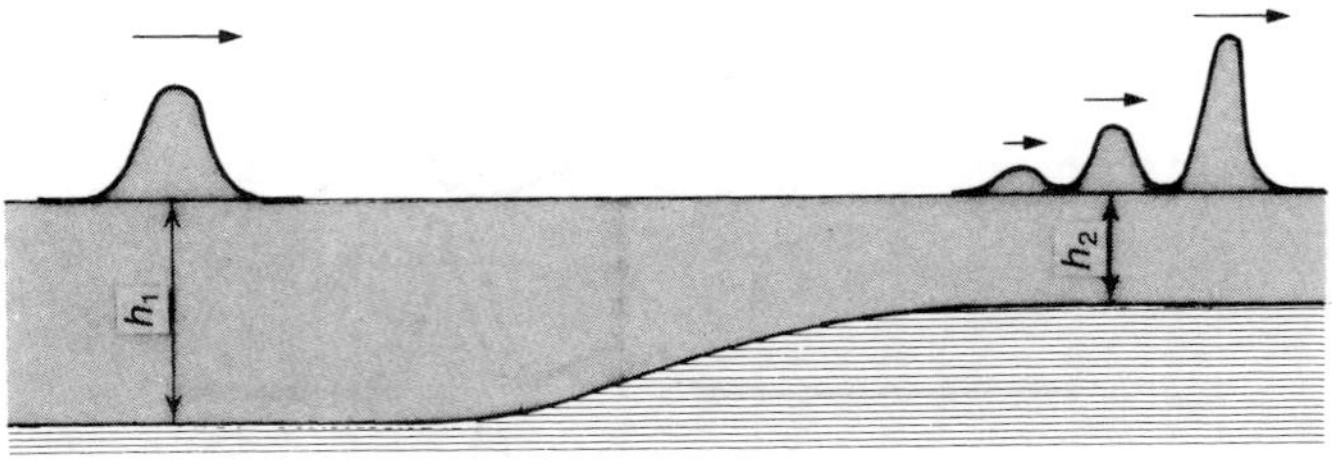

▲図 13　ソリトンの分裂
深さ h_1 のところに発生したソリトンが，異なった深さ h_2 の領域に入ってくると，一般に，いくつかのソリトンと小さなさざ波に分裂する．$(1/2)p(p+1)=(h_1/h_2)^{9/4}$ とおいたとき，p が整数であれば p 個のソリトンに分裂し，p が非整数であればさざ波も現れる．

である。このようにこの孤立波は衝突してもその個性をしっかりと保っている。このような粒子的な性質をもっているのでこの孤立波は「ソリトン」と名づけられた[4]。

ソリトンの分裂

KdV方程式の定常進行波解（ソリトン）と形は同じであるが振幅の異なる波形

$$\eta(\xi, 0)=6p(p+1)\operatorname{sech}^2\xi \qquad (14)$$

(式(13)で a を12とおけばわかるように、これは p が1のときは定常進行波になっている）から出発すると波形は一般に大きく変化する。この場合、p が非整数で $N>p>N-1$（N は整数）の範囲にあるとすると時間の経過とともに N 個のソリトンと小さなさざ波にわかれるが、p が整数（$=N$）のときは N 個のソリトンのみに分裂することが知られている[5]。

この結果は、一定水深（h_1）の領域が（水深がゆっくり変化して）別の一定水深（h_2）の領域とつながっている図13のような場合のソリトンの分裂の問題に直ちに応用される。水深h_1の領域に発生したソリトンが水深h_2の領域に向かって進んでいるとする。途中、水深がゆっくり変化する領域で徐々にその形を変えながら水深h_2の領域に入って来る。詳しい解析によると、p $(p+1)/2=(h_1/h_2)^{9/4}$ を満たすpの値がわかれば上の議論がそのまま使えて何個のソリトンに分裂するかを知ることができる[6]。図13には、3つのソリトンに分裂する場合が描いてある。

参考文献

(1) 佐々木達治郎：完全流体の流体力学、現代工学社（一九七六）。
(2) 川原琢治、森岡茂樹編：流体における波動、朝倉書店（一九八九）。
(3) D. J. Korteweg, de Vries : Phil. Mag., **39**, 422 (1895).
(4) N. J. Zabusky, Kruskal : Phys. Rev. Lett., **15**, 240 (1965).
(5) N. J. Zabusky : Phys. Rev., **168**, 124 (1968).
(6) H. Ono : J. Phys. Soc. Japan, **32**,332 (1972).

10　船がつくる波

面白い波の形

川や海を航行する船は背後に図1に見えるようなハの字形に広がる波をつくる。観光船やモーターボートに乗って後方を眺めると、確かに末広がりの波を見ることができる。大きな湾にかかった陸橋や小高い丘があれば、船のつくる波の全貌がよくわかる。読者の中には、ハの字形の波が船首を頂点とする頂角四〇度ほどのくさび形の内部だけに立っていることに興味をもたれる方があるかも知れない。

小さな水の波は、お風呂の中でも容易に観察することができる。人さし指を水面から少し出し

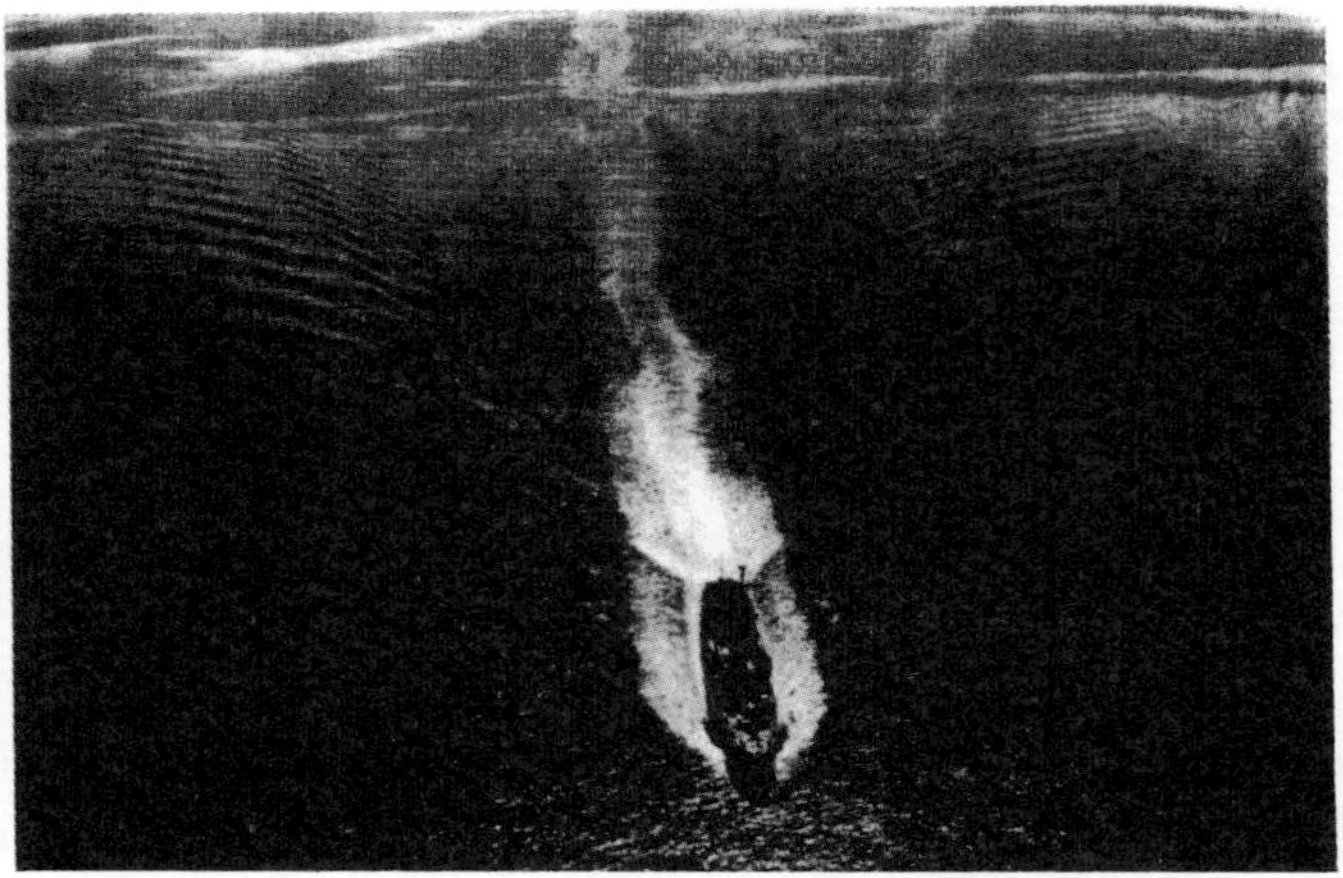

▲図1　船の波
左右にハの字形に広がる波の他に，振幅は小さいが船の進行方向に垂直な横波が見える．これらの波は船首を頂点とする頂角約40度のくさび形の内部にのみ現れる[1]．

て、ゆっくり横に動かしてみよう。指の前方の水面がわずかに波打ち、放物形のきれいな模様ができる（図2(a)）。水面の盛り上がりの間隔は、わずか数ミリメートルの短いものである。図2(b)は、鉛直に立てた縫い針の先を水につけ、水平方向に一定の速度で引っ張った実験である。針は左の方へ動いている。針の前方に放物形の波がいくつか並んでいるのが見える。

本章では、このような形の水の波がどのようにしてできるか、その仕組みを考察してみよう。

波の伝わる速度

第9章では水の波の伝播について述べた。そこで考えたのは波の形が変わらず、波の伝播速度が明確に定義される場合であった。異なった時刻における波の位置をきちんと対応

(a)

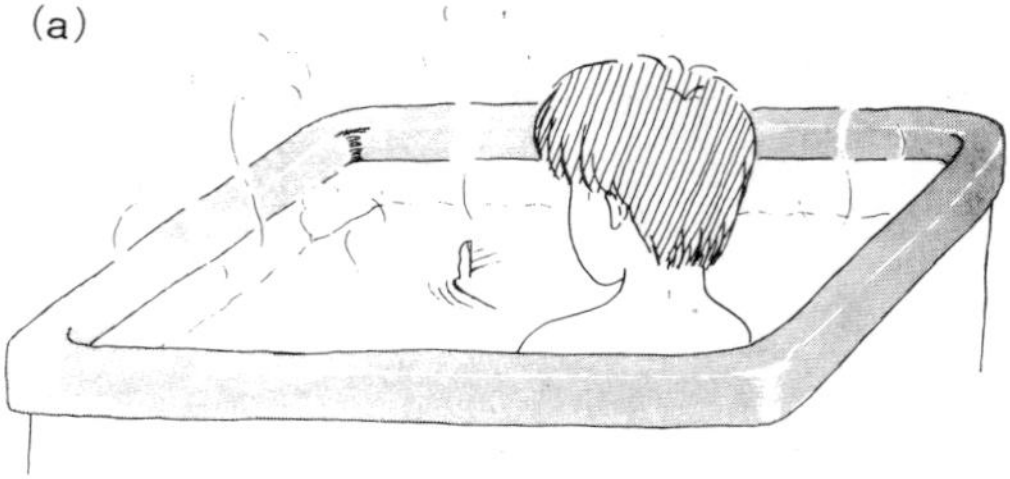

(b)

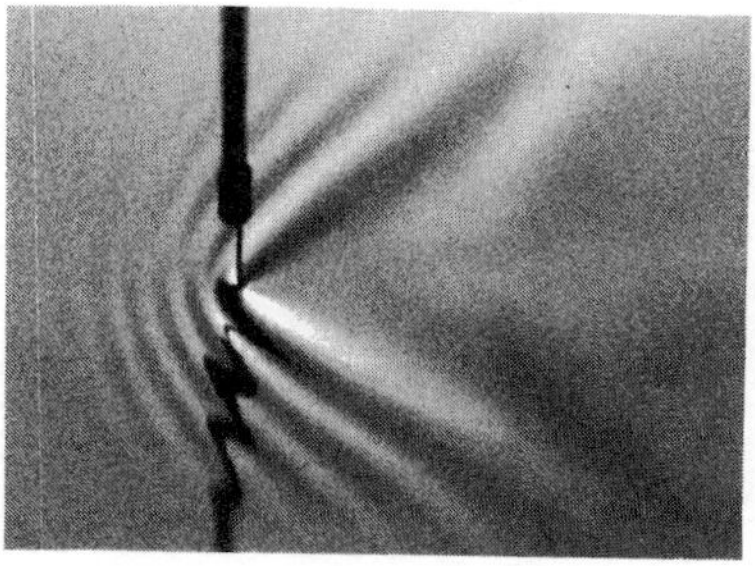

▲図 2　小さな波
(a) 人さし指を水面から少し出して静かに横に動かすと，進行方向前方に放物形の波が立つ．(b) 針の先を水に少し沈めて静かに横に引っ張ると，針の前方に放物形の波が立つ．針につながった波は直線状をしている．直径 0.5 ミリメートルの針が秒速 30 センチメートルで左方へ移動している．放物形の波の間隔は 5〜6 ミリメートルである．側方斜め 45 度から撮影（種子田定俊氏のご好意による）．

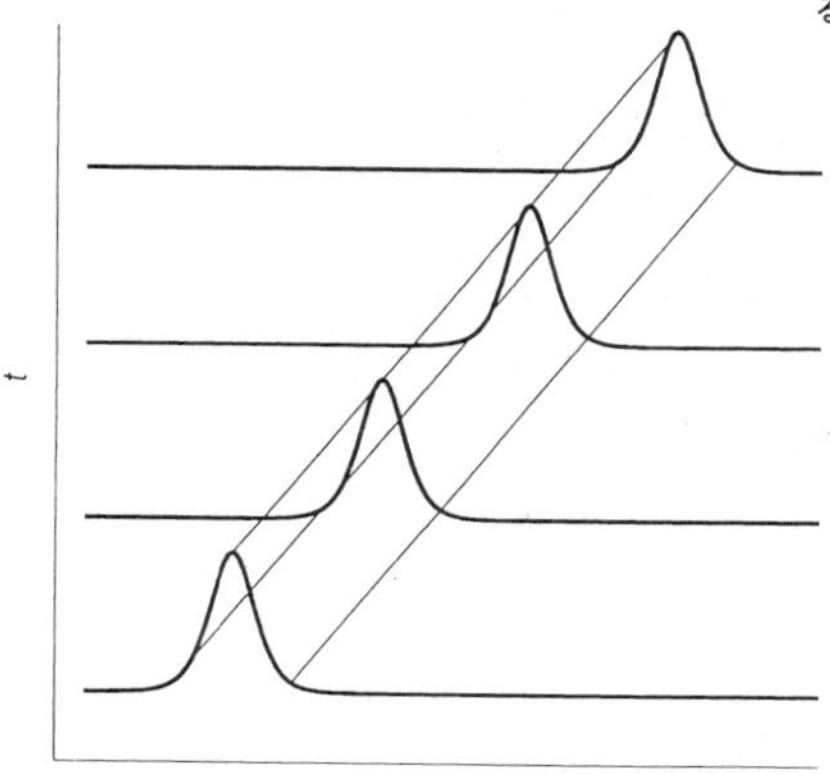

◀図 3　波の伝わる速度
波の形が時間的に変わらない場合は，異なった時刻において対応する波の変位を結び，その曲線の傾きから波の伝わる速さを求めることができる．

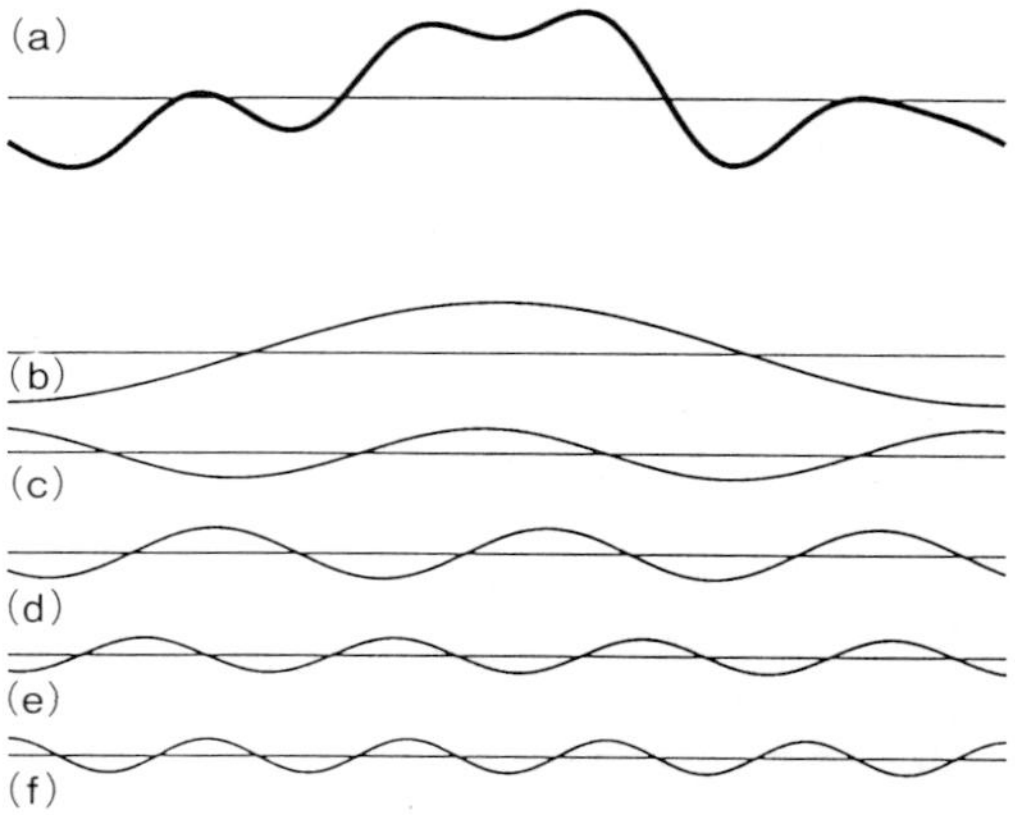

▲図 4　波の重ね合わせ

任意の周期波(a)は，いろいろな振幅，波数および位相をもった正弦波(b)〜(f)の重ね合わせで表される．

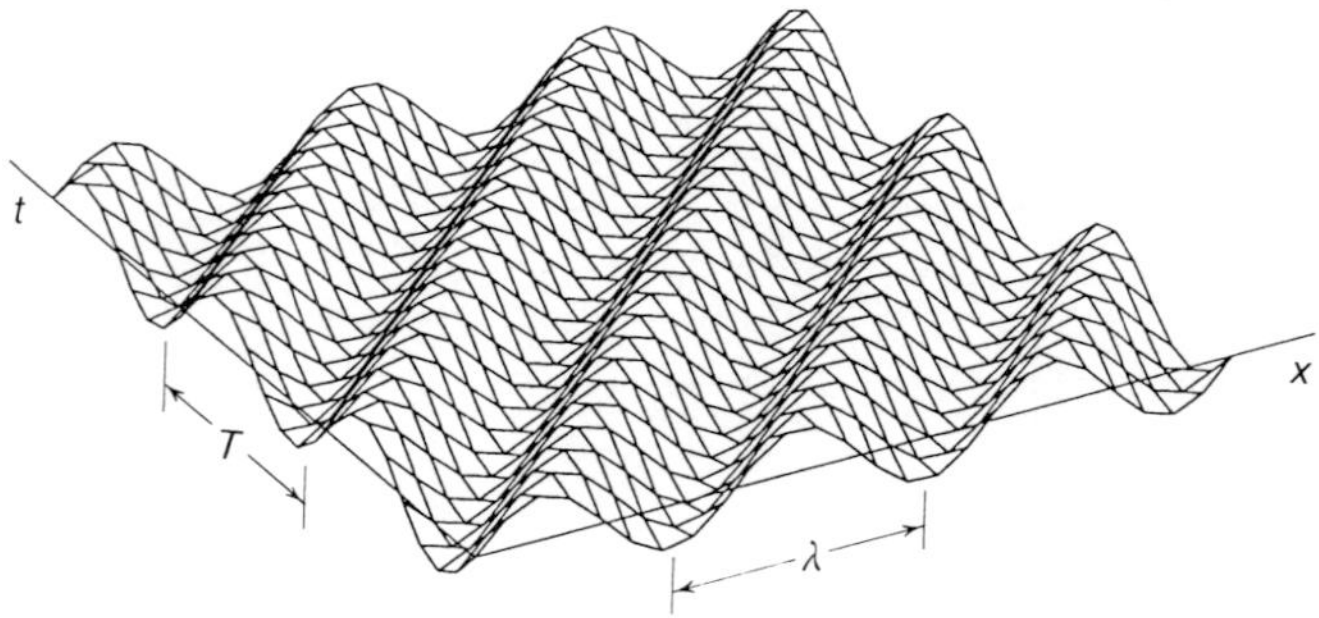

▲図 5　正弦進行波の時空間変位

正弦進行波 $z=a\sin(kx-\omega t+\alpha)$ の時空間変位の様子．x 方向に周期 $\lambda=2\pi/k$，t 方向に周期 $T=2\pi/\omega$ で周期的に変動する．ただし，z は鉛直方向の変位で，a, k, ω および α は定数である．

づけることができたからである（図3）。ここでは、波の形が時間的に変動する場合を取り扱う。この場合、波の伝播速度はどのように定義されるであろうか。

波の振幅が小さいとき、波は一般に独立に伝播する正弦進行波

$$z = a\sin(kx - \omega t + \alpha) \qquad (1)$$

の重ね合わせで表される（図4）。正弦波のおのおのは形を変えないで伝わる波である。ここに、z は水面の変位、a は振幅、k は波数、x は波の伝わる方向の水平座標、ω は角周波数、t は時間、α は定数である。

この正弦進行波の時空間変位を立体的に表したのが図5である。時間を止めてこの波を見ると x 方向に周期

$$\lambda = 2\pi/k \qquad (2)$$

で周期的に変動する。

この周期 λ を「波長」という。次に、空間座標 x を固定してこの波を眺めると「周期」

$$T = 2\pi/\omega \qquad (3)$$

で時間的にも周期的に変動する。

正弦波(1)の引数、

$$S = kx - \omega t + \alpha \qquad (4)$$

を「位相」という。この正弦進行波の変位は、位相が $S = (1/2)\pi + 2\pi n$（n は整数）のとき、最大

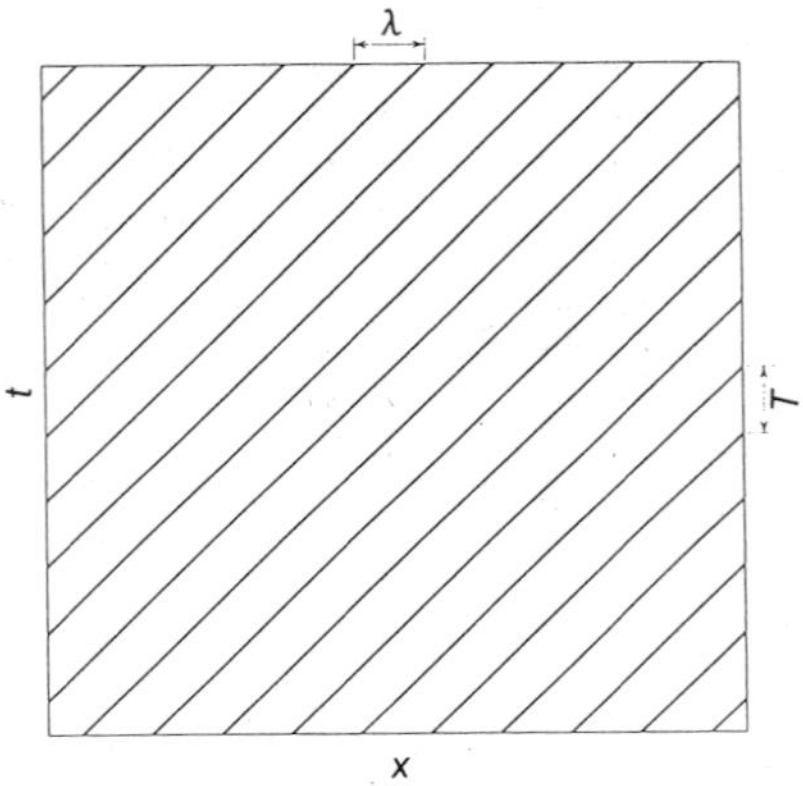

▲図6　正弦進行波の等位相線
正弦進行波　$z=a\sin(kx-\omega t+\alpha)$の最大値（$z=a$）を与える等位相線．これらの平行線の傾きが波の位相速度を与える．$\lambda=2\pi/k$，$T=2\pi/\omega$．

値（$z=a$）をとる。この変位最大の位置を（x，t）平面に表すと図6のような平行な線群になる。隣合った平行線は、x方向には波長λだけ、t方向には周期Tだけ離れている。波の変位は位相を与えれば決まるから、波の伝わる速さは一定位相の移動する速さに等しい。一定位相線の傾き

$$c_p=\lambda/T=\omega/k \qquad (5)$$

は波の伝わる速度を表し、「位相速度」とよばれる。

浅水波では、波の位相速度は波長によらず一定である（第9章の式(5)）が、深水波や表面張力波では波長によって波の位相速度が異なっている（同章式(7)と(11)）。この性質を波の「分散性」という。

波に分散性があると、正弦波の重ね合わせとして表された波は変形しながら伝わることになる。波が変形するとその伝播速度は一般にははっきりしない。しかし、後述するように状況によっては波の変位の大きなかたまりの移動速度が定義できる場合がある。

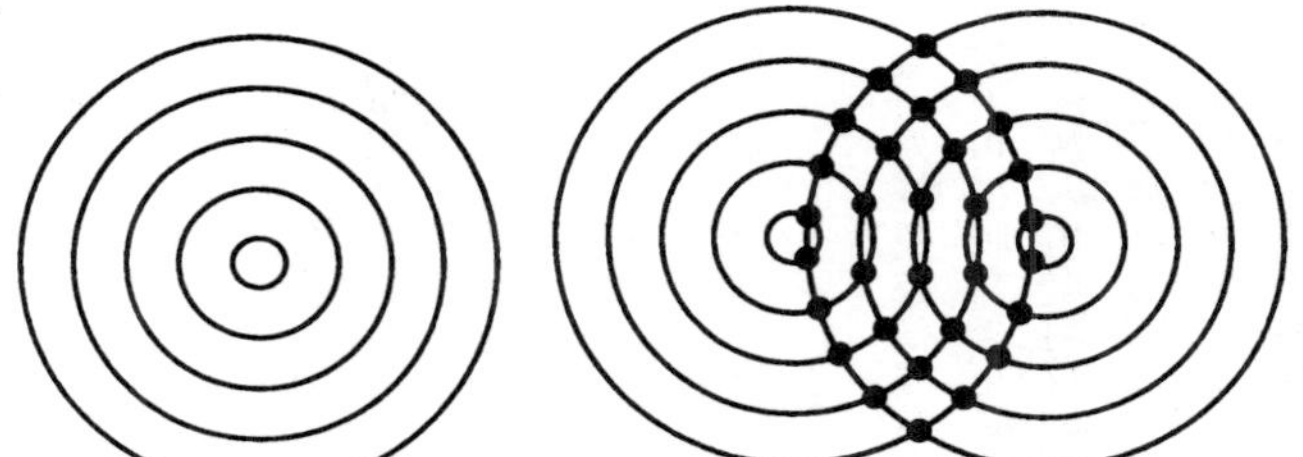

(a)　　(b)

▲図7　波の干渉
(a) 水面の1点を周期的にたたくと，円形の波紋が一定の間隔で広がる．円は水面の盛り上がったところを表している．(b) 水面の2点を周期的にたたくと，それぞれの点から発生した円形の波紋が干渉する．円の交点で2つの波が互いに強め合い，水面はいっそう盛り上がる．

波の干渉

複数の正弦波が共存すると波高は個々の波の和になる（図4）。個々の波の波高が最大になるように位相がそろった点では合成波の波高はいちだんと高くなる。逆に位相がそろわないと個々の波の変位が打ち消し合って合成波の振幅がきわめて小さくなることがある。これが波の「干渉」といわれる現象である。

水面のある一点を周期的にたたくと同心円の波紋が広がる。図7(a)にその波の峰々を連ねた線を示す。次に、水面の二点をたたくとそれぞれの点から発生した円形の波紋は干渉して図7(b)のように同心円の交点のところが盛り上がった山の列ができる。これらの山々は二つの波の位相がそろって互いに強め合ってできたものである。

うなり

波数と角振動数が異なる二つの正弦進行波が共存

すると一般に干渉を起こし、合成波は変形しながら伝播することになる。具体的な例として、二つの正弦波

$$z_1 = a\sin(k_1x - \omega_1t) \tag{6}$$

と

$$z_2 = a\sin(k_2x - \omega_2t) \tag{7}$$

の合成波

$$z = z_1 + z_2 = 2a\cos\left[\frac{1}{2}(k_1 - k_2)x - \frac{1}{2}(\omega_1 - \omega_2)t\right] \times\sin\left[\frac{1}{2}(k_1 + k_2)x - \frac{1}{2}(\omega_1 + \omega_2)t\right] \tag{8}$$

を考えよう。図8(a)に、$k_1=0.9$, $\omega_1=0.8$, $k_2=1.1$, $\omega_2=1.2$ の場合の波形を $t=0$ に対して示した。

もとの正弦波の波数と角振動数がきわめて近い場合（$k_1 \approx k_2$, $\omega_1 \approx \omega_2$）には、合成波もほぼ同じ波数と角振動数で正弦的に振動するが、その振幅は二つの正弦波の波数と角振動数の差の半分を新しい波数と角振動数としてゆっくり変動する。これはいわゆる「うなり」の現象である。速い振動部分を「搬送波」、ゆっくりした振幅変動を「包絡波」という。上の例では、式(8)のコサインの因子が包絡波を、またサインの因子が搬送波を表す。

包絡波の最大振幅は二つの正弦波の山を与える位相がそろう所に現れる。図8(b)は、二つの正弦

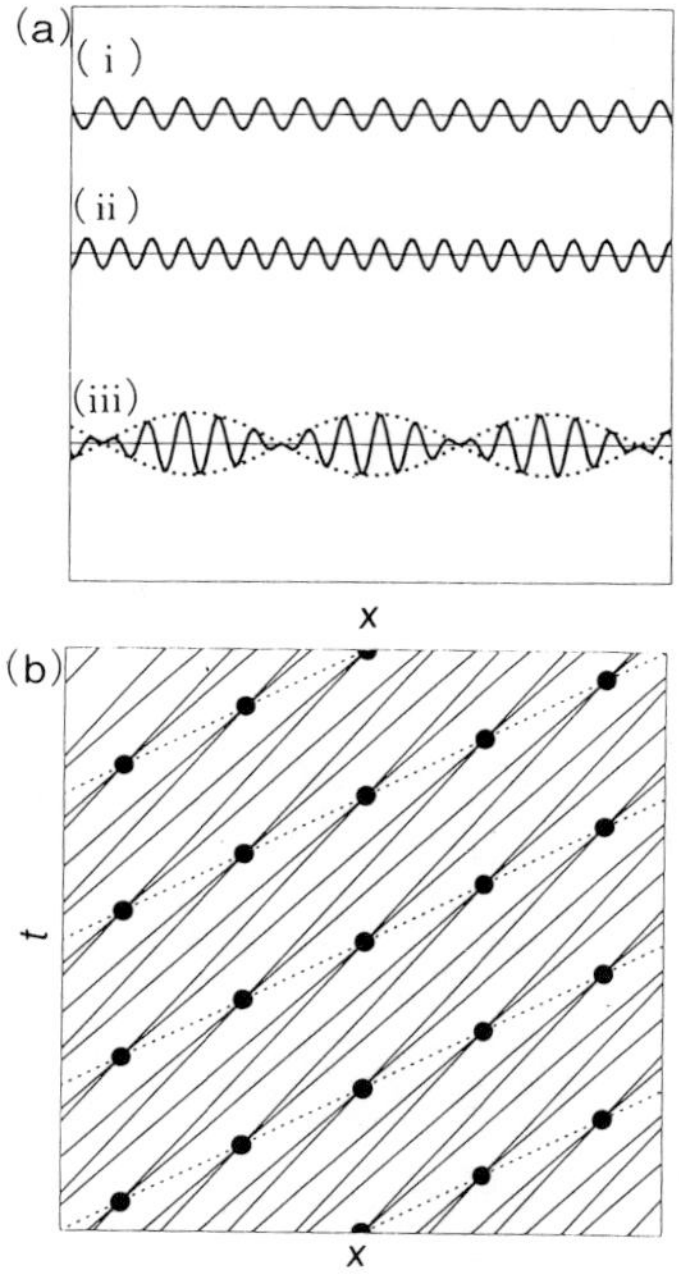

◀図8　うなり

(a) 2 つの正弦波（i）$a\sin(k_1x-\omega_1t)$ と(ii) $a\sin(k_2x-\omega_2t)$ を重ね合わせると振幅がゆっくり変動する合成波（うなり波）(iii) $2a\cos[1/2(k_1-k_2)x-1/2(\omega_1-\omega_2)t]\times\sin[1/2(k_1+k_2)x-1/2(\omega_1+\omega_2)t]$ ができる．ここで，$k_1=0.9$，$\omega_1=0.8$，$k_2=1.1$，$\omega_2=1.2$，$t=0$．(b) 2 つの正弦波((i)と(ii))および合成波((iii))の変位の峰の位置をそれぞれ実線と破線で示してある．黒丸で示した 2 つの正弦波の峰の交点で合成波は一段と高くなる．破線の傾きが実線の傾きより小さいことは，合成波の包絡波の伝播速度がもとの正弦波の伝播速度より速いことを意味する．

波(6)と(7)の峰（実線）と合成波(8)の包絡線の峰（破線）を時空間平面で表したものである。実線の直線群の交点（黒丸）で包絡波の振幅が最大になる。二つの正弦波の波数と角周波数の差をそれぞれ Δk、$\Delta\omega$ とすると、交点の傾き、すなわち包絡波の伝播速度は $\Delta\omega/\Delta k$ である。この比の $\Delta\omega$, $\Delta k\to0$ における極限値

$$c_g=\mathrm{d}\omega/\mathrm{d}k \qquad (9)$$

を「群速度」という。うなり波を構成する搬送波は元の正弦波の位相速度で伝わり、包絡波は群速度で伝わるのである。

二つの正弦波の合成波の時間変動を図9に示した。破線は包絡波である。黒い矢印は搬送波の伝播

速度（もとの正弦波の平均位相速度）を、また灰色の矢印は包絡波の伝播速度（群速度）を表す。(a)は位相速度と群速度が等しい場合で合成波の形は時間的に変化しない。これに対して(b)では、位相速度と群速度が異なり、包絡波の形は変わらないが合成波自体は時間的に変動する。

以上、二つの波について考察したことは波数のわずかに異なった多数の正弦波の重ね合わせでできる波のかたまりの伝播についても同様に成り立つ。波のかたまりの包絡波は群速度で、その搬送波は位相速度で伝播するのである。

位相速度が波数によらず一定のときは位相速度と群速度が等しくなり、波のかたまりは形を変え

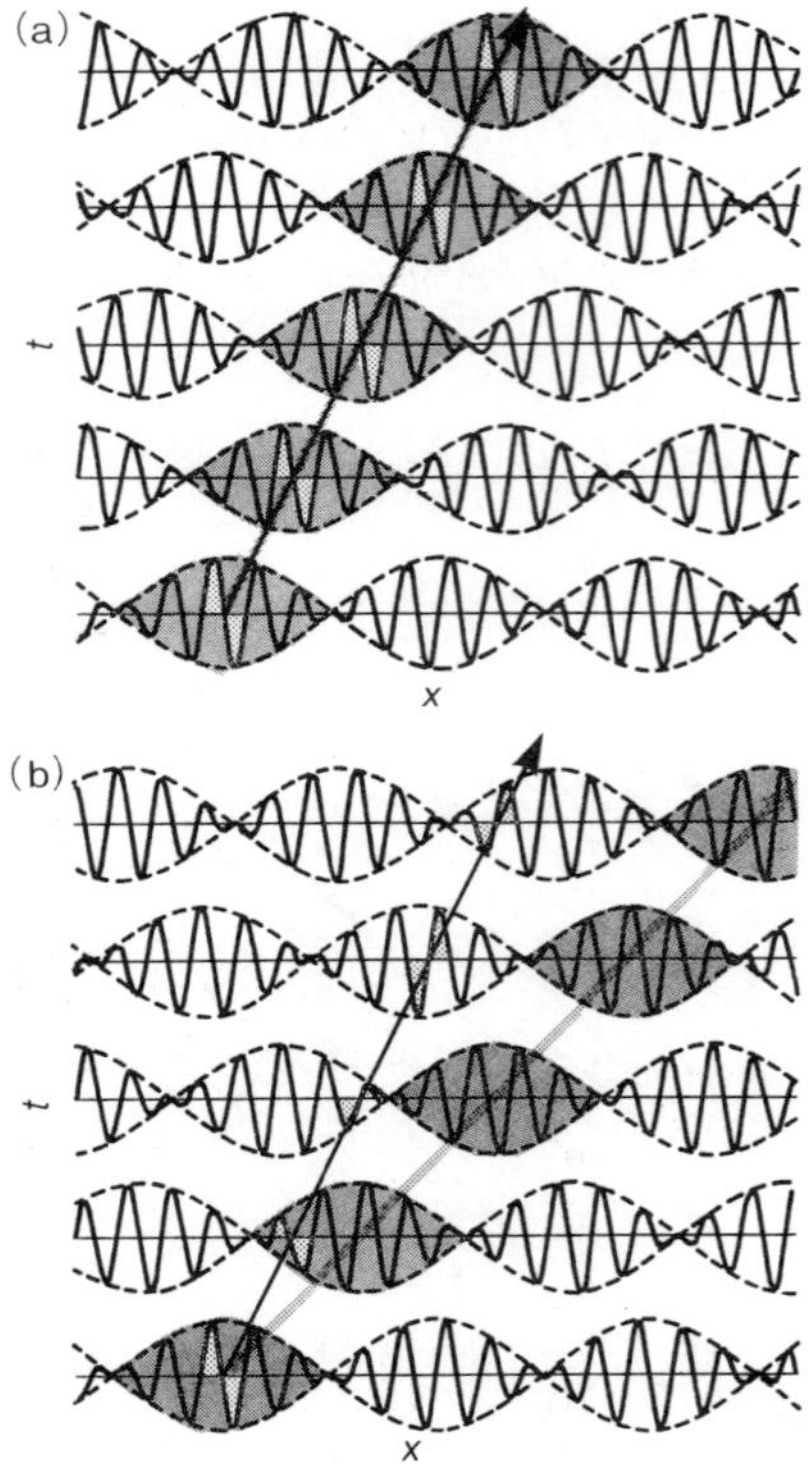

▲図 9　正弦進行波の合成
(a) 位相速度と群速度が等しい場合．$\sin(0.9x-0.9t)$ と $\sin(1.1x-1.1t)$ の和 $2\cos(0.1x-0.1t)\sin(x-t)$．黒い矢印と灰色の矢印は重なっている．(b) 位相速度と群速度が異なる場合．$\sin(0.9x-0.8t)$ と $\sin(1.1x-1.2t)$ の和 $2\cos(0.1x-0.2t)\sin(x-t)$．黒い矢印と灰色の矢印はそれぞれ位相速度と群速度を表す．破線は包絡波である．

ずに伝播する。これに対して、位相速度が波数に依存する分散性の波の場合には、群速度と位相速度は一般に異なり、両者の大小関係より搬送波が包絡波より速くなったり遅くなったりするので波の形は変動する。

位相速度と群速度の大小関係は波の種類によって異なる。第9章で述べた重力波では位相速度の方が大きい。池に小石を投げ込んだとき、水面に広がる数個のめだった波の山の輪の後方から小さな波が発生し、山を乗り越えて前方で消えていく。これに対して、表面張力波では逆に群速度の方が大きく、小さな波は波のかたまりの前方から発生して後端で消えていく。

船のつくる波

大海原を航行する船の背後にできるハの字形の波（図1）がどのようにしてできるのかを考えてみよう。ここでは、簡単のために船を点で置き換え、水面を一定速度で移動する微小物体によって励起される波を考察する。この取り扱いは、船から十分遠く離れた波の部分に対してはよい近似になっている。

図10(a)に示すように、船は波を起こしながらx軸上を一定の速度Uで航行し、現在原点Oにいるとする。いま、船がつくり出す波の峰の上の任意の点をP(x, y)とする。この点での波高は、船が過去にx軸上を進みながら発生した波の重ね合わせによって得られる。いまからt秒前の船の位置をQとすると、$\overline{\mathrm{OQ}}=Ut$である。この点Qから発生した波が群速度$c_g$で円状に広がって点Pに到達したとすると、$\overline{\mathrm{PQ}}=c_g t$で点Pでの波面は線分PQに垂直である。すなわち、∠PQOをθとする

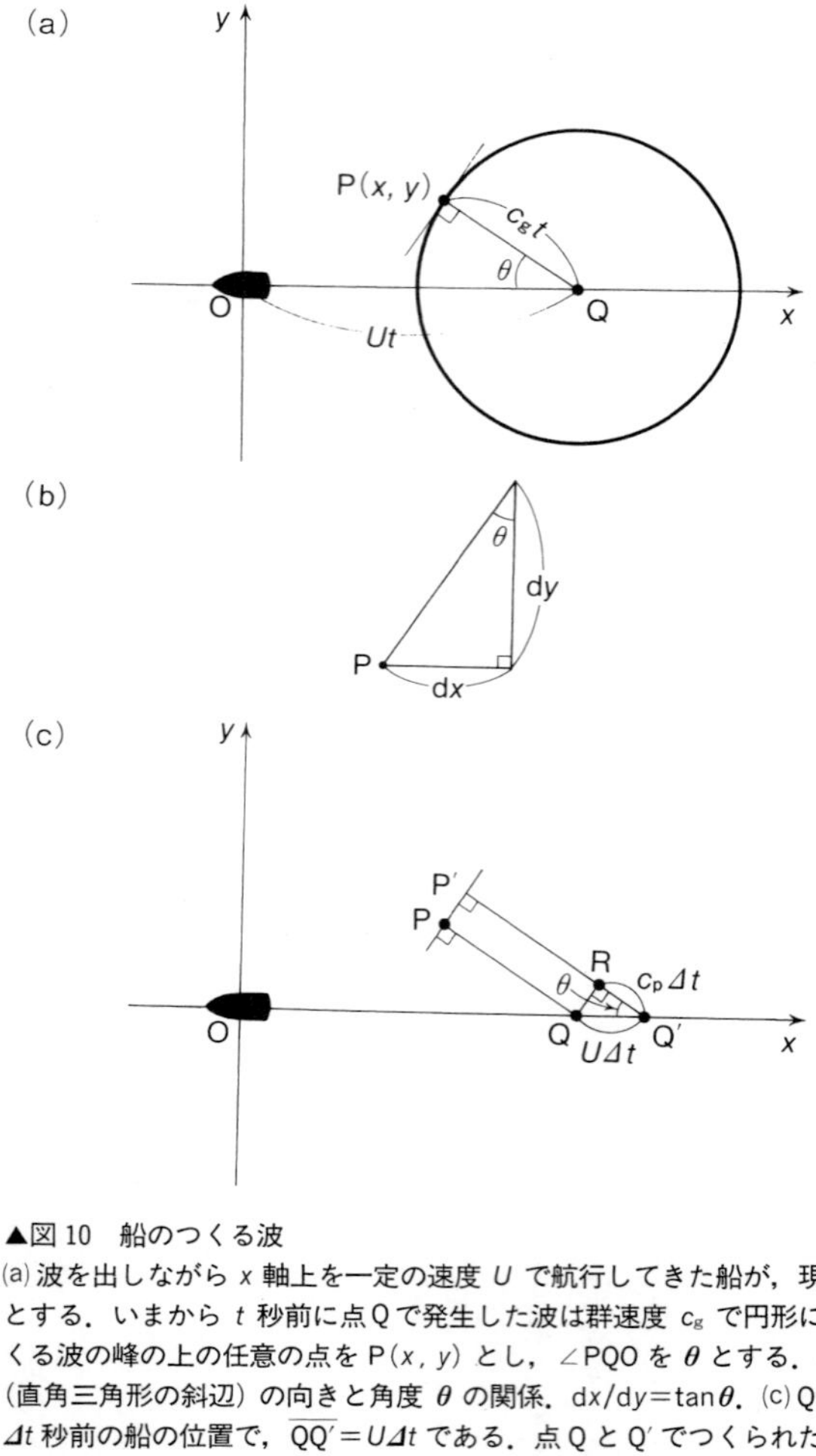

▲図 10　船のつくる波

(a) 波を出しながら x 軸上を一定の速度 U で航行してきた船が，現在原点Oにいるとする．いまから t 秒前に点Qで発生した波は群速度 c_g で円形に広がる．船のつくる波の峰の上の任意の点を P(x, y) とし，∠PQO を θ とする．(b) 点Pでの波面（直角三角形の斜辺）の向きと角度 θ の関係．$dx/dy=\tan\theta$．(c) Q′ はいまから $t+\Delta t$ 秒前の船の位置で，$\overline{QQ'}=U\Delta t$ である．点QとQ′でつくられた波が，それぞれ点PとP′に到着したとき，それらの波の位相が等しくなるためには，$\overline{Q'R}=c_p\Delta t$ でなければならない．したがって，$c_p=U\cos\theta$ の関係が成り立つ．

と

$$\mathrm{d}x/\mathrm{d}y=\tan\theta \tag{10}$$

となる（図10(b)）。

点Pの波高には x 軸上 $x\geqq 0$ の部分のすべての点から発生した波が寄与する。いま仮に、点Qの付近で発生した波が点Pの波高に大きな寄与を与えるものとすれば、点Qの近傍から送られてきたすべての波の位相が線分PQに垂直な点Pの近傍で等しくなければならない。図10(c)に示すように、微小時間 Δt 以前の船の位置をQ′とすると、$\overline{\mathrm{QQ'}}=U\Delta t$ である。点Q′から線分QPに平行に引いた直線と点Pから線分QPに垂直に引いた直線の交点をP′とする。QからP′Q′に垂線QRを下ろす。このとき、2点PとP′における波の位相が等しくなるという条件は $\overline{\mathrm{Q'R}}=c_{\mathrm{p}}\Delta t$ である。ところが、直角三角形QQ′Rで、$\overline{\mathrm{Q'R}}=\overline{\mathrm{QQ'}}\cos\theta$ であるから、この条件は

$$c_{\mathrm{p}}=U\cos\theta \tag{11}$$

と書ける。

ところで、図10(a)から明らかに点Pの座標（x, y）は

$$x=Ut-c_g t\cos\theta,\quad y=c_g t\sin\theta \tag{12}$$

と表される。重力波の場合、位相速度と群速度には

$$c_g=\frac{1}{2}c_{\mathrm{p}} \tag{13}$$

の関係がある（第9章の式(7)より）。式(10)〜(13)を連立して解くと、a を任意定数として

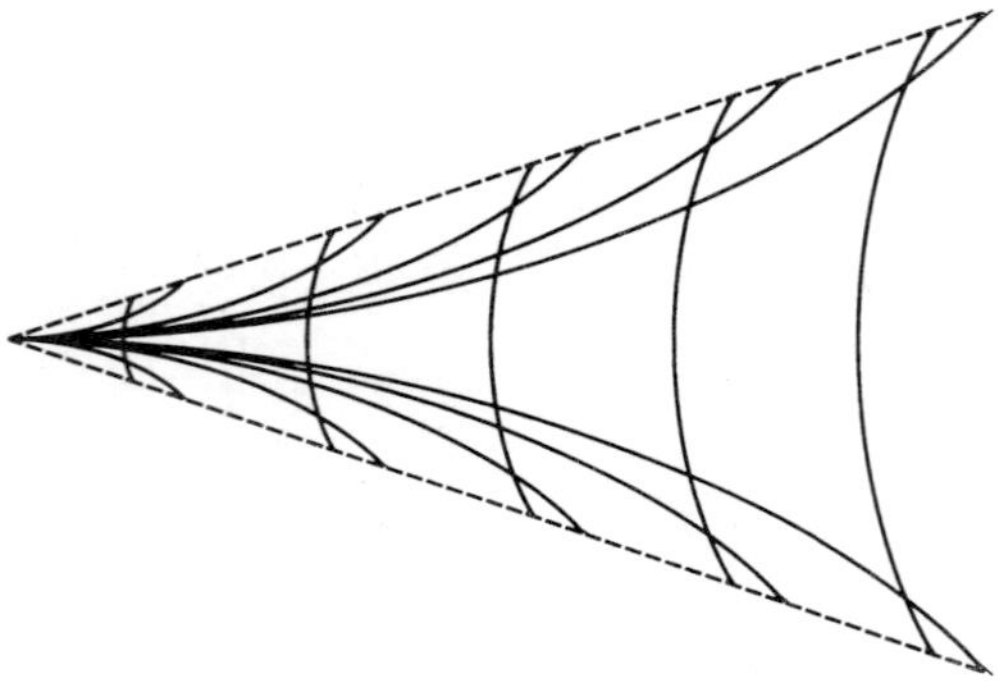

▲図 11　ケルビン波
船のつくる波は，船からハの字形に広がる波と船の進行方向に垂直な横波からなる．実線は波の峰を表す．船は左方に進んでいる．これらの波は，船を頂点とする半頂角 19°28′ のくさび形の内部にのみ励起される．くさび形領域の境界で 2 種類の波の位相が 1/4 波長ずれている．

$$x = Ua\cos\theta\left(1-\frac{1}{2}\cos^2\theta\right)$$
$$y = \frac{1}{2}Ua\sin\theta\cos^2\theta \qquad (14)$$

が得られる。

定数 a は船がつくる波の峰の位置を表すが、以上の理論の範囲内ではその値は求まらない。図11は、詳しい解析[2]によって求めた a の値を用いてつくった式(14)の曲線群である。船からハの字形に広がる縦波と船の進行方向にほぼ垂直な等位相線をもつ横波とから成っている。面白いことに、これらは半頂角 $\sin^{-1}(1/3)=19°28'$ のくさび形の中にのみ励起され、それからはみ出ることはない。くさび形の境界では、二種類の波の位相が四分の一波長ずれている。[*1] この独特の形をした波模様は「ケルビン波」とよばれている。

この波の形を船がつくる波の写真（図1）と比べるときわめてよく似ていることがわかる。ただし、現実の船は点ではなく有限の広がりがあり、船首や船尾あるいは船首肩から出た三種類のハの字形の波が重なっている。振幅の小さい横波は見えにくいが、これも確かに写っている。

小さな物体のつくる波

次に、水面で針をゆっくり動かしたときに生じる波の形（図2(b)）を論じよう。水面を小さな物体がゆっくり動くときは、波長の短い波が卓越し表面張力が無視できなくなる。解析は前節と同様に進められる。ただし、重力波の位相速度の代わりに重力-表面張力波の位相速度（第9章の式(11)）を用いる。詳しい計算は省略するが、この場合も、波の峰の形を式で具体的に表すことができる。[3] 針を秒速三〇センチメートルで動かした場合の波の峰を図12に示した。黒丸は針の位置で、針は右から左へ一定速度で動いている。これと同じ条件のもとで行なわれた実験の結果（図2(b)）とよく一致している。

なお、この波は水の波の最小伝播速度秒速二三センチメートル（第9章参照）より速く動かさないと発生しない。

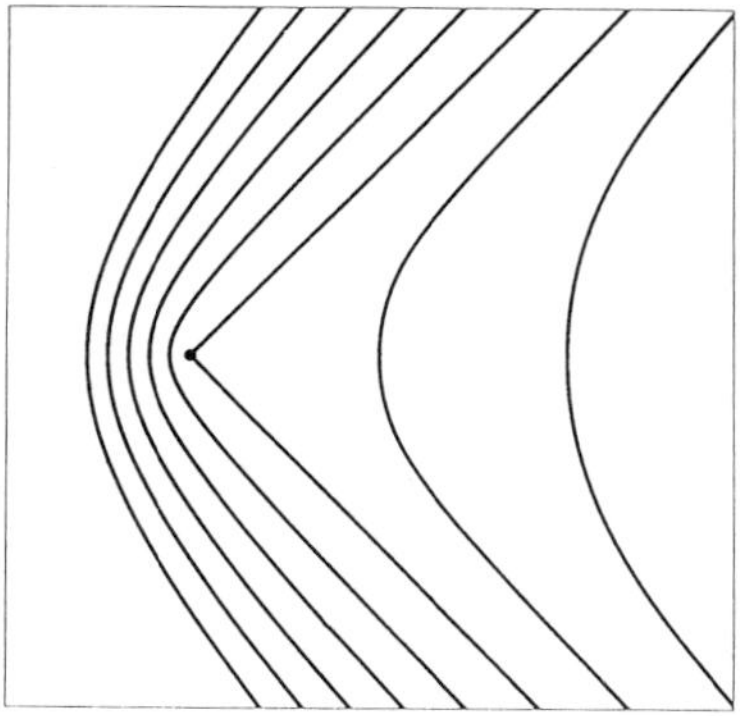

▲図12　小さな物体のつくる波
水面をゆっくり一定の速度で移動している小さな物体のつくる波の峰．物体（黒丸）は左方へ進んでいる．

参考文献

（1） J.V. Wehausen, E.V. Laitone : *Surface Waves*, Encyclopedia of Physics, **9**, Springer-Verlag（1960）.

（2） J.J. Stoker : *1957 Water Waves*, Interscience（1957）.

（3） 佐々木達治郎：完全流体の流体力学、現代工学社（一九七六）。

（4） E. Hogner : Arkiv für Mathematik, **17**, 1（1922）.

補注

＊1　実は、くさび形境界のごく近くでは、二種類の波の位相差は三分の一波長になる。[4] 図11にはこの波形も重ねて描いてあるが、ずれが小さすぎてほとんど見えない。

11 パターンが変わる

どっちを選ぶ?

同じようなものが二つ以上あって、どれか一つを選ばなければならないとき、迷わずすぐ決断できる場合もあれば、なかなか決められない場合もある。まったく同じカメラを二つの店で違った値段で売っていれば、もちろん安い方の店で買おうかなと思う（図1(a)）。しかし、安い方の店が遠いところにあれば、交通費や消費時間も勘定に入ってくる。値段との兼ね合いでさんざん迷っても、けっきょくはどちらかの店に落ち着くということになる（図1(b)）。

これと同じような迷いと選択を心ない流体も行なっているように思われる。たとえば、第4章で

(a)

(b)

▲図1　選択
(a) 同じカメラが2つの店で売られている場合，安い方の店で買いたくなる．(b) でも，安い方の店が遠くにあれば，さてどちらにしようかと迷う．

紹介した「一様流中の円柱のまわりの流れ」では，境界条件が対称であるので左右対称な流れが常に可能なはずである。にもかかわらず，レイノルズ数が大きい場合には，左右対称な流れは現れず，左右非対称なカルマン渦列が発生する。流体は何らかの基準で可能な複数個の流れパターンの中から特別な一個を選んでいるのである。

本章では，流体が選ぶ流れパターンについて考えてみよう。

流れの安定性

与えられた条件のもとで可能な流れが実現するためには，その流れに小さな攪乱を加えても流れパターンが壊れないことが必要である。現実にはどうしても避けられない微小な攪乱が存在するからである。

図2は安定性の概念的な説明である。(a)では，つるつるの球面状のお椀を伏せてそのてっぺんにビー玉が置いてある。一方，(b)はお椀の底にビー玉を置いた場合である。どちらのビー玉もつりあいの位置にあって動かない。しかし，(a)の場合はいかにも危なっかしい。ビー玉はほんのわずか揺らされただけで頂上から転げ落ちてしまう。これを「不安定なつりあい」の状態にあるという。これに対して，(b)の場合は少々揺すってもビー玉はいつももとに戻ってくる。これは「安定なつりあい」である。流れの安定性はこれほど単純なものではないが基本的な考え方は同じである。

微小攪乱に対する流れの安定性の研究は古く，すでに1世紀以上の歴史があり，「線形安定性理論」として定式化されている。[1],[2] しかし，ここではこの理論に頼らないで，いくつかの典型的な流れ

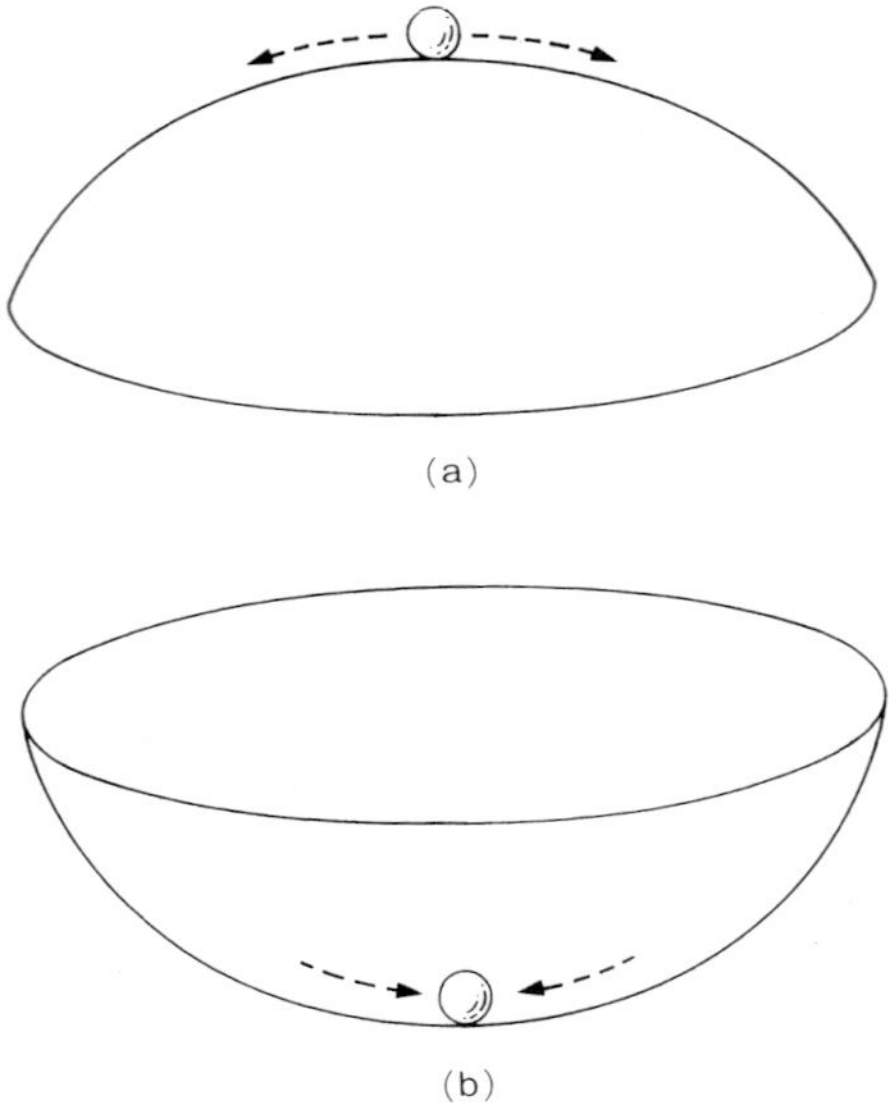

▲図2　安定性
(a) 不安定なつりあい．伏せたお椀のてっぺんに置かれたビー玉は，少しでも揺れると転がり落ちる．(b) 安定なつりあい．お椀の底のビー玉は，少々揺すっても元の位置に戻ってくる．

の安定性を議論したい。

重力による不安定

密度が異なり互いに混じり合わない二つの静止流体が水平面を境に接している場合の安定性を考えよう（図3(a)）。境界面より上の流体の密度をρ_1、下の流体の密度をρ_2とする。重力は下向きで、

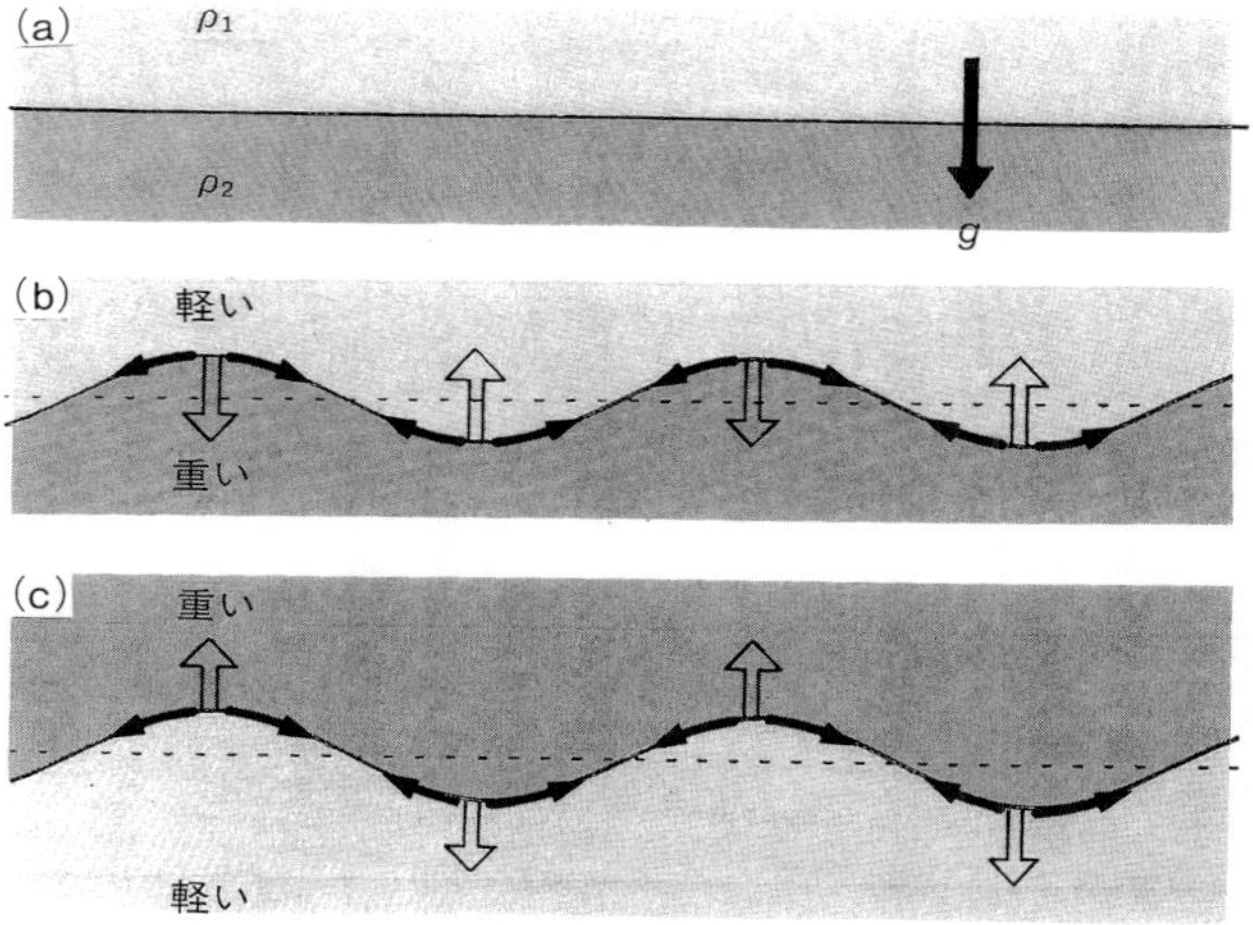

▲図3　レイリー-テイラーの不安定性
(a) 密度 $\boldsymbol{\rho}_1$ の流体と密度 $\boldsymbol{\rho}_2$ の流体が水平面を境に接している．重力（➞）は鉛直下方に向いている．g は重力加速度である．(b) 上の流体が軽い場合（$\boldsymbol{\rho}_1 < \boldsymbol{\rho}_2$）は，浮力（⇨）も表面張力（→）も境界面の変形を元の水平面に戻す方向に作用する．したがって，この状態は安定である．(c) 上の流体が重い場合（$\boldsymbol{\rho}_1 > \boldsymbol{\rho}_2$）は，重力は境界面の変形を増幅する方向に，表面張力は変形を元に戻す方向に作用する．重力の作用が勝れば状態は不安定，逆に表面張力の作用が勝れば状態は安定である．

重力加速度を g とする。

さて、いま境界を少し変形させ、その変位が時間とともに増幅するか、それとも減衰するかを考えてみよう。境界面には表面張力が境界面の面積を小さくするようにはたらいている。

まず、上の流体が下の流体より軽い場合（$\rho_1 < \rho_2$）は、境界面が下がるとそこの流体はまわりの流体より軽いので上方向に浮力を受けるし、境界面が上がったところでは逆に下向きの力を受ける（図3(b)）。すなわち、重力は常に境界面の変形を元の水平面の状態に戻す方向に作用する。表面張力も同じ方向に作用するので、この場合は境界面

の変位は時間とともに小さくなっていく。つまり、この状態は安定であるといえる。

これに対して、上の流体が下の流体より重い場合（$\rho_1 > \rho_2$）は、事態は逆転する（図3(c)）。重力は下がった境界面にはそれをさらに引き下げるように、また上がった境界面にはそれをさらに引き上げるように作用する。つまり、重力は常に境界の変形を増幅させるようにはたらく。この重力による単位長さ当たりの力は、境界の変形を正弦波型とし、その振幅をa、波長をλとすると$a(\rho_1 - \rho_2)g$に比例する。一方、表面張力による単位長さ当たりの復元力は$a\gamma/\lambda^2$に比例する。[*1]

表面張力による復元力が浮力に勝れば、境界面の変位の振幅は減少し状態は安定、反対に浮力が勝れば変位の振幅は増大し状態は不安定となる。表面張力と浮力の比は変形の長さの二乗に逆比例しているから、境界の変形の長さが長いほど状態は不安定になりやすいことがわかる。詳しい計算によると[1]、波長λが

$$\lambda > 2\pi\sqrt{\frac{\gamma}{g(\rho_1 - \rho_2)}} \qquad (1)$$

なる条件を満たす長波長の正弦波型の微小変形に対して、状態は不安定になる。これを「レイリー-テイラーの不安定性」という。

この不安定性を確かめる簡単な実験を紹介しよう。密度が異なり互いに混じり合わない二種類の流体を用意する。軽い方の流体を水槽に入れ、その中に重い方の流体の入った容器を逆さにしてつける。二つの流体の境界面の変形の長さは容器の断面のさしわたしより長くはならないから、二つの流体の間の表面張力が十分大きければ、（不安定性の条件(1)が満たされないので）境界面は

少々乱されても壊れない（図4(a)）。ところが、界面活性剤を注入して表面張力を小さくしてやると（図4(b)）、浮力の効果が勝り、境界面は自然に崩れていく（図4(c)）。

ずれ速度による不安定

一方向の流れがそれに平行な平面で不連続である非粘性の流れの安定性を考えよう（図5(a)）。これに似た状況は、二つの川の合流点付近に現れる（図5(b)）。

さて、二つの流れの速さがちょうど同じで反対向きになるような座標系に移って不連続面の微小変形の時間発展を考えよう（図5(c)）。この系では、流れが左右対称（一八〇度回転させても不変）であるので、定在波攪乱が可能である。

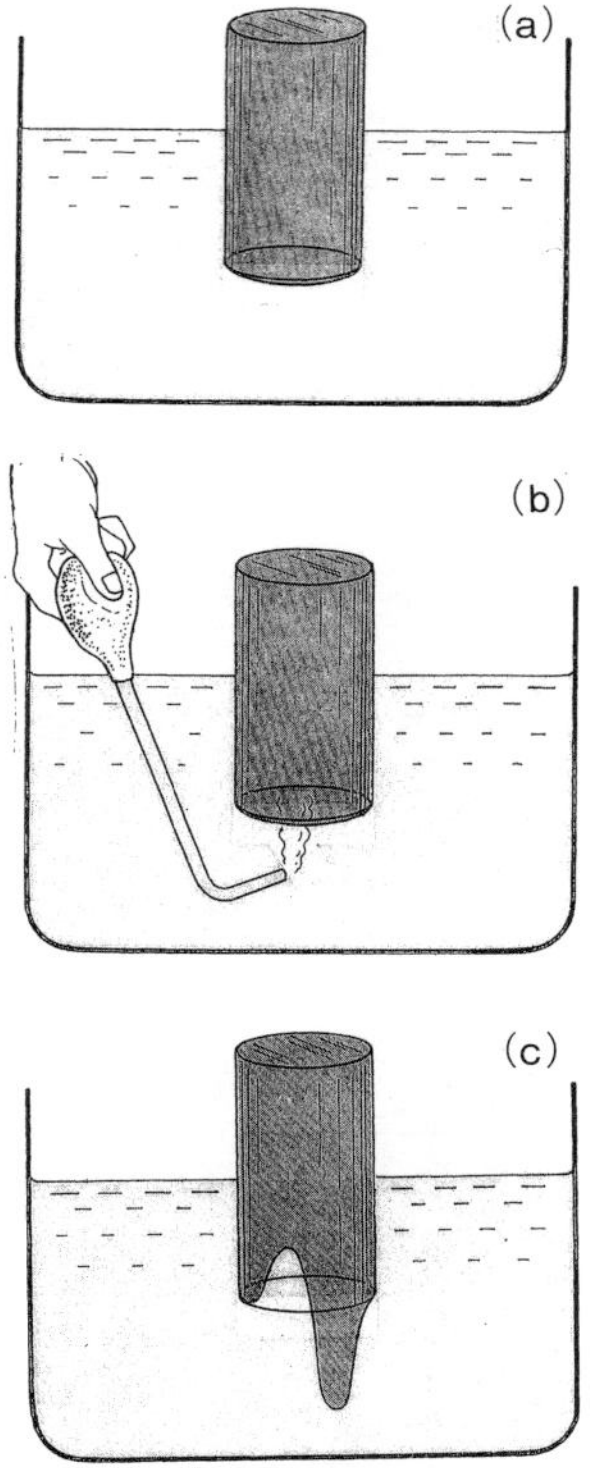

▲図4　レイリー-テイラーの不安定性の実験
(a) 軽い流体（淡灰色）の入った水槽の中に重い流体（濃灰色）を入れた容器をつける．2つの流体の間の表面張力が十分大きいと，境界面は崩れない．(b) ところが，界面活性剤を注入して表面張力を弱くしてやると，(c) 浮力の効果が表面張力に勝り，境界面は自然に崩れていく．

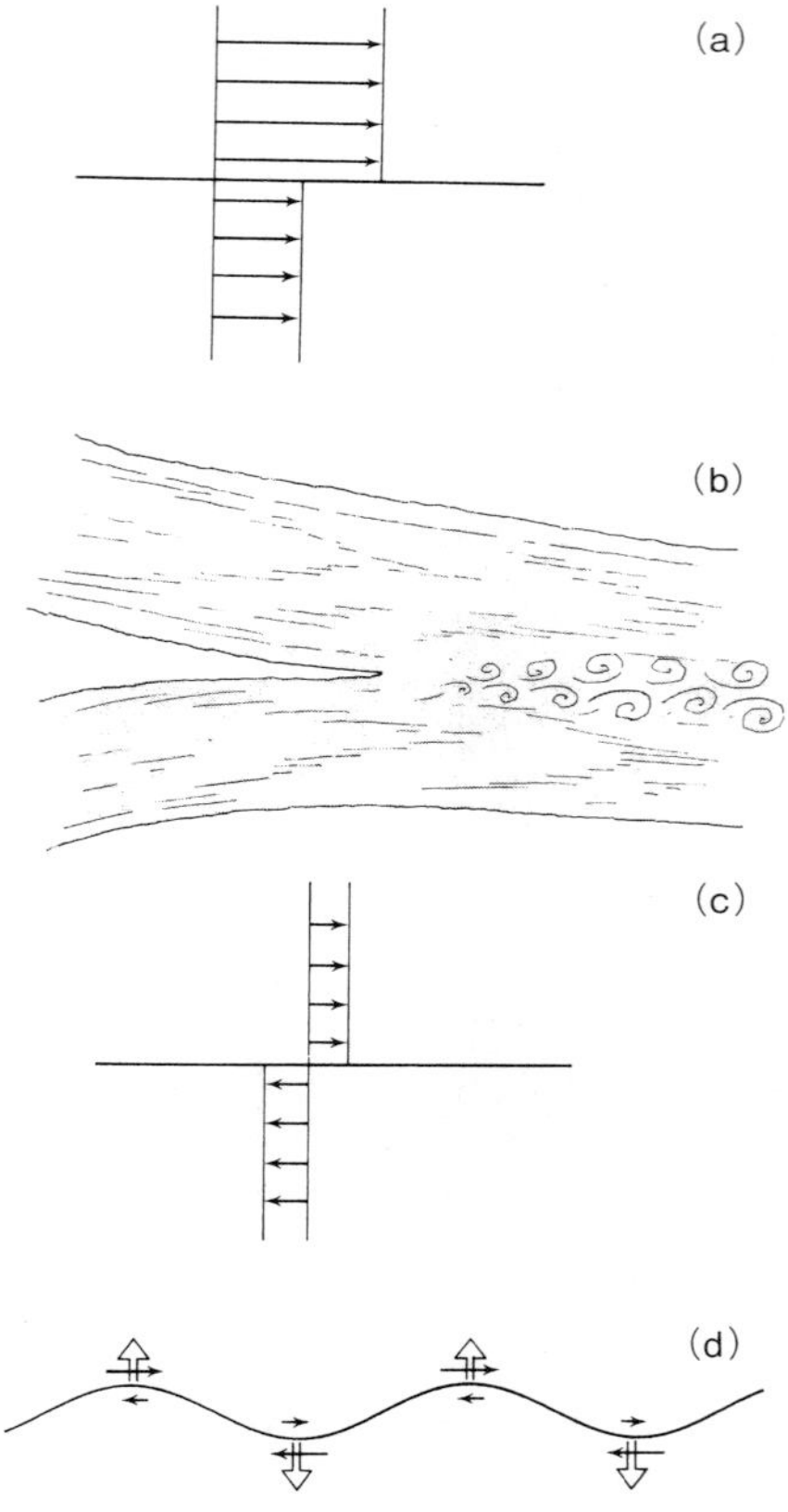

▲図5　ケルビン-ヘルムホルツの不安定性
(a)速度の異なる2つの流れが平面で接しているとする．(b)このような状況は川の合流点で見られる．(c)2つの流れの速さが同じで向きが反対になる座標系に移る．(d)速度の不連続面が変形すると，不連続面の両側の流体の速度(→)の大きさがずれ，圧力勾配(⇨)が生ずる．

いま、図5(d)のように境界がわずかに変形したとしよう。不連続面のそれぞれの側から見て、凹の部分では流れの領域が狭まるため流速がやや速めに、また凸の部分では流れの領域が広がるため流速はやや遅めになる。ベルヌーイの定理（第3章参照）によれば、流速の速いところでは圧力は低く、反対に流速の遅いところでは圧力は高くなる。その結果、図5(d)に白抜きの矢印で示した方向に圧力勾配を生じ、不連続面の変形は加速される。[3] すなわち、この流れは不安定である。これを、「ケルビン-ヘルムホルツの不安定性」という。

渦面の巻き上がり

速度の不連続面では流体要素が自転している（図6(a)）。すなわち、不連続面は渦度をもった面（「渦面」という）である。

さて、ケルビン－ヘルムホルツ不安定性によって変形された渦面はどのように発展していくであろうか。図6(b)に示したように渦面が振幅の小さな正弦波型に変形したとしよう。渦面の各点は、図の小さな丸い矢印の向きに自転しており、まわりにその方向の速度場を誘起する。変形した渦面の山の部分には右方向の、また谷の部分には左方向の速度が誘起される。したがって、渦面の右下がりの部分は縮められ、右上がりの部分は引き伸ばされる。その結果、右下がりの部分に渦度が集中することになる。そこでは大きな丸い矢印で示した運動が顕著になり、まわりの渦面を時計回りにねじ曲げる[4]。

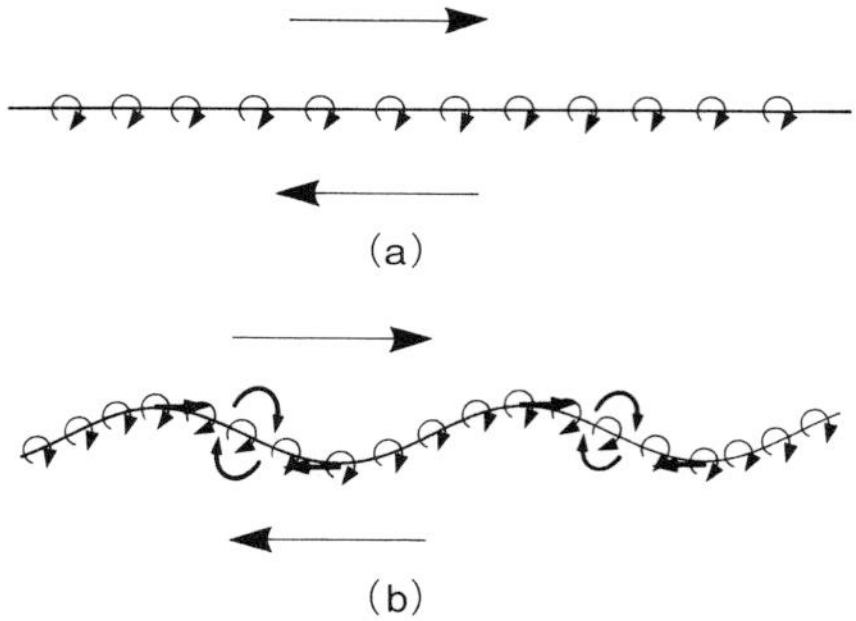

▲図6　渦面の変形の成長
(a) 速度の不連続面は渦面になっている．そこでは，流体要素が丸い矢印で示した方向に自転している．(b) 時計回りに回転する渦面の各点は全体として，変形した渦面の山の部分には右向きの，また谷の部分には左向きの速度（⟶）を誘導する．その結果，渦面の右下がりの部分が縮まり，そこに渦度が集中し，まわりの渦面を時計回りにねじ曲げる（大きな丸い矢印）．

図7は、渦面の変形の時間発展を数値計算

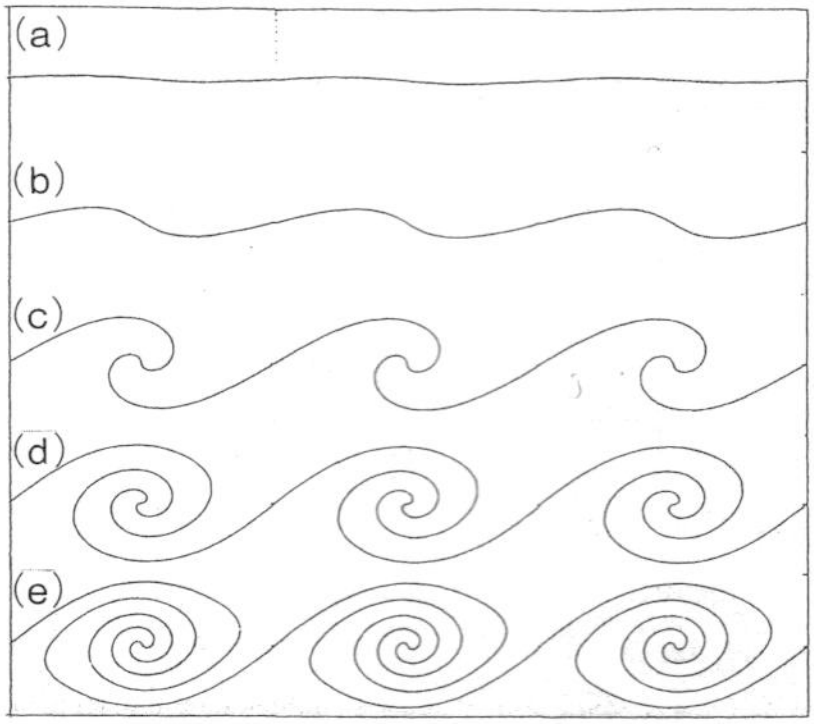

▲図 7　渦面の巻き上がり
初期のわずかな渦面の変形が拡大して巻き上がっていく過程を，流体の運動方程式を数値的に解いて追跡した．時間は(a)→(e)の順に経過している(5)．

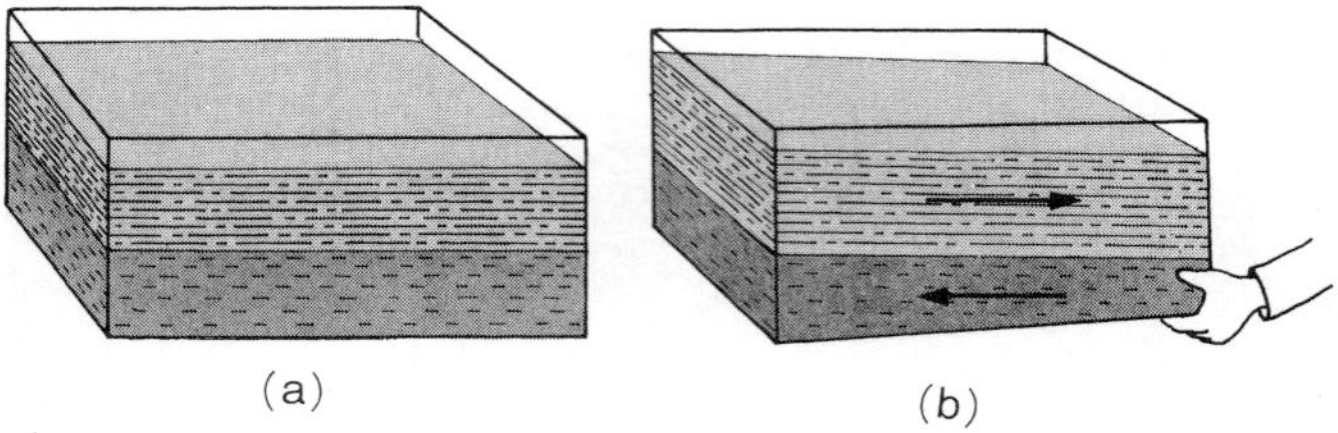

▲図 8　ずれ速度の発生
(a) 細長い矩形の水槽に密度が異なる 2 種類の流体を入れ水平に置く．(b) 水槽をわずかに傾けると，重い流体（濃灰色）は下方に，軽い流体（淡灰色）は上方に流れ出すので境界面に平行にずれ速度が生じる．矢印は流体の動く方向を表す．

で追跡したものである。初期の微小な正弦波型の変位が時間とともに増幅され、やがて巻き上がっていく様子がわかる。[5]

ケルビン-ヘルムホルツ不安定性を示すきれいな実験をお目にかけよう。細長い矩形の水槽に密度の異なる二種類の流体（たとえば、真水と塩水）を入れてしばらく静かに放置しておくと、水平面を境として軽い流体（淡灰色）が重い流体（濃灰色）の上に重なる（図8(a)）。この水槽をわずかに傾けると、重い流体は下方に、また軽い流体は上方に流れ出すので境界面に平行に速度のずれが生じる（図8(b)）。これで、ケルビン-ヘルムホルツ不安定性の発生する環境が整った。

図9はこのような設定で行なった実験の連続写真である。流体の運動方程式を解いて得られた図7ときわめてよく似た境界面の周期的なパターンがみごとに実現している。

二つの円筒の間の流れ

別々に回転することのできる二つの同心円筒でつくられた容器を用意する。この容器に水を入れふたをした後、内側の円筒（半径R_1）と外側の円筒（半径R_2）をそれぞれ一定の角速度Ω_1とΩ_2で回転させる（図10(a)）。回転は同じ向きでも反対向きでもよい。中の水は円筒にひきずられて回転するので、しばらくすると回転軸を中心とする同心円上を一定の速度でぐるぐる回るようになる。

水の回転速度uは内外の円筒に接している部分は円筒の速度に等しく、それぞれ$\Omega_1 R_1$と$\Omega_2 R_2$で与えられるが、容器内では中心からの距離rに依存して、

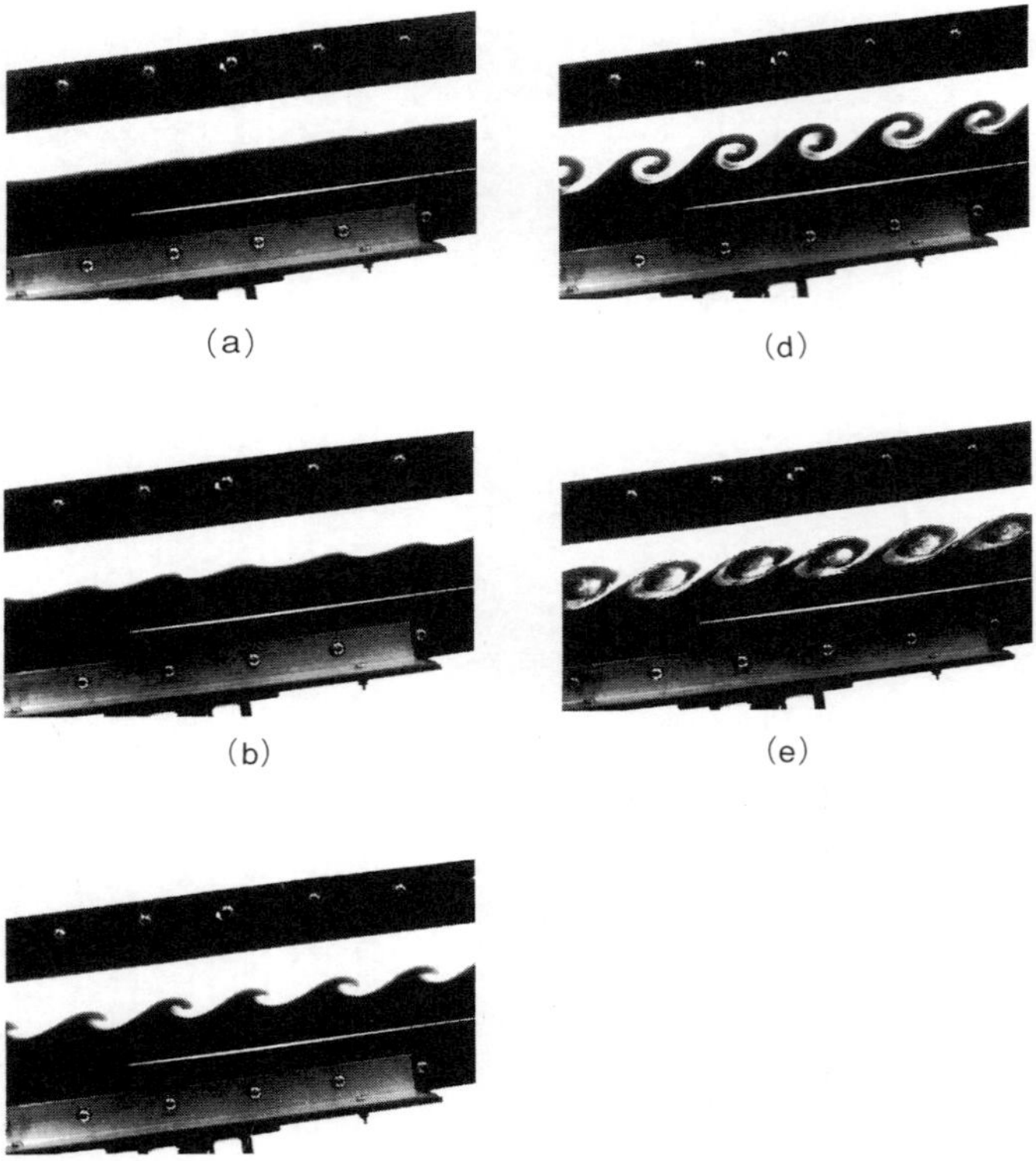

▲図 9　ケルビン-ヘルムホルツ不安定性の実験
真水と塩水（密度 1.05 g/cm^3）を半分ずつ入れた矩形の水槽をわずかに傾けると，真水（白色）は右上へ，塩水（黒色）は左下へそれぞれ移動し，境界面に周期的な波が生まれ，成長し，やがて巻き上がっていく．水槽の高さ 6 cm，奥行き 6 cm，長さ 195 cm．（酒井敏氏のご好意による）

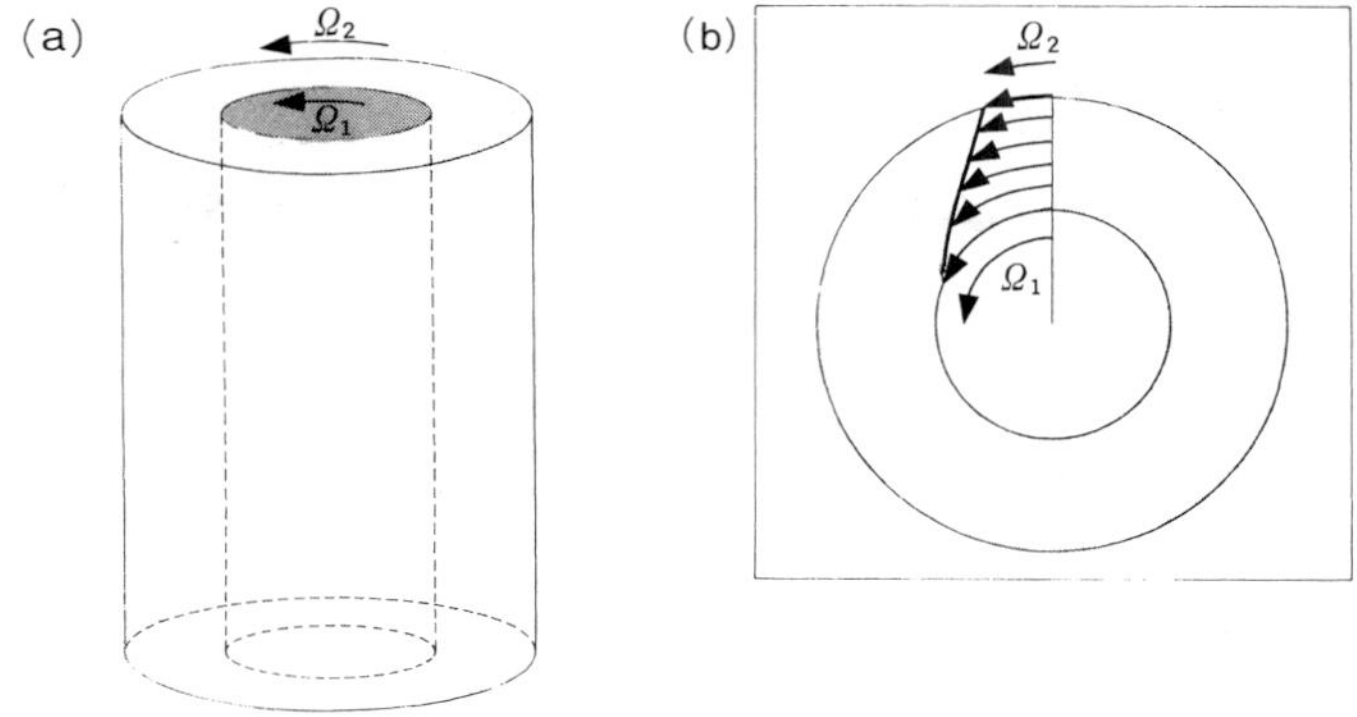

▲図 10　2 つの円筒の間の流れ
(a) 2 つの同心円筒でつくられた容器に水を入れ，内外の円筒をそれぞれ角速度 $\boldsymbol{\Omega}_1$ と $\boldsymbol{\Omega}_2$ で回転させる．(b) 回転軸を中心とする同心円上を回る定常流の速度分布は $u(r)=Ar+B/r$ と表される．ここに，$A=(R_2{}^2\boldsymbol{\Omega}_2-R_1{}^2\boldsymbol{\Omega}_1)/(R_2{}^2-R_1{}^2)$，$B=R_1{}^2R_2{}^2(\boldsymbol{\Omega}_1-\boldsymbol{\Omega}_2)/(R_2{}^2-R_1{}^2)$ で R_1 と R_2 はそれぞれ内外の円筒の半径，r は回転軸の中心からの距離である．

$$u=Ar+\frac{B}{r} \qquad (2)$$

のように変化する。[1],[2]
ここに、

$$A=\frac{R_2{}^2\Omega_2-R_1{}^2\Omega_1}{R_2{}^2-R_1{}^2} \qquad (3)$$

$$B=\frac{R_1{}^2R_2{}^2(\Omega_1-\Omega_2)}{R_2{}^2-R_1{}^2} \qquad (4)$$

は定数である。
この速度分布は「円筒クェット流」とよばれている（図10(b)）。

レイリーの安定条件

円筒クェット流(2)の安定性は、円筒の回転角速度や円筒の半径、両円筒間のすき間の広さ、流体の粘性係数などに複雑に依存する。ここでは、非粘性流体の場合の円筒クェット流の安定性を調べる面白い思考

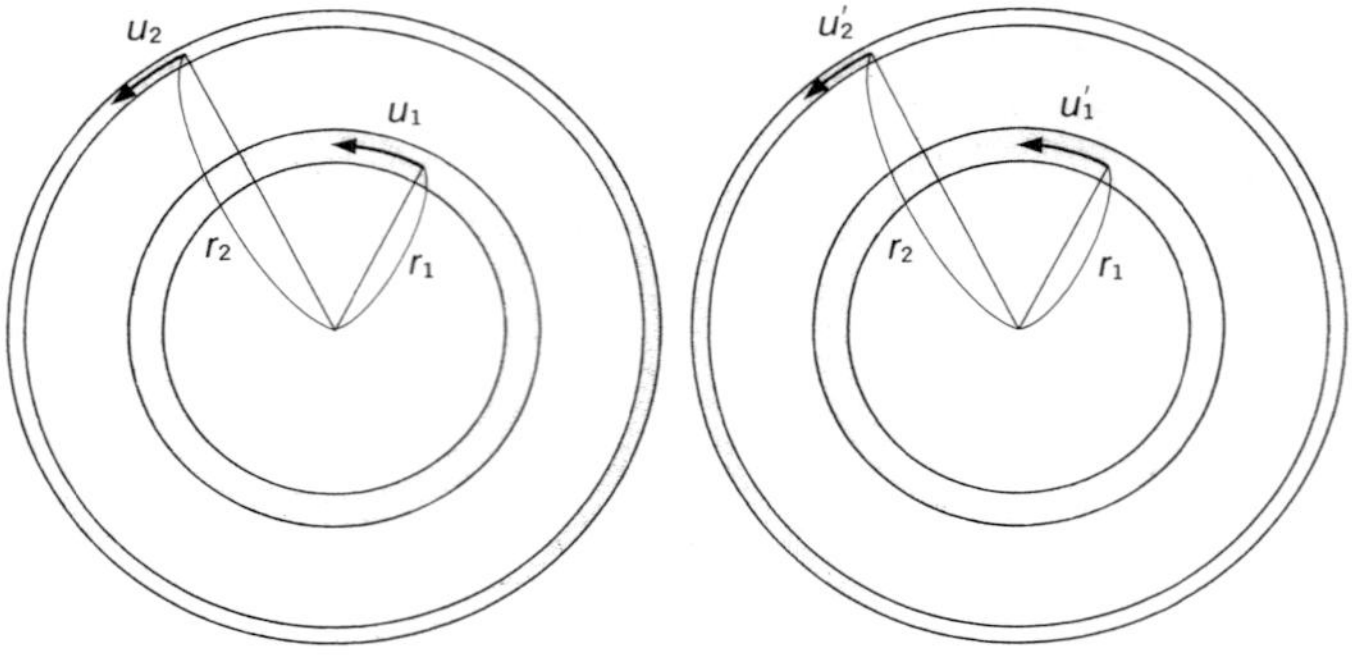

(a)　　(b)

▲図11　流体要素の入れ換え
ある軸のまわりを回転円運動する流れの安定性を調べるために，半径 r_1 と r_2 の2つの円に沿う薄い円環の中の流体を入れ換える．内外の円環に沿う流体の速度をそれぞれ，入れ換え前は(a) u_1 と u_2，入れ換え後は(b) u'_1 と u'_2 とする．

実験を紹介する。[2] 議論のポイントは、完全流体の運動では流体要素の角運動量が時間的に変化しないことである（第2章参照）。

いま仮に、円筒の軸を中心とする半径 r_1 と r_2 の二つの円に沿う薄い円環柱（断面積 ΔS、高さ l）の中の流体を入れ換えたとしよう（図11）。入れ換え前の流体の速度を円環に沿ってそれぞれ u_1 と u_2、入れ換え後の速度をそれぞれ u'_1 と u'_2 とする。入れ換え前後で角運動量が保存するという条件は、

$$r_1 u_1 \Delta S = r_2 u'_2 \Delta S \qquad (5\,\mathrm{a})$$

$$r_2 u_2 \Delta S = r_1 u'_1 \Delta S \qquad (5\,\mathrm{b})$$

である。

この関係を用いると、この流体の入れ換えにともなう運動エネルギーの増加は、

$$\Delta E = \frac{1}{2}(u'^2_1 + u'^2_2)\Delta S - \frac{1}{2}(u_1^2 + u_2^2)\Delta S$$

$$=\frac{1}{2}(1/r_1^2-1/r_2^2)[(r_2u_2)^2-(r_1u_1)^2]\Delta S \qquad (6)$$

と表される。

式(6)の二番目のかっこの中が二つの円環内の流体の角運動量の二乗の差に比例していることに

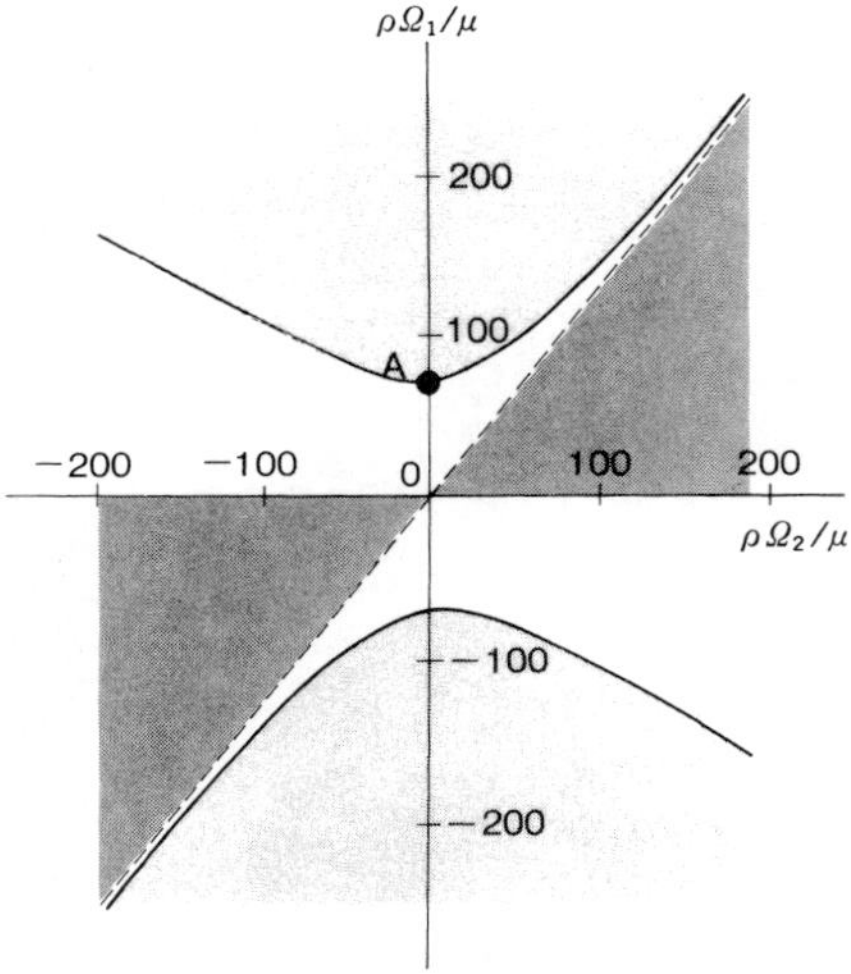

▲図 12　円筒クエット流の安定性

2 つの円筒間のクエット流の安定特性．淡灰色の部分が不安定，それ以外は安定．濃灰色の部分は，レイリーの安定条件を満たす領域．Ω_1 と Ω_2 はそれぞれ内側と外側の円筒の回転角速度，ρ は流体の密度，μ は粘性係数である．ただし，2 つの円筒の半径の比を 1.14 としている．

注意すれば、円筒クエット流の角運動量 ru の二乗が外側に向かって単調に増大している場合、すなわち、

$$\frac{\mathrm{d}}{\mathrm{d}r}(ru)^2>0 \tag{7}$$

のときは、ΔE は正であることがわかる。つまり、この入れ換えはエネルギーを外からつぎこまなければ起こらない。したがって、流れは安定であると言える。これに対して、角運動量の二乗がどこかで減少していれば、ΔE が負となる（エネルギーを吐き出す）入れ換えが可能になる。このような流れは不安定である。条件式(7)は粘性のない場合の軸対称流れの安定性の必要十分条件を与えるもので「レイリーの安定条件」として知られている。

円筒クエット流(2)に対しては、(7)は

$$\frac{\Omega_2}{\Omega_1}>\left(\frac{R_1}{R_2}\right)^2 \tag{8}$$

と同値である。すなわち、外側の円筒が内側の円筒の $(R_1/R_2)^2$ 倍より速い角速度で同じ向きに回転していれば、円筒クエット流は安定である。とくに、内側の円筒のみが回転している場合（$\Omega_2=0$）は円筒クエット流は不安定であるが、外側の円筒のみが回転している場合（$\Omega_1=0$）は安定である。

図12に、粘性のある場合の円筒クエット流の安定特性を示した。[(1),(2)] レイリーの安定条件(7)は粘性のある場合の安定の十分条件になっている。

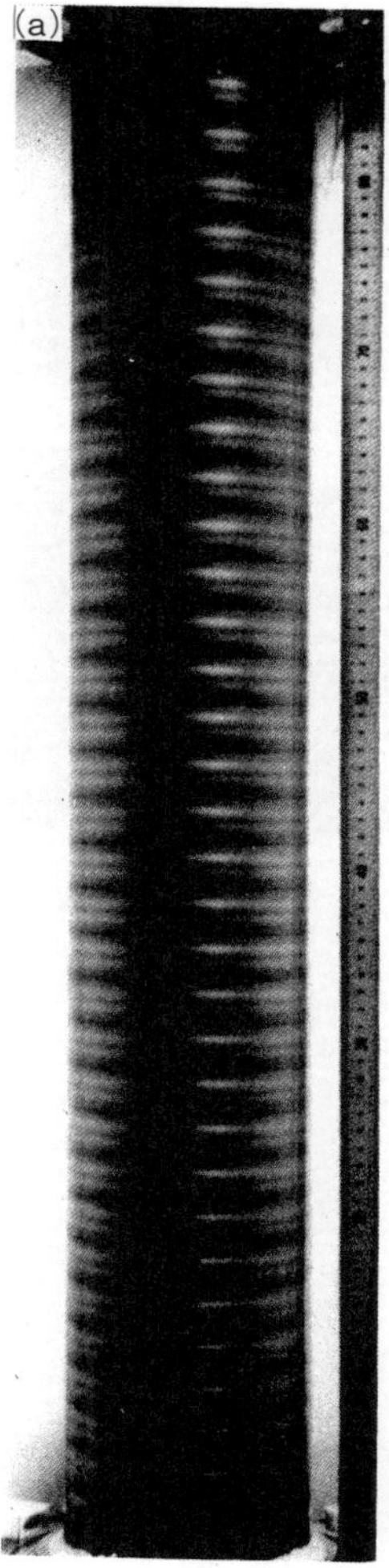

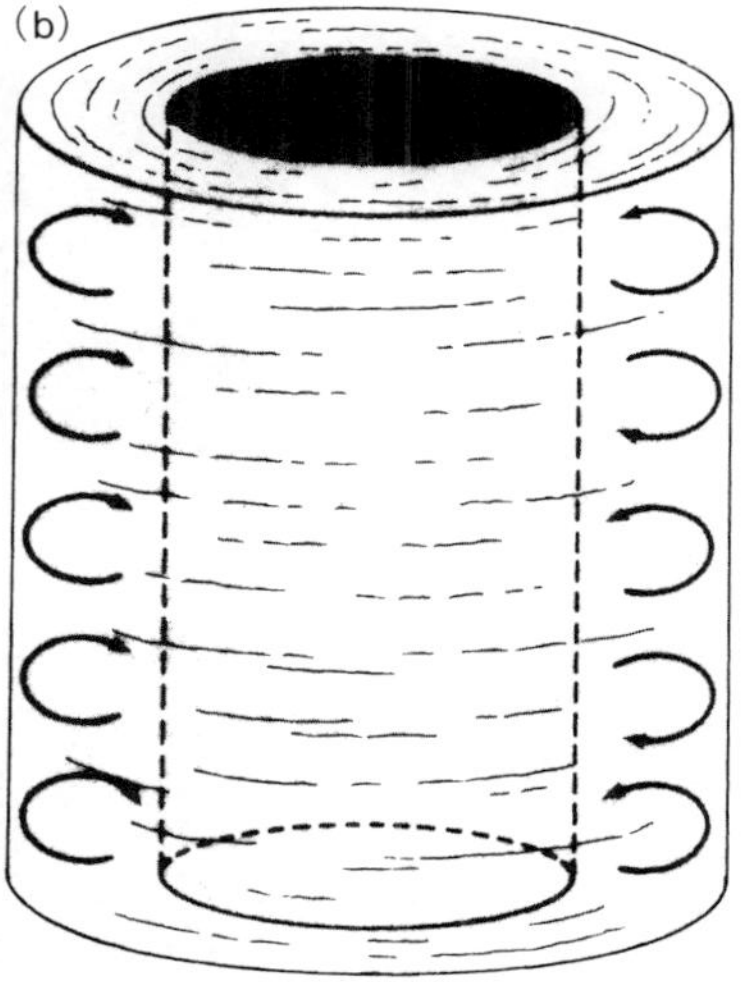

▲図 13　テイラー渦
(a) 2 重円筒の中にアルミニウムの粉末を浮かべた機械油を入れ，内側の円筒を回転させる．66 個のテイラー渦ができている．外側の円筒と上下のふたは静止している．太めの黒い水平の環状部分で流体は径方向内側に流れ，細めの黒い部分で外側に流れている[6]．(b) 隣合ったテイラー渦の内部で流体は反対向きに回転している．

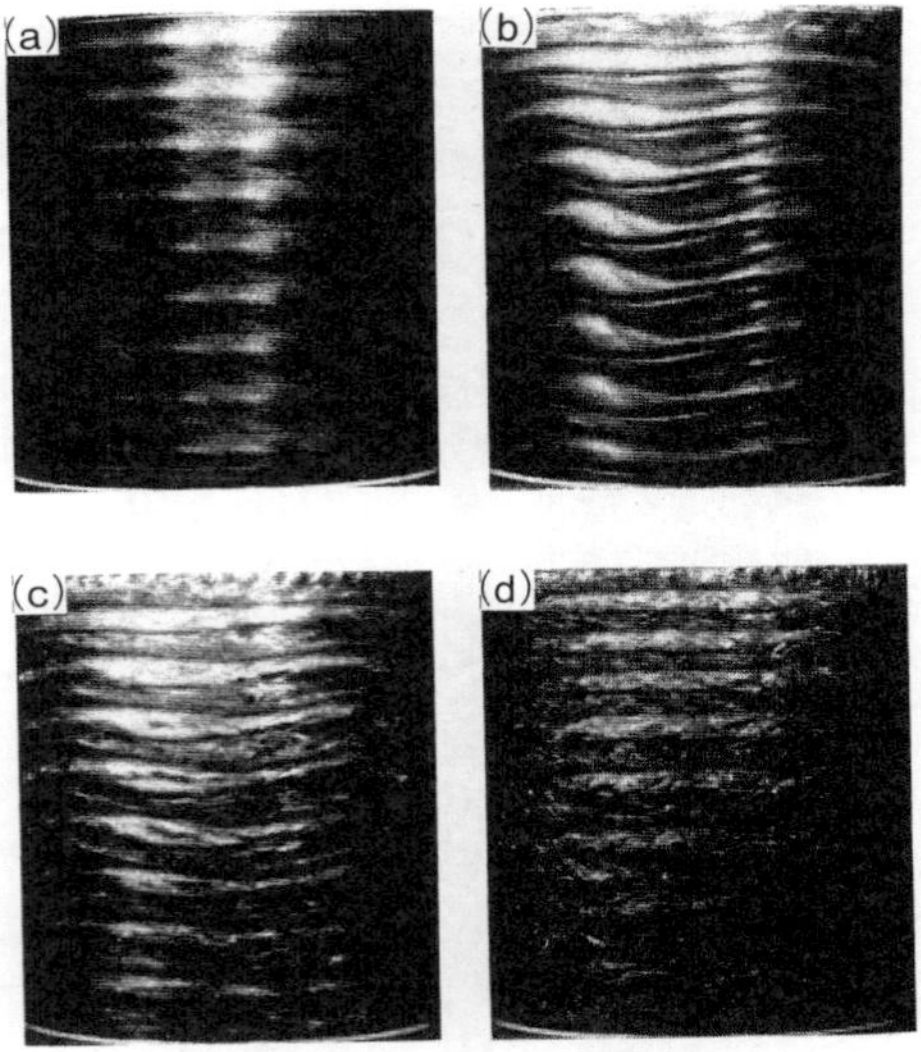

▶図 14　流れのパターンの変化
2 重円筒間の流れで，内側の円筒の回転角速度を徐々に大きくしていくと，まず，(a) 定常な軸対称テイラー渦が発生し，それが(b) 方位角方向に波打ち始める．さらに進むと，(c) 波状テイラー渦に小さな乱れた構造がまつわりつき，(d) 乱れの強さが大きくなるとともに縞模様の波は消えていく[7]．

テイラーの渦

前の二節で取り扱った回転する二つの円筒の間の流れでは、内外の円筒はどちらも回転していてよかった。しかし、ここでは、外側の円筒は止め、内側の円筒だけ角速度Ωで回転させる場合に話を限る。

図12の縦軸をたどっていけばわかるように、流体に粘性がある場合、Ωが小さいうちは円筒クェット流(2)は安定で、流体の運動は軸方向には変化しない。角速度Ωが大きくなり、図12で点Aを越えると円筒クェット流は不安定になって壊れ、代わりに図13(a)のような縞構造が現れる[6]。この縞構造はドーナツ型をしており、流体はドーナツの断面内をぐるぐる回っている（図13(b)）。ドーナツの形や大きさは時間的に変化はしない。

この縞構造はイギリスの偉大な流体力学者

テイラーが最初に発見したもので、「テイラーの渦」とよばれている。

流れパターンの変化

円筒クェット流が不安定化して生まれたテイラー渦(図13(a)、図14(a))は内側円筒の回転を徐々に増していくと、あるところで急に縞構造が波打ち出し方位角方向に回転し始める(図14(b))。さらに、内側円筒の回転を速めていくと、波打つ縞模様に小さな構造が複雑にまつわりついてくる(図14(c))。小さな構造はだんだん目だってきてついには円筒全体に広がる。さらに回転を速めると、縞構造はまだ残っているが、方位角方向の波は消え、縞はまっすぐになってくる(図14(d))。以上が、内側円筒の回転角速度を増やしていったときの流れパターンの変化過程の一例である。

流れパターンの変化の過程は実は一通りではない。内側の円筒の回転角速度を与えても流れは一通りには決まらず、複数個の安定な流れパターンが存在するのである。円筒をどのような仕方で最終的な回転角速度にまでもってくるかによってどの安定パターンが選ばれるかが決まる。実際、内側円筒にある回転角速度を与えたとき、二〇〜二五個もの異なった安定パターンが観測されている[8]。

参考文献

(1) 巽友正、後藤金英：流れの安定性理論、産業図書(一九七六)。

(2) S. Chandrasekhar : *Hydrodynamic and Hydrodmagnetic Stability*, Clarendon Press (1970).
(3) D. J. Tritton : *Physical Fluid Dynamics*, Clarendon Press (1988).
(4) G. K. Batchelor : *An Introduction to Fluid Dynamics*, Cambridge University Press (1967).
(5) R. Krasny : J. Comp. Phys., **65**, 292 (1986).
(6) Burkhatter, Koshmieder : Phys. Fluids, **17**, 1929 (1974).
(7) P. R. Fenstermacher, H. L. Swinney, J. P. Gollub : J. Fluid Mech., **94**, 103 (1979).
(8) D. Coles : J. Fluid Mech., **21**, 385 (1965).

補注

＊1 境界面の曲率半径をrとすると、境界の両側の圧力差はγ/rである。ただし、γは単位長さ当たりの表面張力の強さである。振幅a、波長λの正弦波面の曲率半径はλ^2/aに比例する。

12 乱れに隠れた構造

隠し文字

ごくありふれた風景画でもその中に文字が隠されていると言われると、がぜん興味が湧いてきて絵のすみずみまで食い入ってしまう。図1は、波しぶきをあげて豪快に下り落ちる滝のスケッチであるが、実は、この中には五つのひらがなが隠されているのである。ちょっと遊んで探してみませんか。

見つかりましたか?——そう、「らんりゅう（乱流）」の五文字でした。

さて、本章では流体運動の中で最も複雑で難解だと言われている「乱流」について述べる。渦巻

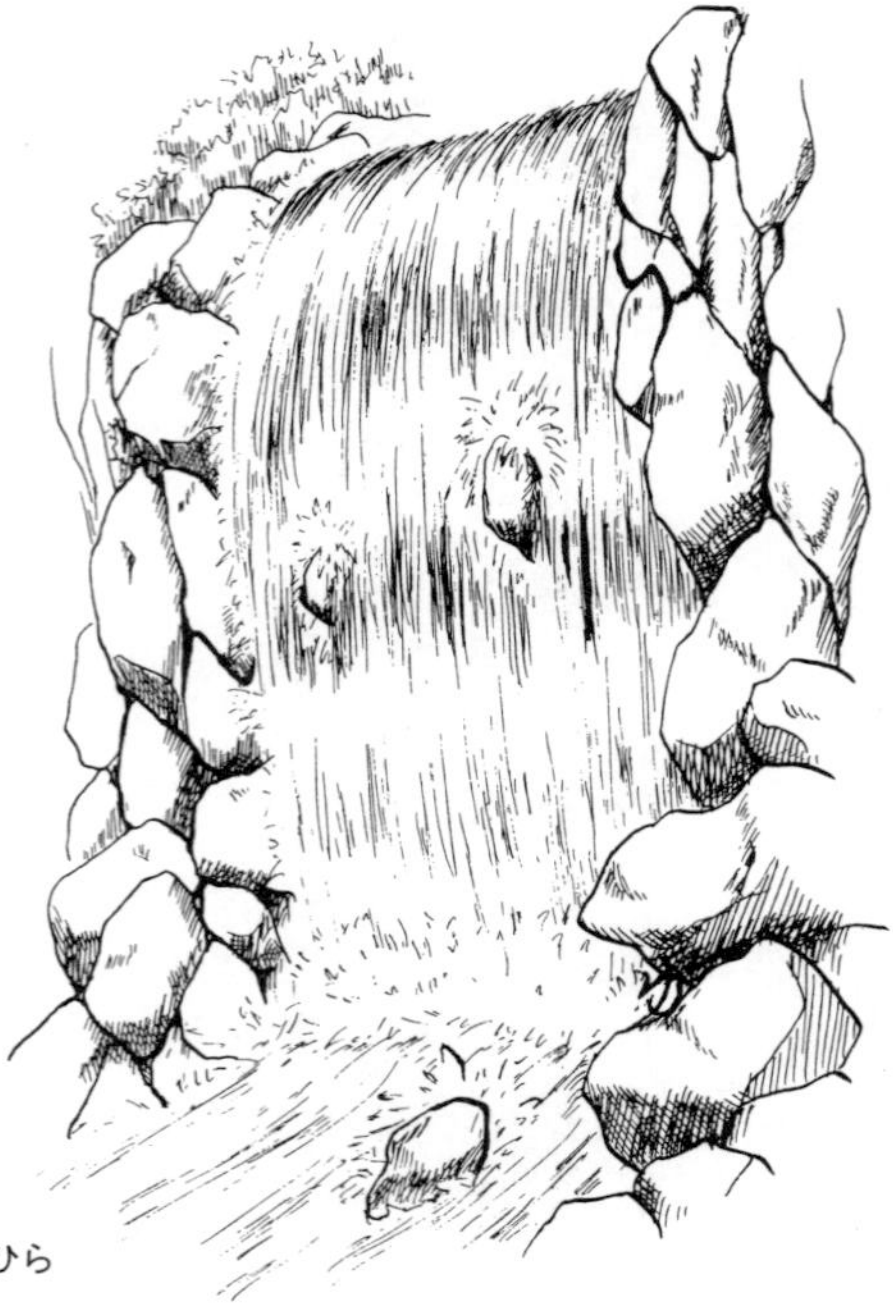

▶図 1　隠し文字
この滝の絵の中には 5 つのひらがなが隠されている.

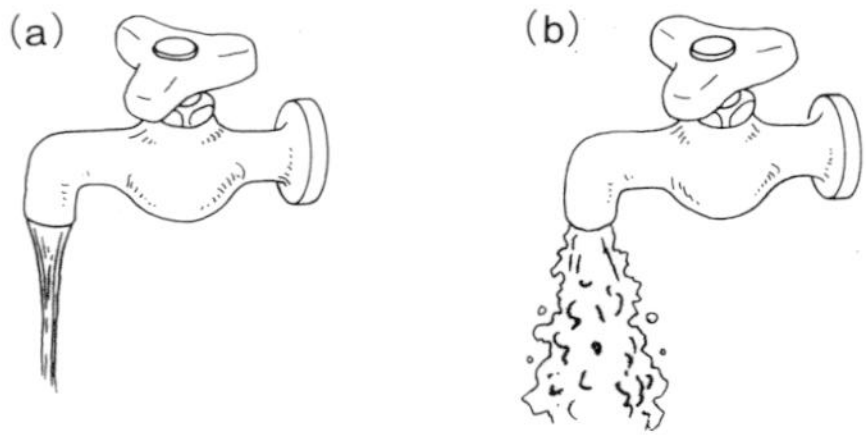

▶図 2　層流と乱流
(a) 層流．水道の栓を少しだけひねると，水は表面のきれいな下細りの柱となって落ちてくる．(b) 乱流．栓をさらにひねって勢いよく水を出すと，流れ出る水の表面はがたがたになり激しく変動する．

く滝壺は乱流のいい具体例である。ここではとくに、乱流の複雑で混沌とした運動の中に潜む普遍的な法則や乱流特有の流れ構造にも注目する。いったい、どのような構造が隠れているだろうか。

流れの二態

水道の蛇口の栓を少しひねると、表面のなめらかな下細りの水の柱ができる（図2(a)）。もちろん水は洗面台に向かって落ちているのであるが、この水柱の形は不変である。ところで、この状態から栓を少しずつひねって水の排出量を増やしていくと、やがて水柱の形が崩れだし、表面ががたがたになってくる（図2(b)）。しかも、その形は時々刻々不規則に変動する。

このような水柱の表面の形のふるまいから推察できるように、水柱の内部は、前者では流線がなめらかな整然とした流れ、後者では雑然とした乱れた流れになっている。これらは、それぞれ、「層流」および「乱流」とよばれる流れの状態である。

乱流さまざま

われわれのまわりの水や空気の流れを思い起こしてみよう。乱流状態が案外多いのに気づかれるであろう。

たとえば、川——と言っても、山の間を勢いよく駆け降りる急流、野原をちょろちょろ歩む小川、街中をそそくさと通り抜ける人工の川、ゆったりと海に注ぐ大きな河など、いろいろな川があり、水面の表情は多様である。激しく流れが入り混じり、あぶくと渦を飲み込んでいる顔もあれば、ほんのすこしうねりながら静かに流されていく平和な顔もある。

一方、空気の流れはどうであろうか。窓に揺れるカーテンや庭の木の葉、屋根の煙突から出る煙、もくもくと立ち上る雲の動きなどは大気の複雑な流れを映している。自動車や電車が動くとまわりの空気をかき乱すし、飛行機や船のまわりの流れも乱れている。このように、乱流はどこにでも存在するごくありふれた流れなのである。

乱れた流れについては、本書でもすでにいくつか例を見てきた。一様な流れの中に置かれた円柱の後の流れは、流速が速くなると乱れてくる（第4章参照）。野球やバレーボール、テニスなどのボールは、ボールのまわりの空気の乱れ方によってその軌道が大きく変わる（第6章参照）。回転する二つの円筒の間の流れでは円筒の回転速度を上げると、テイラー渦流が壊れて乱れた流れができる（第11章参照）。

数値乱流

乱流は流体の複雑な三次元運動で、その空間構造を解析するためには、異なった空間点における速度の同時刻データが必要になってくる。後に述べる乱流中の組織構造の解析には、速度の空間微分である渦度のデータも必要である。ところが、自然界や実験室でつくられる流れの流速を異なった点で同時に測定することはなかなかむずかしく、測定器自体が流れを乱すので渦度も十分な精度で測定することができないのが現状である。

一方、最近ではコンピューターの発展が目覚しく、流体の運動方程式を直接数値的に解いてコンピューターの中に「数値乱流」をつくることができるようになった。コンピューターには、一つの時刻におけるすべての空間点（ただし、分解能の範囲内で）における速度、渦度、密度、圧力、温度などの物理量を記憶しておくことができるので、流れの空間構造を自由に解析できるという利点がある。しかし、反面、コンピューターの演算速度や記憶容量の限界から、複雑な境界条件をもっ

▲図 3　乱流の実験
室内実験も数値実験もどちらも乱流の研究には欠くことができない.

た流れを（実験室ではつくることができるのに）計算することができないという弱点もある。したがって、自然界や実験室での乱流の観測や測定による分析と数値乱流の解析にはいずれも一長一短があり、どちらか一方だけで乱流の研究が満足にできるというものではない。それぞれの方法の特長を生かし、総合的に研究を進める必要がある（図3）。

図4は数値乱流の一例である。流れ場の中に適当に平面をとり、その平面内の流線が描いてある。[1] あちこちに大小さまざまな渦運動が不規則に分布し、流れがきわめて複雑であることを示している。

乱流の発生

右にあげたいくつかの流れの例からも推察されるように、一般に、層流状態は流速変動の小さいときに、また乱流状態は流速変動の大きいときに現れる。では、これら二種類の状態のいずれが出現するかを決める条件はいったい何なのだろうか。

この条件の最初の組織的な研究は一八八三年にイギリスの流体工学・物理学者レイノルズによってなされた実験である。[2〜4] 彼は、水槽の中に円管を水平に沈め、一定の割合で水が通るようにした（図5(a)）。円管の太さと流量をいろいろ変え、管の入口から注入した色素によって管内の流れの状態を観察した。流量を固定した場合、管が太く流速が遅いと、色素は糸を引いたような一筋のきれいな直線になるが（図5(b)）、細い管を用いて流速を速くすると、色素は管内のある点から突如乱れ、管全体に広がった（図5(c)）。多くの実験結果を整理して、彼は層流と乱流のいずれが実現す

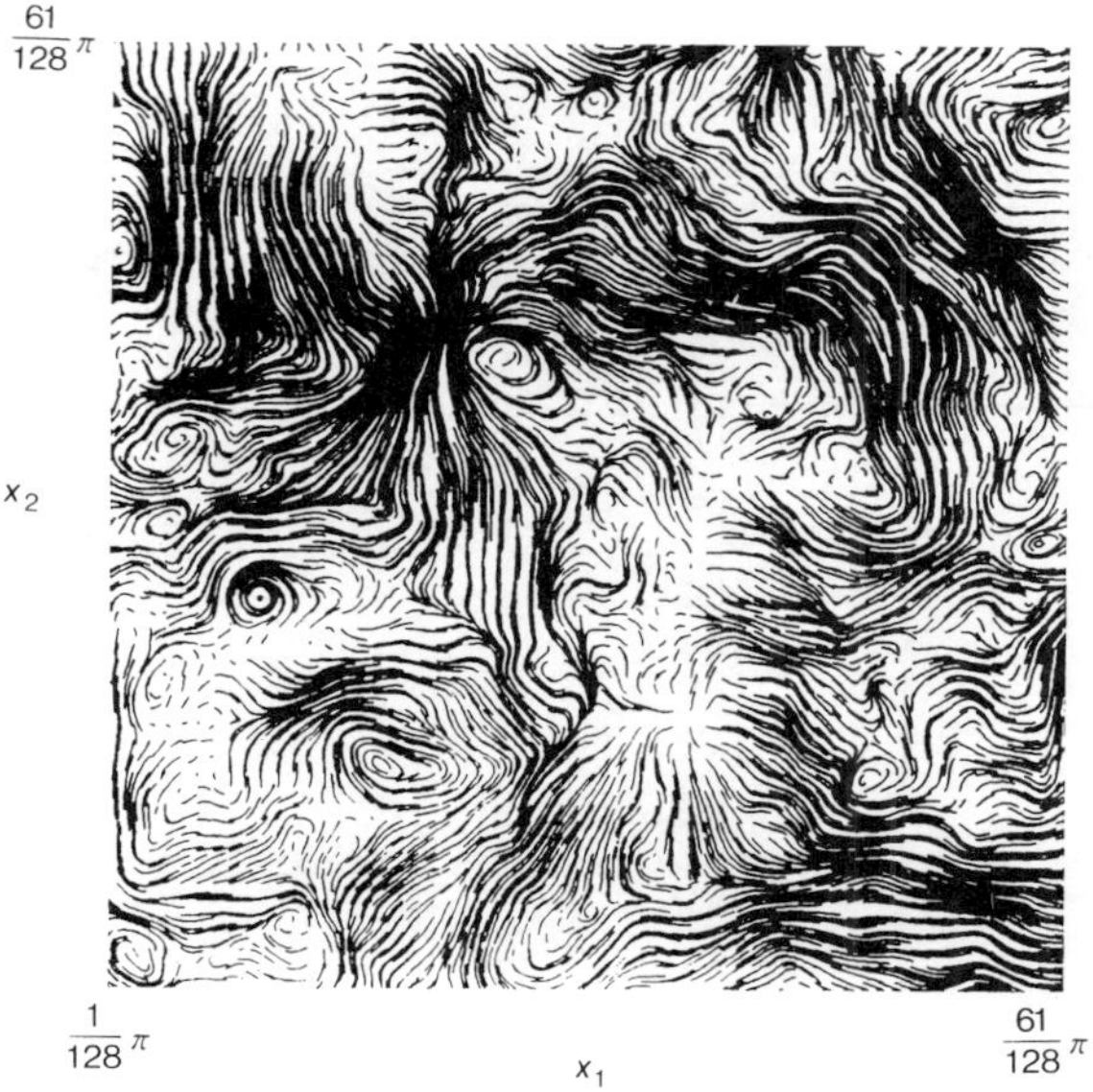

▲図 4　数値乱流の流線

数値乱流の 3 次元速度データを用いて，流れ場に任意にとった平面における流線を描いた．あちこちに複雑な渦運動が見える[1]．

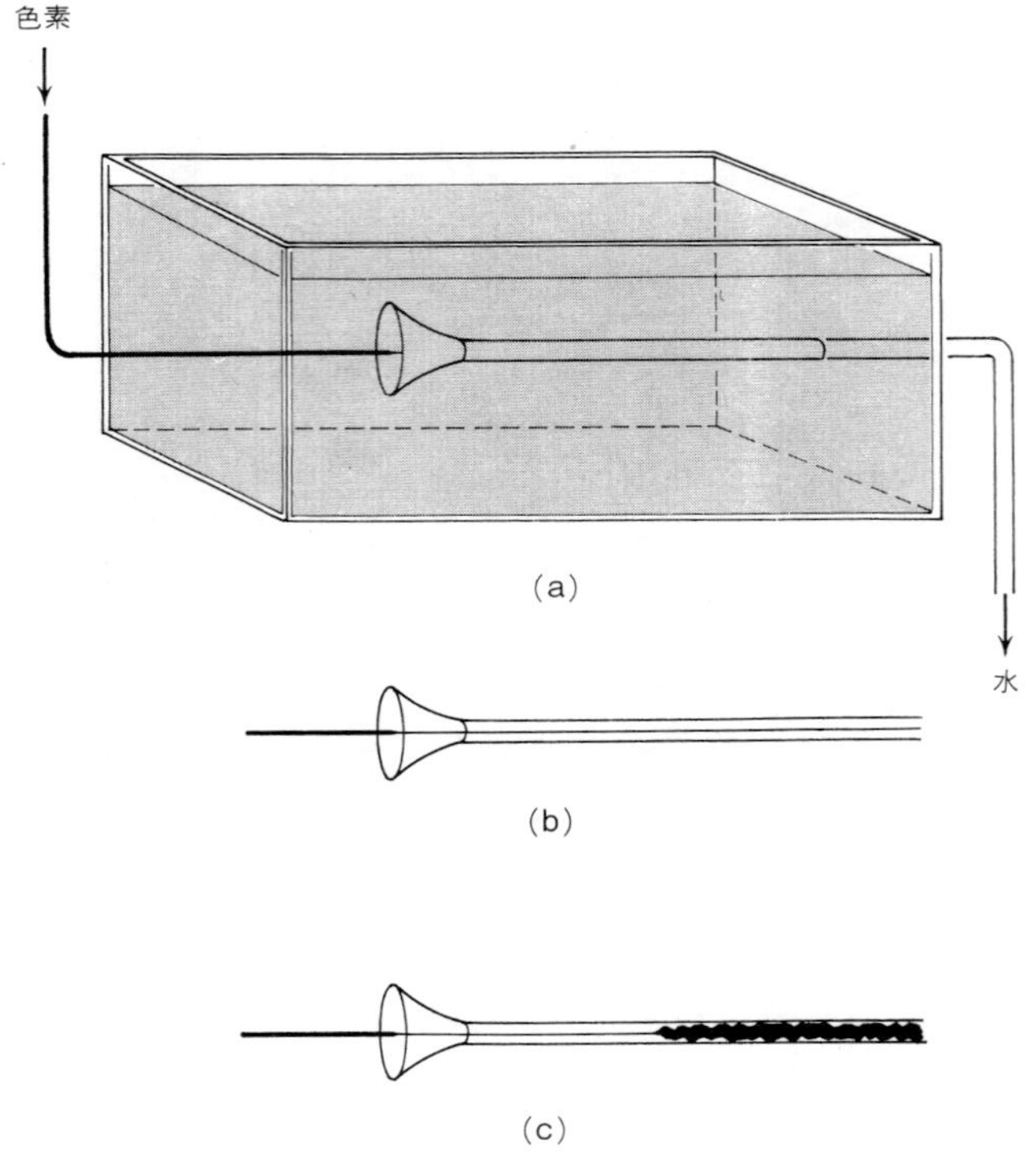

▲図 5　レイノルズの実験

(a) 水を張った水槽に円管を沈め一定の割合で水を通す．乱れを小さく抑えるために，円管の入口にはラッパ状のものが取り付けてある．円管の入口から色素を流し，それが流れていく様子を観察して流れの状態を調べる．(b) 層流．レイノルズ数が小さいと，色素は糸を引いたように直線状に流れる．(c) 乱流．レイノルズ数が大きくなると，直線状に入った色素は管の途中で急に乱れ出し管全体に広がる．

るかは、今日「レイノルズ数」とよばれている無次元量

$$Re = \rho UL/\mu \quad (1)$$

の大きさで決まることを発見した。ここに、Lは円管の直径、Uは管内の平均流速、ρは水の密度、μは粘性係数である。管入口の乱れをできるだけ小さく抑えて注意深く水を通すと、レイノルズ数Reがおおよそ一万より小さいときには層流が、Reがこれより大きくなると乱流が実現したのである。

また逆に、管入口での乱れを大きくしていった場合、レイノルズ数が二千程度以下ではいくら乱れを大きくしても管の下流では常に層流状態に戻ることも観察された。第5章で述べたように、レイノルズ数は流体要素に作用する慣性力と粘性力の比を表し、流れの性質を決定する重要な量である。円管流に限らず、平行な平板の間の流れ（図6(a)）、壁面に沿う境界層（図6(b)）、細いノズルから飛び出す噴流（図6(c)）、障害物の下流にできる伴流（図6(d)）、速さの異なる二つの流れが合流する自由剪断流（図6(e)）など、多くの流れの安定特性がレイノルズ数で整理されることがわかっている。(2)

このように、レイノルズの円管流の実験は、層流と乱流の出現を境するレイノルズ数（「臨界レイノルズ数」という）の発見のきっかけとなった。ところが、皮肉なことに、円管流の安定条件は例外的にきわめて微妙で、臨界レイノルズ数は管入口での乱れの大きさに左右され、乱れが小さいほど臨界値が大きくなることが後のより精密な実験で明らかになった。実際、一九一一年に、エク

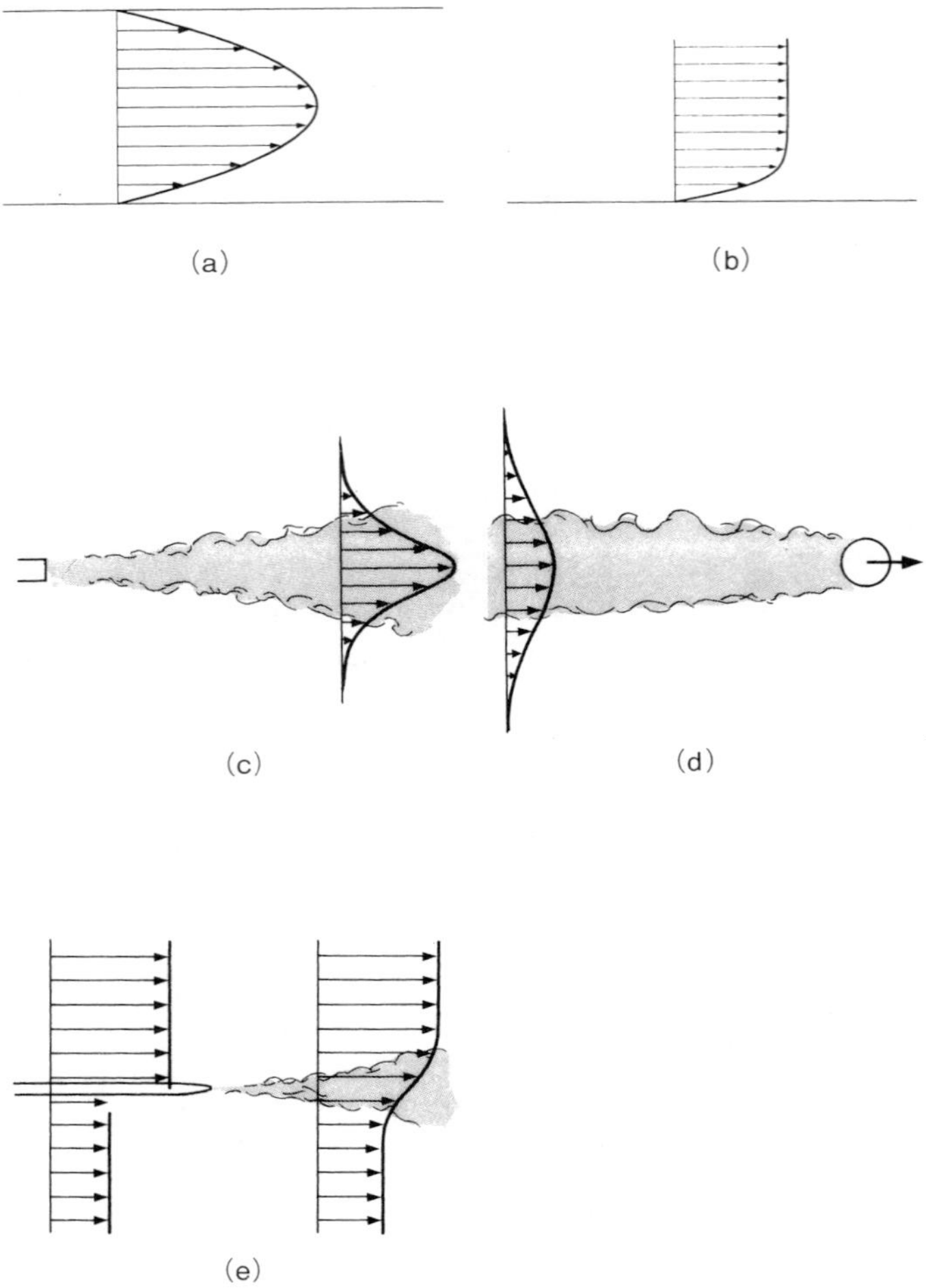

▲図 6　いろいろな流れ
(a) 平行平板間の流れ，(b) 境界層，(c) 噴流，(d) 伴流，(e) 自由剪断流.

マンは、レイノルズ数が五万程度まで層流が維持されることを確かめている。[3]

一方、理論的には、線形安定性理論の数値解析によって、臨界レイノルズ数は無限大であることが強く示唆されている。

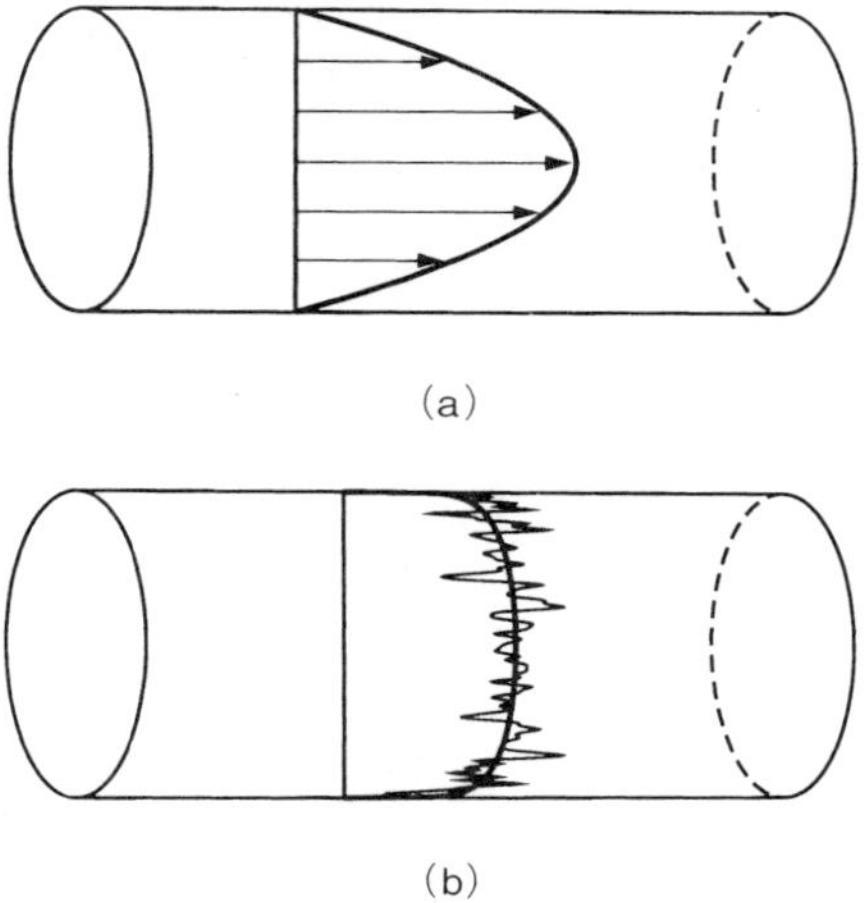

▲図7　円管流
(a) 層流．ハーゲン-ポアゾイユ流．流れは定常で管の軸方向に向いている．速度分布は放物形である．(b) 乱流．速度分布の空間変動は激しくまた時間的にも変化する．速度の長時間にわたる平均をとれば，太い実線で示したような乱流特有の平均流速分布が得られる．

乱流の普遍法則

円管内の流れは、レイノルズ数が小さく層流状態が実現しているときは、図7(a)のように管の軸に平行で時間的に変動しない。「ハーゲン-ポアゾイユ流」とよばれるこの流れの速度分布は放物形で、円管の太さ、圧力勾配、流体の密度および粘性係数を与えれば確定する。流量は圧力勾配に比例し、管の半径の四乗に比例する。

これに対して、レイノルズ数が大きく乱流状態になると、速度場は時々刻々変化し空間構造もきわめて複雑になる。瞬間の速度分布は図7(b)のように激しく変化し、時間的にも不規則に変動する。この場合、速度変動を予測することはとてもできない。しかし、この変動する速度を長い時間にわたって平均してみると図7(b)に太い実線で示したような滑らかな乱流特有の速度分布が見えてくる。流体が管に及ぼす力も時々刻々激しく変動するが、その平均値は流量を与えれば確定する。

これは、不規則で予測不可能な運動をする乱流にも普遍的な統計法則が存在することを暗示している。実際、理論的に証明されたわけではないが、多くの室内実験や数値実験から乱流の普遍法則の存在が強く示唆されている。次に述べる速度の確率分布もその一つである。

速度の確率分布

乱流中で速度を測ると各点ごとに予測できないような不規則な値をとることは図4の数値乱流の流線の様子からも想像されよう。しかし、ためしに流れ場全体で速度がどのように分布しているか調べてみると、きれいな法則に従っていることに驚く。図8(a)は、流れ場全体における速度のある方向の成分の確率分布である[(1)]。横軸は標準偏差で規格化し、標準正規分布を実線で示してある。この図から速度成分の分布は正規分布にきわめて近いことがわかる。正規分布は基本的な確率分布の一つで、まったくでたらめな多数の原因の累積効果として生じる事象がこの分布に従う[*1]。

次に、速度の縦微分（速度ベクトルの方向に微分したもの）の確率分布を描いたのが図8(b)である。今度は、明らかに実線で示された正規分布から大幅にずれている。

ここに示した速度とその縦微分の確率分布は、乱流の種類によらずいつも同じ形をとることが多くの実験や観測で確かめられている。しかしながら、なぜ速度成分が正規分布になり速度の縦微分があのような形をとるのかは理論的によくわかっていない。

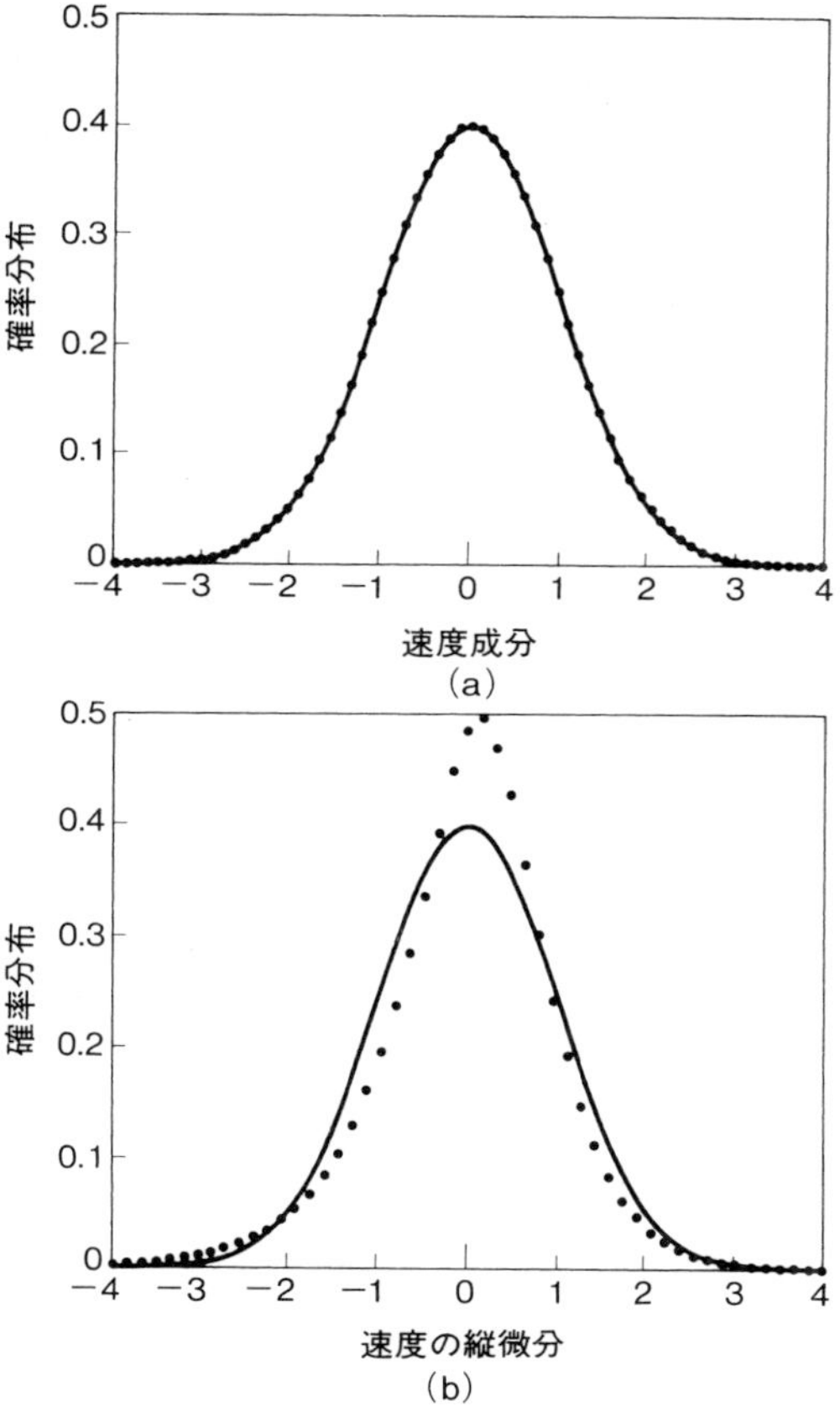

▲図 8　確率分布関数
(a) 速度のある方向成分の確率分布．標準偏差で規格化してある．曲線は標準正規分布である．(b) 速度の縦微分の確率分布．平均をゼロとし，標準偏差で規格化してある．曲線の正規分布からのずれは大きい[1]．

乱流中の組織構造

乱流の速度場は時間的にも空間的にも不規則に変動するので、流れの時々刻々の詳細な構造を追跡するのは難しいし、また、たとえそれができたとしても細かすぎる情報は通常不必要である。われわれが理解でき必要とするのは流れの詳細な構造ではなく、流れの平均的な性質（平均流速、乱流抵抗、乱流拡散など）だからである。

不規則に変動する流れ成分は問題にしないで、平均量の時間発展を取り扱う方法は、前出のレイノルズ以来活発に研究されてきており、膨大な成果の蓄積がある。(3) しかし、流体の運動方程式の非線形性がもたらす平均量のみによる流れの完全な記述の不可能性の困難はまだ解決されていない（あとがき参照）。

以上は、流れの構造には目をつぶりもっぱら統計量を考察する立場であったが、最近、乱流中にもさまざまな特徴のある構造（「組織構造」という）が存在し、しかも、それが力学的にきわめて重要であることが認識されてきている。これは、測定技術の進歩やコンピューターの飛躍的発展によって、不規則に乱れる速度場の中の構造を詳しく解析することが可能となったおかげである。以下に、二つばかり組織構造の例を示そう。

壁乱流のヘアピン渦

平坦な壁に沿って風が吹くときにできるいわゆる「壁乱流」は最も基本的な乱流の一つである。図9(a)は、壁に開けた細い線状のすきまから白い煙を静かに注入し、風に流されてできる煙の形の

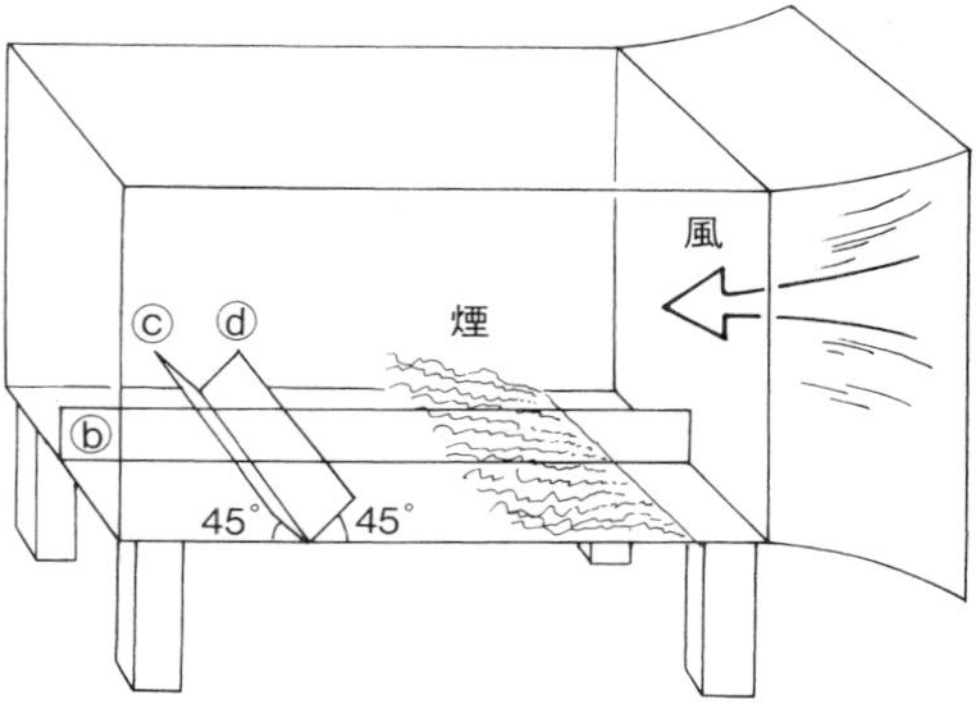

(a)

(b)
(c)
(d)
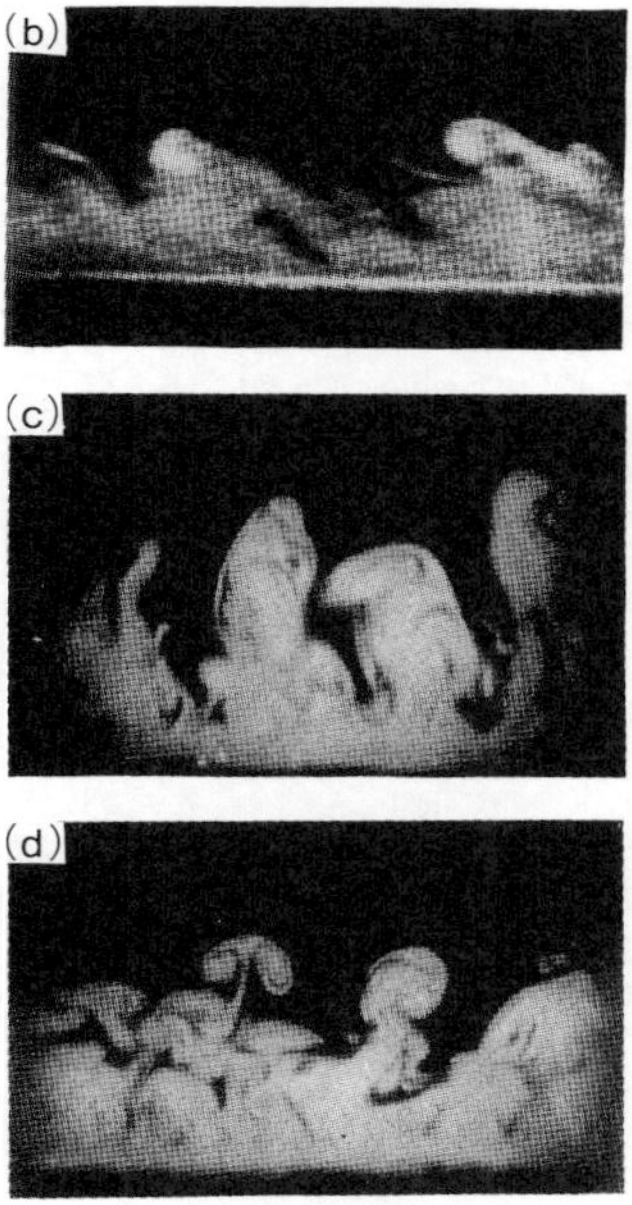

▲図 9　壁乱流の構造

(a) 壁に線状に開けた細いすきまから静かに注入した煙の形の動きから，壁近くの乱流の構造を考察する．細いスリット光を照射し，煙の 2 次元断面における構造を解析する．ⓑは流れに平行な面，ⓒは下流に 45 度，ⓓは上流に 45 度傾いた面である．(b) スリット面ⓑにおける煙の構造．風は右から左へ吹いている．白い水平線が壁である．煙の層はでこぼこしており，下流方向に約 45 度傾いている．運動量厚さで定義したレイノルズ数 $Re \approx 500$．(c) 壁から下流へ 45 度傾いた平面ⓒでの切口．壁から出たひも状の構造が見える．$Re=600$．(d) 壁から上流へ 45 度傾いた平面ⓓでの切口．きのこ状の煙はヘアピン渦の断面である．$Re=600$[(5)]．

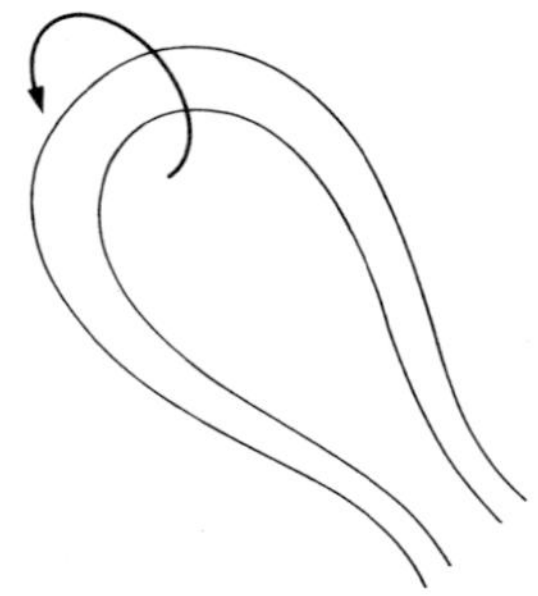

▲図10　ヘアピン渦
下流方向へ約45度傾いたヘアピン形の渦は，壁乱流の基本的な構成要素の1つと考えられている．

変化を観察することによって壁乱流の構造を探る方法を示したものである。[5] 煙の形全体を眺めても複雑でわかりにくいので、細いすきまを通った光を煙に当てその2次元断面（図9(a)のⓑⓒⓓ）を切り取って見えるようにしてある。

図9(b)は、スリット光ⓑで見た煙の構造である。水平な白い直線が壁で、風は右から左に吹いている。壁から断続的に流れが吹き出ていることと、細長い煙の固まりが壁から離れて下流方向に四〇度～五〇度傾いているのが特徴である。図9(c)と(d)はそれぞれ下流と上流に向かって四五度傾いた断面（図9(a)のⓒとⓓ）での煙の形を下流側から見たものである（ただし同時撮影ではない）。壁からにょきにょき出たきのこの形は壁乱流の典型的な姿である。

図9(b)～(d)に現れた煙の形は、基本的には下流方向に約四五度傾いた大小の「ヘアピン形」の渦（図10）から構成されているのではないかと考えられている。

等方乱流の渦管

乱流の中の特徴ある構造の存在は、数値乱流でも確かめられている。図11は、コンピューターの中でつくった等方乱流[*2]から立方体領域を切り取って渦度の大きい（すなわち流体要素が速く自転している）部分を描いたものである。これら渦度の大きい部分が管状になっているのが特徴で、「渦

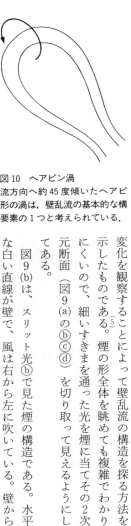

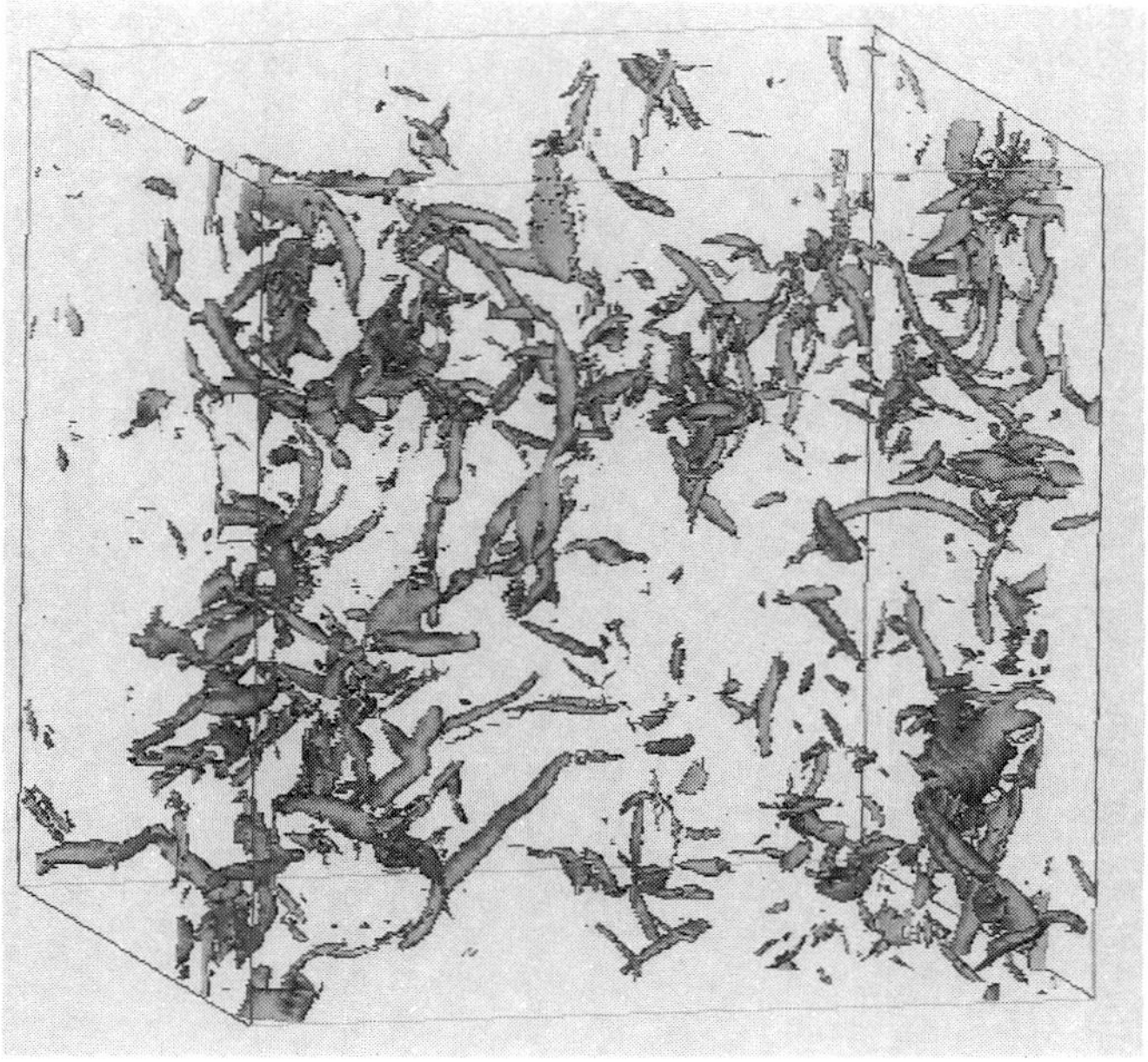

▲図 11　渦管
数値乱流における高渦度（渦度が大きい値をとる）領域．たくさんの管状構造が入り乱れて分布している．（大木谷耕司氏のご好意による）

管」とよばれている。前節で述べた壁乱流のヘアピン渦も渦管の一種である。このような渦管構造は、乱流の種類によらず普遍的に存在するものと考えられている。しかし、渦管構造がどのような過程でできるかはまだ謎である。

組織構造のはたらき

流体が複雑な運動をしている乱流状態では、流体要素が活発にかき混ぜられるために、流体中の浮遊物質や、熱、運動量などの混合、拡散が層流状態の場合よりもはるかに効率よく行なわれる。これは、大気や海洋の汚染物質の拡散、内燃機関の燃料の混合など実生活と深く関連している。

前二節で見てきた組織構造はまわりに大きな流れを誘導し、乱流混合や拡散に大きな寄与を与える。組織構造の発生、相互作用およびその乱流力学における役割の研究は現在活発に行なわれている。

参考文献

（1） S. Kida, Y. Murakami: Fluid Dyn. Res., **4**, 347 (1989).
（2） 巽友正、後藤金英：流れの安定性理論、産業図書（一九七六）。
（3） 谷一郎編：流体力学の進歩　乱流、丸善（一九八〇）。
（4） 木田重雄：乱流の不思議なふるまい、丸善（一九八八）。
（5） M. R. Head, P. Bandyopadhyay: J. Fluid Mech., **107**, 297 (1981).

補注

＊1　たとえば、コインをN回振って、表の出た回数と裏の出た回数の差をnとすると、$n/\sqrt{N}$がxと$x+1/\sqrt{N}$の間の値をとる確率は、Nが大きい極限で標準正規分布$1/\sqrt{2\pi}\exp[-1/2x^2](1/\sqrt{N})$に近づく。

＊2　速度変動の統計的性質が空間の方向に依存しない乱流を等方乱流という。

あとがき

本書では、身近に見られる流れ現象の中から十二個のトピックスを選んで、流体運動の仕組みをできるだけ平易に解説した。流体力学の膨大な体系の中のごくごく一部を垣間見たに過ぎないが、流体運動に少しでも親しみをもっていただけたら幸いである。

本書を終えるに当たって、本書のタイトルである「いまさら流体力学？」に関して一言述べておこう。

周知の通り、流体力学の歴史は古く、アルキメデスやレオナルド・ダ・ヴィンチなどの先駆的な時代にまで遡らなくても、完全流体やニュートン流体の運動方程式が確立されてからすでに一世紀半にもなる（もっとも、血液や磁性流体、マグマ等の非ニュートン流体の運動については基礎方程式を求める努力が現在も続けられている）。この運動方程式の解を求めれば、流れの構造がすべてわかるわけである。「後は、方程式を解くだけ、つまりは計算の問題さ。流体力学は物理としては終わっている。」と考える人にとっては、まさに「いまさら流体力学？」である。

しかし、現実はそう甘くはなかった。この運動方程式を解くのはなかなか容易ではないのである。これは、三次元で非線形、多変数の連立偏微分方程式系を構成し、その解は一般に求積法では求まらない。現実の流体の流れや運動方程式の数値解の示す複雑な挙動を見ていると、どうやら解の時空間構造は並の人間がちょっとやそっとで理解できる代物ではないように思われるのである。

現実問題としてわれわれに要求されているのは、情報過多の生の解の詳細ではなく、その中からわれわれにとって有用なもの――たとえば、乱流の平均流速や乱流抵抗など――を引き出すことである。実際、速度の平均量を取り扱う方法にはレイノルズ以来、乱流研究の中心的課題として多くの研究者の努力が捧げられてきた。しかし、一世紀たったいまも、平均量だけで話が閉じないという原罪からは逃れ切れていないという事実が問題の難しさを如実に物語っている。

いやしくも、これを解決し、乱流研究に新たな道を切り開くためには、恐らく、流体運動の力学についての鋭い物理的考察、あるいは運動方程式の解のふるまいについての緻密な数学的考察に裏打ちされた斬新なアイデアで流体運動の本質をえぐり出すことが必要であろう。現代物理学において未解決の難問と言われる乱流現象の解明のために、何らかの画期的なブレイクスルーが渇望されているのである。近年飛躍的に発達したスーパーコンピューターを駆使した数値乱流の詳細な構造解析が新しいアイデアを引き出すきっかけを与えてくれるのは間違いない。

最後になりましたが、本講座の執筆に際して、浅学な筆者の素朴な疑問に対して貴重な時間を割いて議論していただき、多くの有益な助言を賜わりました丸尾孟、種子田定俊、荻原誠功、奥野武俊、石井克哉の諸先生をはじめとする多くの先生方、先輩、同僚に心からの御礼を申し上げます。

また、未発表の図や写真の掲載を快く許していただいた方々に深く感謝いたします。

※本書は月刊誌『パリティ』に一九九二年四月から一年間にわたり連載された講座をまとめたものです。

著者の略歴

木田重雄（きだ・しげお）

理学博士。1974年京都大学大学院博士課程修了，同大学数理解析研究所助教授，核融合科学研究所教授，京都大学大学院工学研究科教授，同志社大学理工学部教授などを歴任。おもな研究分野は乱流。著書に「なっとくする流体力学」（講談社），「流体方程式の解き方入門（物理数学One Point）」（共立出版），「乱流力学」（共著，朝倉書店）など。

［新装復刊］

パリティブックス　いまさら流体力学？

平成 29 年 10 月 30 日　発　行

著作者　木　田　重　雄

発行者　池　田　和　博

発行所　丸善出版株式会社

〒101-0051 東京都千代田区神田神保町二丁目17番
編集：電話(03)3512-3267／FAX(03)3512-3272
営業：電話(03)3512-3256／FAX(03)3512-3270
http://pub.maruzen.co.jp/

組版印刷・製本／藤原印刷株式会社

ISBN 978-4-621-30208-8　C 3342　Printed in Japan

『パリティブックス』発刊にあたって

『パリティ』とは、我が国で唯一の、物理科学雑誌の名前です。この雑誌は一九八六年に発刊され、高エネルギー（素粒子）物理、固体物理、原子分子・プラズマ物理、宇宙・天文物理、地球物理、生物物理などの広範な分野の物理科学をわかりやすく紹介した解説・評論記事、最新情報を速報したニュース記事を主体とし、さらにそれらの内容を掘り下げたクローズアップ、科学史、科学エッセイ、科学教育などに関する話題で構成されています。

この『パリティブックス』は、『パリティ』誌に掲載された科学史、科学エッセイ、科学教育に関する内容などを、精選・再編集した新しいシリーズです。本シリーズによって、誰でも気楽に物理科学の世界を散歩できるようになることと思います。

また、本シリーズには、新たに「パリティ編集委員会」の編集によるオリジナルテーマも随時追加されていきます。電車やベッドのなかでも気楽に読める本として、皆さまに可愛がっていただければ嬉しく思います。

ご意見や、今後とりあげるべきテーマに対するご要望などがあれば、どしどし編集委員会までお寄せください。

『パリティ』編集長　大槻義彦